SOLUTIONS RAISONNÉES

DES

PROBLÈMES ET EXERCICES

CONTENUS DANS LE

COURS D'ARITHMÉTIQUE

APPLIQUÉE AUX OPÉRATIONS PRATIQUES DU MÊME AUTEUR

PAR

M. P. SAUCET

Ancien maître-adjoint d'école normale, inspecteur de de l'instruction primaire.

PARIS

IMPRIMERIE, LIBRAIRIE ET PAPETERIE CLASSIQUES

GEDALGE JEUNE

75, RUE DES SAINTS-PÈRES, 75.

SOLUTIONS RAISONNÉES

DES

PROBLÈMES ET EXERCICES

Sceaux. — Imp. et stér. M. et P.-E. Charaire.

SOLUTIONS RAISONNÉES

DES

PROBLÈMES ET EXERCICES

CONTENUS DANS LE

COURS D'ARITHMÉTIQUE

APPLIQUÉE AUX OPÉRATIONS PRATIQUES DU MÊME AUTEUR

PAR

M. P. SAUCET

Ancien maître-adjoint d'école normale, inspecteur de de l'instruction primaire.

PARIS

IMPRIMERIE, LIBRAIRIE ET PAPETERIE CLASSIQUES

GEDALGE JEUNE

75, RUE DES SAINTS-PÈRES, 75.

SOLUTIONS RAISONNÉES

PROBLÈMES ET EXERCICES .

RÈGLE D'INTÉRÊT (simple).

1. — Une personne achète $27^m,35$ de calicot à raison de 54 fr. les 60 mètres, $42^m,65$ de toile à raison de 60 fr. les 35 mètres. Onze mois après, l'acheteur vient acquitter sa dette. Quel sera le montant du versement à effectuer si on y comprend l'intérêt à $4\frac{1}{2}$ p. $\%$ de la somme qui aurait dû être payée le jour de l'acquisition?

(Aspirantes au brevet du 1er ordre.)

Solution.

$$\text{Valeur de } 27^m,35 \text{ à } \tfrac{54}{60} \text{ fr. l'un. . . } \frac{54 \times 27,35}{60} = 24^f,61;$$

$$- \quad \text{de } 42^m,65 \text{ à } \tfrac{60}{35} \text{ fr. l'un. . . } \frac{60 \times 42,65}{33} = 75^f,11;$$

$$\text{Total. . . . . . . } 97^f,72.$$

$$\text{Intérêt de 100 fr. pendant } \tfrac{11}{12} \text{ d'année } \frac{4,50 \times 11}{12};$$

$$\text{Intérêt de } 97^f,72 \text{ pendant } \tfrac{11}{12} \text{ d'année } \frac{4,50 \times 11 \times 97^f,12}{100 \times 12} = 6^f,03;$$

$$\text{Versement effectué après 11 mois . . } 103^f,75.$$

$$\textit{Réponse. . . . . } 103^f,75.$$

2. — En ajoutant à une certaine somme d'argent son propre tiers, l'on obtient une nouvelle somme qui, placée à intérêts simples pendant 8 mois à 6 p. $\%$, devient en tout 1850 fr. Quelle est la première somme? (Brevet simple.)

Solutions.

1re *Solution*. — La somme primitive a donc été augmentée :

1° De son propre $\frac{1}{3}$;

2° De son intérêt ou de ses $\dfrac{6 \times 8}{100 \times 12} = \dfrac{4}{100} = \dfrac{1}{25}$;

3° De l'intérêt de l'augmentation ou de son $\dfrac{1}{25 \times 3} = \dfrac{1}{75}$.

Donc la somme primitive se trouve augmentée de ses

$$\frac{1}{3} + \frac{1}{25} + \frac{1}{75} = \frac{29}{75}.$$

Donc les $\dfrac{75 \times 29}{75}$ de la somme primitive égalent 1850 fr. :

d'où, somme primitive $= \dfrac{1850 \times 75}{79 + 29} = 1354^{f},15 \frac{6}{13}$.

2e *Solution*. — Si la somme primitive était 3, on aurait pour augmentation :

1° (le $\frac{1}{3}$ de cette somme) $\dfrac{3}{3} = $ . . . . 1 fr.

2° (l'intérêt de cette somme) $\dfrac{3 \times 6 \times 8}{100 \times 12} = $ . . . $0^{f},12$;

3° (l'intérêt du $\frac{1}{3}$ de cette somme) $\dfrac{0^{f},12}{3} = $ . . . $0^{f},04$;

$$\overline{\text{Augmentation totale.} . . . . . 1^{f},16.}$$

D'où, si la somme était devenue 3 fr. $+ 1^{f},16$, on aurait somme primitive, 3 fr. ;

Et si elle est devenue 1850 fr., on aura, somme primitive, $\dfrac{3 \times 1850}{4,16} = 1354^{f},15\frac{6}{13}$.

5° *Solution directe.* — Soit x la somme primitive, on aura d'après l'énoncé du problème :

$$1° \quad x + \frac{x}{5} = x \times \frac{4}{5};$$

$$2° \quad x \times \frac{4}{5} \times \frac{6 \times 8}{100 \times 12} = x \times \frac{4}{75};$$

$$\text{Et pour total} \dots \dots \quad x \times \left(\frac{4}{5} + \frac{4}{75} \right) = x \times \frac{104}{75}.$$

D'où
$$x \times \frac{104}{75} = 1850;$$

et
$$x = \frac{1850 \times 75}{104} = 1334^{f},13\tfrac{6}{13}.$$

$$\text{Réponse} \dots \dots \quad 1334^{f},13\tfrac{6}{13}.$$

3. — La fortune d'une personne est partagée en deux parties égales : la 1re partie, placée à 5 %, rapporte annuellement 60 fr. de plus que la seconde moitié, placée à $4\frac{1}{2}$ p. %. Quelle est la fortune de cette personne ? (Brevet simple).

Solutions.

1re *Solution.* — Si chacune des parties était 100 fr., la différence des intérêts serait évidemment 5 fr. — $4^{f},50 = 0^{f},50$.

Donc, si la différence était $0^{f},50$, la fortune serait représentée par 100×2.

Et si la différence est de 60 fr., la fortune sera

$$\frac{100 \times 2 \times 60}{0,50} = 24\,000 \text{ fr.}$$

2° *Solution directe.* — Soit x chacune des parties, les deux intérêts seront représentés par $x \times \frac{5}{100}$ et $x \times \frac{4,50}{100}$.

D'après l'énoncé, on aura $x \times \left(\frac{5 - 4,50}{100} \right) = 60 \text{ fr.};$

d'où
$$x = \frac{60 \times 100}{5 - 4,50} = 12\,000 \text{ fr.};$$

d'où la fortune sera égale à $12\,000 \times 2 = 24\,000$ fr.

$$\text{Réponse} \dots \dots \quad 24\,000 \text{ fr.}$$

4. — Une personne, pour s'acquitter d'une dette, a donné à son créancier deux billets, l'un de 840 fr. payable dans 8 mois, l'autre de 564 fr. payable dans 11 mois. 3 mois plus tard, elle offre de remplacer ces deux billets par un seul payable dans 1 an. Le créancier accepte, mais à condition que le billet sera de 1 445^f,50. A quel taux prête-t-il son argent ?

(Examen de passage. — École normale primaire de la Seine.)

Solution.

3 mois après la souscription, les billets sont payables :

Le 1er de 840 fr. dans 8 — 3 ou dans 5 mois ;

Le 2e de 564 fr. dans 11 — 3 ou dans 8 mois.

A cette époque, les deux billets ci-dessus étant remplacés par un seul, payable dans 12 mois, porteront intérêt :

Le 1er pendant 12 — 5 ou pendant 7 mois ;

Le 2e —   12 — 8 ou   —   4 mois.

Or cet intérêt est égal à 1 445^f,50 — (840 fr. + 564 fr.) = 41^f,50.

Mais 840 fr. dans 7 mois
rapportent autant que. . . $840 \times 7 = 5\,880$ fr. dans 1 mois.

Et 564 fr. dans 4 mois
rapportent autant que. . . $564 \times 4 = 2\,256$ fr.   —

Ou. . . . .   8 136 fr. dans 1 mois
rapportent 41^f,50. D'où 100 fr. dans 12 mois rapporteront

$$\frac{41,50 \times 100 \times 12}{8\,136} = 6^f,12.$$

Réponse. . . . . . . 6^f,12 p. %.

5. — Une somme d'argent placée pendant 8 mois est devenue avec les intérêts 1 277^f,20 ; la même somme placée pendant 15 mois, au même taux, est devenue, avec les intérêts simples, 1 309^f,75. Quelle est la somme placée et quel est le taux de l'intérêt ?   (Brevet simple.)

Solution.

1° La différence 1 309^f,75 — 1 277^f,20 = 32^f,55 n'est autre chose évidemment que l'intérêt de la somme placée pendant 15 — 8 = 7 mois.

Donc somme cherchée produit pendant 7 mois 32^f,55 d'intérêt ;

D'où somme cherchée produira pendant 8 mois

$$\frac{32,55 \times 8}{7} = 37^f,20 \text{ d'intérêt} ;$$

D'où somme cherchée égale 1 277^f,20 — 37^f,20 = 1 240 fr.

2° 1 240 fr. rapportent dans 8 mois 37^f,20 d'intérêt ;

100 fr. rapporteront dans 12 mois $\dfrac{37,20 \times 100 \times 12}{1\,240 \times 8} = 4^f,50.$

$$Réponses. \ . \ . \ \begin{cases} 1° \text{ Somme placée. } . \ . \ . \quad 1\,240 \text{ fr.} \\ 2° \text{ Taux. } . \ . \ . \ , \ . \ . \ . \quad 4\tfrac{1}{2} \text{ p. } °/_0. \end{cases}$$

6. — Quel est le capital qui, réuni à ses intérêts pendant 3 mois 6 jours au taux de 4$\tfrac{1}{2}$ p. °/$_0$ par an, forme un total de 4 876^f,55 ? (Brevet simple).

Solutions.

1re *Solution.* — Intérêt de 100 fr. pendant 1 mois. . . . . $\Big\} = \dfrac{4,50}{12}$;

Intérêt de 100 fr. pendant 3 mois. . $= \dfrac{4,50 \times 3}{12} = 1^f,125$;

Intérêt de 100 fr. pendant 6 jours . $= \dfrac{4,50 \times 6}{12 \times 30} = 0^f,075$;

Intérêt de 100 fr. pendant 3 mois 6 jours. . . . . $\overline{ 1^f,20.}$

Si le capital réuni à ses intérêts était 100^f + 1^f,20, ou 101^f,20, on aurait capital. = 100 fr.

Et si le total est 4 876^f,55, on aura capital. . . . . $\Big\} = \dfrac{100 \times 4\,876,55}{101,20} = 4\,818^f,72.$

2e *Solution directe.* — Soit x le capital cherché, on aura d'après l'énoncé du problème :

$$x + x \times \frac{4.50 \times 3\tfrac{1}{5}}{100 \times 12} = 4\,876^f,55 ;$$

d'où $\qquad x \times \left(1 + \dfrac{4,50 \times 16}{100 \times 12 \times 5} \right) = 4\,876^f,55.$

Effectuant, on a $x \times 1{,}012 = 4876^f{,}55$;

d'où $$x = \frac{4876{,}55}{1{,}012} = 4818^f{,}72.$$

Réponse. . . . .   4818^f,72.

7. — Une certaine somme a été placée : les $\frac{2}{3}$ à 6 p. %, et le reste à $4\frac{1}{2}$ p. % ; au bout de 120 jours, elle a donné 500^f d'intérêt : quelle était cette somme, l'année étant comptée de 360 jours ?   (Brevet simple.)

Solutions.

1re *Solution.* — Les $\frac{2}{3}$ d'une somme placés à 6 p. % rapportent un intérêt égal à celui que toute la somme rapporterait à $6 \times \frac{2}{3}$ p. % ou à 4 p. % pendant le même temps ;

De même le $\frac{1}{3}$ d'une somme placée à $4\frac{1}{2}$ p. % rapporte un intérêt égal à celui que toute la somme rapporterait à $\frac{4{,}5}{3}$ p. % ou à $1\frac{1}{2}$ p. % pendant le même temps ;

Donc la somme cherchée, placée à $4 + 1{,}5$ ou à $5\frac{1}{2}$ p. %, rapporte 500 fr. d'intérêt pendant 120 jours ;

D'où somme cherchée (voir *Arithmétique*, pag. 16) égale $\dfrac{500 \times 100 \times 360}{5{,}50 \times 120} = 27272^f{,}72.$

2e *Solution directe.* — Soit x la somme cherchée :

On aura d'après l'énoncé

$$x \times \frac{2 \times 6 \times 120}{3 \times 100 \times 360} + x \times \frac{1 \times 4{,}5 \times 120}{3 \times 100 \times 360} = 500 \text{ fr.}$$

Et simplifiant $\quad x \times \left(\dfrac{4 + 1{,}5}{300} \right) = 500 \text{ fr.} ;$

d'où $$x = \frac{500 \times 600}{11} = 27272^f{,}72.$$

Réponse. . . . .   27272^f,72.

8. — Une personne qui a un revenu annuel de 10300 fr. fait valoir le $\frac{1}{3}$ de sa fortune à $4\frac{1}{2}$ p. %, le $\frac{1}{4}$ à 5 %, le $\frac{1}{5}$ à $5\frac{1}{2}$ p. % et le reste à 6 p. %. Quelle est sa fortune ?   (Brevet complet, aspirants.)

Solutions.

1re *Solution.* — $\dfrac{1}{3} + \dfrac{1}{4} + \dfrac{1}{5} = \dfrac{20 + 15 + 12}{60} = \dfrac{47}{60}$;

Reste. . . . . $\dfrac{60 - 47}{60} = \dfrac{13}{60}$.

Nous dirons (voir problème précédent, 1re *solution*) :

$\dfrac{1}{3}$ d'une somme placé à $4\frac{1}{2}$ p. % rapporte

même intérêt que toute la somme placée à

$\dfrac{4,5}{3} = 1^f,5$ p. %. . . . . ci. $1^f,5$

$\dfrac{1}{4}$ d'une somme placé à 5 p. % rapporte

même intérêt que toute la somme placée à

$\dfrac{5}{4} = 1^f,25$ p. %. . . . . ci. $1^f,25$

$\dfrac{1}{5}$ d'une somme placé à $5\frac{1}{2}$ p. % rapporte

même intérêt que toute la somme placée à

$\dfrac{5,5}{5} = 1,1$ p. %. . . . . ci. $1^f,1$

$\dfrac{13}{60}$ d'une somme placés à 6 p. % rapportent

même intérêt que toute la somme placée à

$\dfrac{6 \times 13}{60} = 1,3$ p. %. . . . . ci. $1^f,3$

Donc la somme placée à. . . . . $5^f,15$ p. %

a rapporté un revenu annuel de 10 300 fr.

D'où somme cherchée (voir notre *Arithmétique*, page 16)

$$= \dfrac{10\,300 \times 100}{5,15} = 200\,000 \text{ fr.}$$

2ᵉ *Solution.* — On peut encore dire :

Le $\frac{1}{3}$ de la somme produit à 4 ½ p. % un intérêt égal aux. . . . . $\dfrac{4,5 \times 1}{100 \times 3} = \dfrac{15}{1\,000}$ de la somme;

Le $\frac{1}{4}$ de la somme produit à 5 p. % un intérêt égal aux $\dfrac{5 \times 1}{100 \times 4} = \dfrac{12,5}{1\,000}$ — ;

Le $\frac{1}{5}$ de la somme produit à 5 ½ p. % un intérêt égal aux. . . . . $\dfrac{5,5 \times 1}{100 \times 5} = \dfrac{11}{1\,000}$ — ;

Les $\frac{13}{60}$ de la somme produisent à 6 p. % un intérêt égal aux. . . . . $\dfrac{6 \times 13}{60} = \dfrac{13}{1\,000}$ — ;

Donc les. . . . . $\dfrac{51,5}{1\,000}$ de la somme cherchée sont représentés par 10 300 fr.

D'où la somme cherchée égalera

$$\frac{10\,300 \times 1\,000}{51,5}\ 200\,000 \text{ fr.}$$

3ᵉ *Solution directe.* — Soit x la somme cherchée. L'énoncé donne :

$$10\,300 = x \times \frac{1 \times 4,5}{3 \times 100} + x \times \frac{1 \times 5}{4 \times 100} + x \times \frac{1 \times 5,5}{5 \times 100}$$
$$+ x \times \frac{13 \times 6}{60}.$$

Simplifiant

$$10\,300 = \left(\frac{15}{1\,000} + \frac{12,5}{1\,000} + \frac{11}{1\,000} + \frac{13}{1\,000} \right) \times x;$$

d'où $\qquad x = 10\,300 \times \dfrac{1\,000}{51,5} = 200\,000$ fr.

Réponse. . . . La fortune est de 200 000 fr.

9. — Une personne possède une fortune de 200 000 fr.; elle en place une partie à $4\frac{1}{2}$ p. % et l'autre à $5\frac{1}{4}$ p. %. Avec les $\frac{2}{11}$ de son revenu, elle achète : 1° un titre de 45 fr. de rente 3 p. %; elle paye les frais de courtage qui sont de $\frac{1}{8}$ p. % et un droit fixe de $0^f,60$; 2° un terrain de forme carrée dont le côté a $25^m,04$ au prix de 115 fr. l'are. On demande quelles sont les deux parties de cette fortune qui sont respectivement placées à $4\frac{1}{2}$ et à $5\frac{1}{4}$ p. %.

(Aspirantes. — Brevet du 1er ordre.)

Solutions.

1° Valeur de 45 fr. de rente, courtage compris (voir *Arith.*, page 67)

$$\frac{(69,50 + 0,125) \times 45}{3} \ .. \ = \ 1\,044^f,37.$$

Droit fixe. . . . . $0^f,60.$

Total. . . . . $1\,044^f,97.$

2° Valeur du terrain $(25,04)^2 \times 1^f,15 = 721^f.05.$ $721^f,05.$

Total égal aux $\frac{2}{11}$ du revenu. . . $1\,766^f,02.$

D'où revenu égale $\dfrac{1\,766^f,02 \times 11}{2} = 9\,713^f,11.$

3° Si la somme totale, 200 000 fr., était tout entière placée à $5\frac{1}{4}$ p. %, le revenu annuel serait de

$$\frac{200\,000 \times 5,25}{100} = 10\,500 \text{ fr.},$$

et dépasserait par conséquent le revenu réel de

$$10\,500 - 9\,713^f,11 = 786^f,89.$$

S'il ne le dépassait que de $0^f,75$ (différence des taux), la partie placée à $4^f,5$ égalerait 100 fr.

Et s'il le dépasse de $786^f,89$, la partie placée à $4\frac{1}{2}$ p. % sera égale à $\dfrac{100 \times 786^f,89}{0,75}$ ou à $104\,918^f,66.$

Cette dernière partie peut être déterminée par une *solution directe* :

Soit x la partie placée à $4\frac{1}{2}$ p. %; la 2e sera représentée par $200\,000 - x$.

D'où l'égalité suivante :

$$x \times \frac{4^f,5}{100} + (200\,000 - x) \times \frac{5,25}{100} = 9\,713^f,11 ;$$

d'où, effectuant : $(5^f,25 - 4^f,5) \times x = 1\,050\,000 - 971\,311 ;$

d'où $\qquad x = \dfrac{1\,050\,000 - 971\,311}{5,25 - 4,5} = 104\,918^f,66.$

$$Réponses : \begin{cases} 1^{re} \text{ partie à } 4\frac{1}{2} \text{ p. %.} \ldots 104\,918^f,66; \\ 2^e \quad - \quad \text{ à } 5\frac{1}{4} \text{ p. %.} \ldots 95\,081^f,34. \end{cases}$$

10. — Voir le problème 5, page 4.

$$Réponses : \begin{cases} 1^o \text{ Somme placée } 1\,240 \text{ fr.} \\ 2^o \text{ Taux } 4\frac{1}{2}. \end{cases}$$

10 (*bis*). — Une personne possède un certain capital qu'elle fait valoir ainsi qu'il suit :

1° Le $\frac{1}{3}$ à $4\frac{1}{2}$ p. % pendant 15 mois; 2° le $\frac{1}{4}$ à 5 p. % pendant 12 mois et le reste à 6 % pendant 9 mois; si elle n'avait voulu faire qu'un placement pendant 10 mois, quel aurait dû être le taux en supposant que le revenu fût le même dans les deux cas ?

Solution.

1° Revenu de $\frac{1}{3}$ de la somme

$$= \frac{1 \times 4,5 \times 15}{3 \times 12 \times 100} = \text{les } \frac{3}{160} \text{ du capital};$$

2° Revenu de $\frac{1}{4}$ de la somme

$$= \frac{1 \times 5 \times 12}{4 \times 12 \times 100} = \text{les } \frac{2}{160} \quad - ;$$

3° Revenu de $\frac{5}{12}$ (reste) de la somme

$$= \frac{5 \times 6 \times 9}{12 \times 12 \times 100} = \text{les } \frac{3}{160} \quad - ;$$

Revenu total égale donc les $\dfrac{3 + 2 + 3}{160} = $ le $\dfrac{1}{20} \quad - .$

D'où le revenu étant pendant 10 mois de 1 pour 20, ou de 5 p. %, le revenu sera pendant 12 mois de $1 \times \dfrac{12}{10}$ pour 20, ou de $5 \times \dfrac{12}{10}$ p. %.

Réponse. . . . Le taux aurait dû être 6 p. %.

11. — Quelle est la somme qui, placée à 5 p. %, vaut au bout d'un an 2718^f,40, capital et intérêts réunis ?
(Brevet simple, aspirants.)

Solution.

Si le capital et les intérêts réunis égalaient 105 fr., on aurait capital. . . . . $= 100$ fr.;

Si le capital et les intérêts réunis égalent 2718^f,40, on aura capital. . . . $\Big\} = \dfrac{100 \times 2718^f,40.}{105}$

Effectuant, on trouve capital $= 2588^f,95$.

12. — Une personne fait valoir 2 capitaux: le 1er, placé pendant 2 ans 9 mois à 5 p. %, produit 85 fr. de moins que le 2e placé pendant 18 mois à 4 p. % ; on demande quels sont ces capitaux, sachant que le premier n'est que les $\frac{2}{5}$ du 2e ?
(Brevet complet, aspirants.)

Solutions.

1re *Solution.* — Soit 2 fr. le 1er capital, son intérêt sera . . . . $\Big\} \dfrac{2 \times 5 \times 33}{100 \times 12} = \dfrac{11}{40}$ fr.

D'après cette hypothèse, 5 fr. sera le 2e capital, et son intérêt sera . . . . . $\Big\} \dfrac{5 \times 4 \times 18}{100 \times 12} = \dfrac{12}{40}$ fr.

D'où différence des intérêts égale $\dfrac{1}{40}$.

Si cette différence devient 2, 3, 4 . . . fois plus grande, chacun des capitaux deviendra 2, 3, 4 . . fois plus grand.

Donc, si cette différence est de 1 fr., on aura capitaux : 2×40 et 5×40.

Et si cette différence est de 85 fr., on aura capitaux :
$2 \times 40 \times 85$ et $5 \times 40 \times 85$.

$$\textit{Réponses.} \ldots \ldots \left\{ \begin{array}{lll} 1^{er} \text{ capital :} & 6\,800 \text{ fr.} \\ 2^e & - & 17\,000 \text{ fr.} \end{array} \right.$$

2e *Solution directe.* — Soit x, 2e capital; on aura $x \times \frac{2}{5}$,
1er capital.

L'énoncé nous donne :

$$x \times \frac{4 \times 18}{100 \times 12} - x \times \frac{2}{5} \times \frac{5 \times 33}{100 \times 12} = 85 \text{ fr.};$$

d'où
$$x \times \left(\frac{4 \times 18}{100 \times 12} - \frac{2 \times 33}{100 \times 12} \right) = 85 \text{ fr.};$$

d'où
$$x \times \left(\frac{12 - 11}{200} \right) = 85 \text{ fr.};$$

et
$$x = 85 \times 200 = 17\,000 \text{ fr.};$$

et
$$x \times \frac{2}{5} = 6\,800 \text{ fr.}$$

13. — Quel capital doit-on placer à 5 p. %$_0$ si l'on veu
se faire un revenu journalier de $2^f,25$? (L'année est comptée
de 365 jours.)   (Aspirants, brevet simple.)

Solution.

Le revenu annuel sera de $2,25 \times 365 = 821^f,25$.
On aura (voir *Règle d'intérêt*, page 16) :

$$\text{Capital} = \frac{821,25 \times 100}{5} = 16\,425 \text{ fr.}$$

$$\textit{Réponse.} \ldots \ldots \quad 16\,425 \text{ fr.}$$

14 — Un capital a été placé au taux de 5 p. % chez un
banquier pendant 2 ans. A la fin de la 1re année, l'intérêt
s'est ajouté au capital pour porter intérêt pendant l'année
suivante. Au bout de la 2e année, le banquier se trouve
débiteur d'une somme totale de $4\,961^f,25$. On demande quel
était le capital primitif.   (Brevet complet, aspirants.)

Solution.

100 fr. placés au commencement de la 2e année valent 105 fr. à la fin de cette même année; donc, si à la fin de la 2e année la valeur totale avait été 105 fr., on aurait eu capital = 100 fr. au commencement de la 2e année.

Et si elle est de $4\,961^f,25$, on aura capital $= \dfrac{4\,961,25 \times 100}{105}$.

Ce raisonnement étant le même pour la 1re année, on en conclut que le capital primitif sera égal à

$$\frac{4\,961,25 \times 100 \times 100}{105 \times 105}\ \text{fr.}$$

Réponse. . . . . $4\,961,25 \times \dfrac{100^2}{105^2} = 4\,500$ fr.

Remarque. — Le raisonnement qui précède nous fait voir que, connaissant une valeur totale (capital et intérêt) *obtenue dans 1 an*, A, par exemple, on aura capital primitif, $x = A \times \dfrac{100}{105}$. Ce multiplicateur sera $\dfrac{100}{104}$, $\dfrac{100}{103}$ . . . et en général $\dfrac{100}{100 + \text{taux}}$, selon la valeur du taux. Par conséquent, si cette valeur A (totale) est obtenue dans 2, 3, 4, . . ., n années, le multiplicateur sera

$$\left(\frac{100}{100 + t}\right)^2, \left(\frac{100}{100 + t}\right)^3, \left(\frac{100}{100 + t}\right)^4 \cdots \left(\frac{100}{100 + t}\right)^n (t \text{ désigne le taux}).$$

(Voir *Intérêts composés*, pages 119 et suivantes.)

13. — Une personne a placé à intérêts simples un certain capital à $4\frac{1}{2}$ p. %, et un autre à 5 p. %. Le 2e capital est égal aux $\frac{8}{11}$ du 1er. Les capitaux et intérêts réunis se sont élevés, au bout de 12 ans 7 mois, à 38 000 fr. On demande quels étaient les deux capitaux placés.

(Poitiers. — Aspirants, brevet complet.)

Solutions.

1re *Solution.* — Soit 1er capital. . . . . . . 11 fr.

On aura pour intérêt $\dfrac{11 \times 4,5 \times 151}{100 \times 12}$.

Le 2e capital sera. . . . . 8 fr.

Et on aura pour son intérêt $\dfrac{8 \times 5 \times 151}{100 \times 12}$.

On aura somme des intérêts :

$$\frac{11 \times 4,5 \times 151 + 8 \times 5 \times 151}{100 \times 12} = \frac{(11 \times 4,5 + 8 \times 5)151}{100 \times 12}$$

$$= \frac{155,145}{12}.$$

Si à cette somme nous ajoutons celle des capitaux, nous

aurons $\qquad 19 + \dfrac{155,145}{12} = \dfrac{363,145}{12}.$

Cette valeur totale, devenant 2, 3, 4. . . fois plus forte, suppose évidemment des capitaux 2, 3, 4. . . fois plus forts. Donc, si la somme était 363^f,145, chacun des capitaux serait 12 fois plus fort, ou 11×12 et 8×12.

Et enfin, si cette somme est 58 000 fr., nous aurons :

$$1^{er}\ \text{capital.} \quad \frac{11 \times 12 \times 58\,000}{363,145} = 15\,812^f,66 ;$$

$$2^e\ \text{---} \quad \frac{8 \times 12 \times 58\,000}{363,145} = 10\,045^f,57.$$

2° *Solution directe.* — Soit x le 1er capital ; $x \times \dfrac{8}{11}$ sera le 2e. L'énoncé nous donne :

$$x \times \left(1 + \frac{4,5 \times 151}{100 \times 12}\right) + x \times \frac{8}{11} \times \left(1 + \frac{5 \times 151}{100 \times 12}\right)$$

$$= 58\,000\ \text{fr.} ;$$

d'où $x \times \left(\dfrac{12 + 4,5 \times 1,51}{12}\right) + x \times \dfrac{8}{11} \times \left(\dfrac{12 + 5 \times 1,51}{12}\right)$

$$= 58\,000\ \text{fr.} ;$$

$$\text{Et} \qquad x \times \frac{18,795}{12} + x \times \frac{8 \times 19,55}{11 \times 12} = 38\,000 \text{ fr.} ;$$

$$\text{d'où} \qquad x \times \left(\frac{18,795}{12} + \frac{8 \times 19,55}{11 \times 12} \right) = 38\,000 \text{ fr.} ;$$

$$\text{d'où} \qquad x \times \left(\frac{18,795 \times 11 + 8 \times 19,55}{11 \times 12} \right) = 38\,000 \text{ fr.} ;$$

$$\text{d'où enfin} \qquad x = \frac{38\,000 \times 132}{363,145} = 13\,812^{\text{f}},66 ;$$

$$\text{et} \qquad x = \frac{8}{11} = \ldots \ldots 10\,045^{\text{f}},57.$$

16. — Un propriétaire emploie la 9ᵉ partie de sa fortune pour acheter une maison ; avec le $\frac{1}{4}$ du reste, il achète un bois ; enfin de ce qui lui reste il fait deux parts, qui sont entre elles comme 2 est à 3 ; la 1ʳᵉ de ces parts étant placée à 4 p. %, et la 2ᵉ à 5 $\frac{1}{2}$ p. %, il se fait un revenu annuel de 8820 fr. On demande quelles sont les sommes placées à 4 p. % et à 5 $\frac{1}{2}$ p. %, la fortune entière, le prix de la maison et du bois.   (Aspirants, brevet complet.)

Solution.

La fortune totale est représentée par . . . . . $\dfrac{9}{9}$:

1° Achat de la maison. . . . . . . $\dfrac{1}{9}$;

2° — du bois. . . . . $\dfrac{8}{9} \times \dfrac{1}{4} = \dfrac{2}{9}$;

Total des deux parties. . . $\dfrac{3}{9}$, ci . . . . . $= \dfrac{3}{9}$

Reste. . . . . $\dfrac{6}{9} = \dfrac{2}{3}$.

Ce reste étant partagé en 2 parts proportionnelles à 2 et 3, soit 1ʳᵉ part 2 fr., on aura intérêt $= \dfrac{2 \times 4}{100} = 0^{\text{f}},08$;

la 2ᵉ part sera 3 fr., on aura intérêt . $= \dfrac{3 \times 5,5}{100} = 0^{\text{f}},165$.

Total des intérêts. . . . . $0^{\text{f}},245.$

Si le revenu annuel était $0^f,245$, les $\frac{2}{3}$ de la fortune égaleraient 5 fr.

Si le revenu annuel est 8820 fr., les $\frac{2}{3}$ de la fortune égaleront $\dfrac{5 \times 8820}{0,245} = 180\,000$ fr.

Donc :

$1°$ Fortune totale . . $180\,000 \times \dfrac{3}{2} \times 270\,000$ fr.

$2°$ Prix de la maison . . . . . . $\dfrac{270\,000}{9} = \ldots$ . . . . $30\,000$ fr.

$3°$ Prix du bois . . . . $30\,000 \times 2$ . . . . $60\,000$ fr.

$4°$ Partie placée à 4 p. $°/_°$ . . $\dfrac{180\,000 \times 2}{5}$ . . . $72\,000$ fr.

$5°$ Partie placée à 5 $^1/_2$ p. $°/_°$ . . $\dfrac{18\,000 \times 3}{5}$ . . . $108\,000$ fr.

Fortune totale (chiffre égal) . . . . . . $270\,000$ fr.

17. — Un rentier possède un capital de 90000 fr. placé à 6 p. $°/_°$ Un négociant lui propose de le lui emprunter aux conditions suivántes : la somme sera comptée à l'emprunteur par versements égaux de 10000 fr. le 1er juillet 1876, le 1er janvier 1877, le 1er juillet 1877, et ainsi de suite de 6 mois en 6 mois. La totalité sera remboursée le 1er juillet 1885, et l'intérêt sera payé à 3 $\frac{1}{2}$ p. $°/_°$ comme si les 90000 fr. avaient été versés intégralement dès le 1er juillet 1876. Le rentier perdrait-il ou gagnerait-il à ce marché? Chercher le taux auquel le négociant devrait payer l'intérêt pour qu'il n'y eût ni perte ni gain.

(Brevet complet, aspirants.)

Solution.

Les bénéfices réalisés par le rentier se composeront : 1° du revenu de 90000 fr. à 3 $\frac{1}{2}$ p. $°/_°$ pendant 9 ans ; 2° de l'intérêt à 6 p. $°/_°$ de chacun des versements qui ne seront pas effectués :

1° Intérêt de 90 000 fr. à 3 ½ p. % pendant

9 ans $\dfrac{90\,000 \times 3{,}5 \times 9}{100} = $ ci . . . . 28 350 fr.

2° Le premier versement s'effectuant tout de suite (1er janvier 1876) ne portera pas intérêt à 6 p. %.

Les huit qui restent, s'effectuant tous les semestres, produiront intérêt ainsi qu'il suit :

10 000 fr. pendant 6 mois, intérêt égal à celui de 5 000 fr. pendant 1 an.

10 000 fr. pendant 1 an, intérêt égal à celui de 10 000 fr. pendant 1 an.

10 000 fr. pendant 1 an ½, intérêt égal à celui de 15 000 fr. pendant 1 an.

. . . .

. . . .

10 000 fr. pendant 4 ans, intérêt égal à celui de 40 000 fr. pendant 1 an.

Tous ces intérêts égaleront (voir *Progressions*, pages 95 et suivantes) :

L'intérêt de $\dfrac{(5\,000 + 40\,000)\,8}{2}$ ou l'intérêt de 180 000 fr. dans 1 an.

D'où intérêt égal $\dfrac{180\,000 \times 6}{100} = $ . . . . 10 800 fr.

Revenu total résultant de ce mode de placement . . . . 39 150 fr.

Or, si le rentier n'avait pas accepté ce placement, il aurait eu pour revenu $\dfrac{90\,000^{\mathrm{f}} \times 6 \times 9}{100} = $ 48 600 fr.

D'où perte éprouvée par le rentier 48 600 — 39 150 = 9 450 fr.

Pour que le rentier ne perdît rien, l'intérêt payé par le négociant aurait dû être augmenté de 9 450 fr., et égal par conséquent à 28 350 + 9 450 = 37 800 fr.

D'où (voir *Intérêt*, page 17) :

Le taux du placement aurait dû égaler

$$\frac{37\,800 \times 100}{90\,000 \times 9} = 4\,\tfrac{2}{3} \text{ p. } \%.,$$

pour qu'il n'y eût pas de perte pour le prêteur.

18. — Le capital 583 200 fr. augmenté de ses intérêts pendant 3 ans 7 mois vaut 780 000 fr. après ce temps. On demande à quel taux ce capital a été placé.

(Académie de Toulouse, brevet simple.)

Solution.

L'intérêt est donc égal à 780 000 — 583 200 = 196 800.

On aura (voir *Règle d'intérêt*, page 17) :

taux $\qquad = \dfrac{196\,800 \times 100 \times 12}{583\,200 \times 43} = 7\,\%.$

19. — Deux personnes, en réunissant leur avoir, ont 167 280 fr. La 1re place ses fonds à 4 p. % pendant 3 mois et elle se fait un revenu double de celui que toucherait la seconde, plaçant ses fonds à 5 p. % pendant 7 mois. Quel est le revenu de chacune d'elles ?

(Rennes. — Aspirantes 1er ordre.)

Solutions.

1re *Solution.* — Le revenu de la 1re personne est égal aux $\dfrac{4 \times 3}{100 \times 12} = \dfrac{12}{1\,200}$ de son avoir.

Le revenu de la 2e personne est égal aux $\dfrac{5 \times 7}{100 \times 12} = \dfrac{35}{1\,200}$ de son avoir.

Puisque le revenu de la 1re personne est double de celui de la 2e, on en conclut que les $\dfrac{6}{1\,200}$ de l'avoir de la 1re égalent les $\dfrac{35}{1\,200}$ de celui de la 2e; ou que l'avoir de la 1re = les $\dfrac{35}{6}$ de celui de la 2e.

Donc, pour un total de
41 fr., on aurait : avoir 1re, 35, et avoir 2e, 6 fr.

Et pour 167 280 fr.

$$1^{re}\; \frac{35 \times 167\,280}{41}\,; \qquad 2^e\; \frac{6 \times 167\,280}{41}\,.$$

Calculs faits : 142 800 fr. 24 480 fr.

Donc le revenu de la 1re égale

$$142\,800 \times \frac{12}{1\,200} = 142\,800 \times \frac{1}{100} = 1\,428 \text{ fr.}\,;$$

et le revenu de la 2e égale

$$24\,480 \times \frac{35}{1\,200} = 24\,480 \times \frac{7}{240} = 714 \text{ fr.}$$

$$\textit{Réponses.} \; \ldots \; \begin{cases} 1^{er} \text{ revenu } 1\,428 \text{ fr.} \\ 2^e \quad - \quad\quad 714 \text{ fr. ou } \dfrac{1\,428}{2}\,. \end{cases}$$

2e *Solution directe.* — Soit x l'avoir de la 1re; $167\,280 - x$
sera celui de la 2e.

L'énoncé nous donne :

$$x \times \frac{4 \times 3}{100 \times 12} = (167\,280 - x) \times \frac{5 \times 7}{100 \times 12} \times 2,$$

ou $$x \times \frac{2 \times 3}{100 \times 12} = (167\,280 - x) \times \frac{5 \times 7}{100 \times 12}\,;$$

d'où $$\frac{2 \times 3}{5 \times 7} = \frac{167\,280 - x}{x} = \frac{167\,280}{x} - \frac{x}{x} = \frac{167\,280}{x} - 1\,;$$

d'où $$\frac{2 \times 3 + 5 \times 7}{5 \times 7} = \frac{167\,280}{x}\,;$$

d'où enfin $$x = \frac{167\,280 \times 35}{41} = 142\,800.$$

On aura ainsi (voir plus haut, 1re *Solution*):

Revenus. $\ldots\ldots$ 1 428 fr. et 714 fr.

20 — Une personne qui devait payer une dette le 10 novembre ne l'a payée que le 15 janvier suivant, ce qui a augmenté la dette de 42 fr. d'intérêt. L'intérêt étant de 5 p. % par an, que devait cette personne ?

(Douai. — Aspirants, brevet simple.)

Solution.

On aura (voir *Règle d'intérêt.* — Recherche du capital, page 16) :

$$\text{Capital} = \frac{42 \text{ fr.} \times 100 \times 360 \text{ jours}}{5 \times 65 \text{ jours}} = 4652^{\text{f}},30.$$

21. — Une personne ayant fait deux parts d'un capital de 45 000 fr., a placé la 1re à $5\frac{1}{2}$ p. % et la 2e à 4 p %. Elle se fait ainsi un revenu annuel de 2 025 fr. Quelles sont ces deux parts ?

(Brevet du 1er ordre, aspirantes.)

Solutions.

1re *Solution.* — Si toute la somme avait été placée à 4 p. %, le revenu n'eût été que de $\dfrac{45\,000 \times 4}{100} = 1\,800$ fr.

La différence en moins $2\,025 - 1\,800 = 225$ fr. nous fait voir qu'une partie de la somme totale a été placée à $5\frac{1}{2}$ p. %; si cette différence était égale à $1^{\text{f}},50$ (différence des taux), cette personne aurait placé évidemment 100 fr. au 1er taux et le reste au 2e, et il est clair que pour que cette différence devienne 2, 3, 4. . . fois plus grande, on devra placer à $5\frac{1}{2}$ p. % un capital égal à 2, 3, 4. . . fois 100 fr.

Donc, si elle est de 225 fr. :

$$\text{On prendra à } 5\tfrac{1}{2} \text{ p. } \% \quad \frac{100 \times 225}{1,50} = 15\,000 \text{ fr.} ;$$

$$\text{et} \quad - \quad \text{à 4 p. } \%, \quad 45\,000 - 15\,000 = 30\,000 \text{ fr.}$$

$$\text{*Réponses :* Sommes placées} \begin{cases} \text{à } 5\tfrac{1}{2} \text{ p. } \% \dots \dots 15\,000 \text{ fr.} \\ \text{à } 4 \text{ p. } \% \dots \dots 30\,000 \text{ fr.} \end{cases}$$

2° *Solution directe.* — Soit x, part à $5\frac{1}{2}$ p. %, on aura $45\,000 - x$ à 4 p. %.

L'énoncé nous donne :

$$x \times \frac{5,50}{100} + (45\,000 - x) \times \frac{4}{100} = 2\,025 \text{ fr. ;}$$

d'où $$x \times \left(\frac{5,50 - 4}{100}\right) = 2\,025 - 1\,800 ;$$

d'où $$x = \frac{(2\,025 - 1\,800) \times 100}{1,50} = 15\,000 \text{ fr. ;}$$

et $$45\,000 \text{ fr.} - 15\,000 = 30\,000 \text{ fr.}$$

22. — On vend à terme une propriété de 49 786 fr. L'acheteur, en payant à l'expiration du terme, compte une somme de 59 591^f,75 pour le capital et les intérêts simples, à raison de 6 p. %. On demande le temps qui s'est écoulé entre le jour de la vente et celui du payement.

(Brevet du 1er ordre, aspirantes.)

Solution.

On a intérêts 59 591^f,75 — 49 786 = 9 805^f,75.
D'où (voir *Règle d'intérêt*, pag. 17 et 18) :

$$\text{temps} = \frac{9\,805,75 \times 100}{49\,786 \times 6} = 3 \text{ ans } 3 \text{ mois } 17 \text{ jours.}$$

Réponse. . . . . 3 ans 3 mois 11 jours.

23. — (Voir problème 17 et solution qui suit, page 16).

Réponses. . . $\left\{\begin{array}{l} \text{1° Le banquier perdrait 2 100 fr. dans ce} \\ \text{marché.} \\ \text{2° Pour qu'il n'y ait ni perte ni gain, le né-} \\ \text{gociant devra payer l'intérêt à } 3\frac{3}{4} \text{ p. %.}\end{array}\right.$

23 *bis.* — Une personne ayant fait deux parts d'un capital de 42 000 fr. les fait valoir la 1re à 5 p. % pendant 8 mois, la 2e à 4 p. % pendant 9 mois. On demande de déterminer chacune des parts, sachant que la 1re produit 120 fr. de moins que la seconde pendant le temps indiqué.

Solutions.

1re *Solution.* — Le revenu de la 1re part sera égal aux $\dfrac{5 \times 8}{100 \times 12}$ ou aux $\dfrac{5 \times 2}{300}$ de cette même part, ci . . . . $\dfrac{10}{300}$.

Celui de la 2e sera égal aux $\dfrac{4 \times 9}{100 \times 12}$ de cette 2e part,

ci . . . . $\dfrac{9}{300}$.

Or la somme totale 42 000 fr. se compose des deux parts, et nous savons, par hypothèse, que les $\dfrac{9}{300}$ de la 2e part surpassent de 120 fr. les $\dfrac{10}{300}$ de la 1re. Donc, si nous prenons les $\dfrac{10}{300}$ de la somme totale, nous prendrons évidemment les $\dfrac{10}{300}$ de chacune des parts, et l'on pourra écrire :

$$42\,000 \times \dfrac{10}{300} \text{ ou } 1\,400\,\text{fr.} = \text{les } \dfrac{10}{300} \text{ de la } 1^{re} + \text{les } \dfrac{10}{300} \text{ de la } 2^e.$$

Et si nous ajoutons 120 fr. à la somme 1 400 fr., nous aurons :

$$1\,520\,\text{fr.} = \left(\text{les } \dfrac{10}{300} \text{ de la } 1^{re} + 120 \text{ fr.}\right) + \text{les } \dfrac{10}{300} \text{ de la } 2^e.$$

Mais les $\dfrac{10}{300}$ de la 1re augmentés de 120 fr. $=$ les $\dfrac{9}{300}$ de la 2e.

Donc,

$$1\,520\,\text{fr.} = \text{les } \dfrac{9}{300} \text{ de la } 2^e + \text{les } \dfrac{10}{300} \text{ de la } 2^e = \text{les } \dfrac{19}{300} \text{ de la } 2^e.$$

D'où 2e part égale . . . . . $\dfrac{1\,520 \times 300}{19} = 24\,000$ fr.

Et 1re — égale . . . . . $42\,000 - 24\,000 = 18\,000$ fr.

$$\textit{Réponses} \ldots \left\{ \begin{array}{l} 1^{re} \text{ part } 18\,000 \text{ fr. à 5 p. } \%. \\ 2^e \quad — \quad 24\,000 \text{ fr. à 4 p. } \%. \end{array} \right.$$

2° *Solution directe.* — Soit x la 1re part; la 2e égalera $42\,000 - x$.

L'énoncé nous donne :

$$(42\,000 - x)\,\frac{4 \times 9}{100 \times 12} - x \times \frac{5 \times 8}{100 \times 12} = 120 \text{ fr.}$$

D'où $\qquad 42\,000 \times \dfrac{9}{300} - x \times \dfrac{9}{300} - x \times \dfrac{10}{300} = 120 \text{ fr.};$

d'où $\qquad 42\,000 \times \dfrac{9}{300} - \left(\dfrac{9 + 10}{300}\right) x = 120 \text{ fr.};$

d'où $\qquad x = \dfrac{(1\,260 - 120)\,300}{19} = 18\,000 \text{ fr.};$

et $\qquad 42\,000 - 18\,000 = 24\,000 \text{ fr.}$

24. — Un capital de 5 640 fr. a rapporté, du 3 juillet 1871 au 3 mars 1873, un intérêt de 564 fr. Trouver à quel taux il a été placé.

(Académie d'Alger. — Aspirantes, 1er ordre.)

Solution.

Du 3 juillet 1871 au 3 mars 1873, il y a

1 an 8 mois = 20 mois.

On aura (voir *Règle d'intérêt*, page 17) :

$$\text{Taux} = \frac{564 \times 100 \times 12}{5\,640 \times 20} = 6.$$

Réponse. . . 6 p. %

25. — Une personne place les $\frac{2}{3}$ d'un capital à 4 $\frac{1}{2}$ p. % et le reste à 6 p. %; elle retire ainsi 500 fr. d'intérêt pour 120 jours. On demande quel est le capital placé. (L'année est supposée de 360 jours.)

(Brevet simple, aspirants.)

Solutions.

1re *Solution.* — Le revenu des $\frac{2}{3}$ d'un capital à $4\frac{1}{2}$ p. $^o/_o$ pendant 120 jours = les. . . . . $\dfrac{2 + 4{,}5 \times 120}{3 \times 100 \times 360}$;

ou les $\dfrac{3}{300}$ de ce même capital, ci. . . . . . $\dfrac{3}{300}$.

Le revenu du $\frac{1}{3}$ d'un capital à 6 p. $^o/_o$ pendant 120 jours est égal aux $\dfrac{1 \times 6 \times 120}{3 \times 100 \times 360}$

ou aux $\dfrac{2}{300}$ de ce même capital, ci. . . . . $\dfrac{2}{300}$.

$$\text{Total.} \ldots \ldots \ldots \frac{5}{300} = \frac{1}{60}.$$

Donc la 60e partie du capital $= 500$ fr.
D'où capital cherché $= 500 \times 60 = 30\,000$ fr.

$$\text{Réponse.} \ldots \ldots \ldots 30\,000 \text{ fr.}$$

2e *Solution directe.* — Soit x le capital cherché.
L'énoncé vous donne :

$$x \times \frac{3 \times 4{,}5 \times 120}{3 \times 100 \times 360} + x \times \frac{1 \times 6 \times 120}{3 \times 100 \times 360} = 500 \text{ fr.}$$

D'où $\qquad x \times \left(\dfrac{3 + 2}{300} \right) = 500 \text{ fr. ;}$

ou $\qquad x = 500 \times 60 = 30\,000 \text{ fr.}$

26. — Une personne possède un capital de 64 500 fr. Elle prête les $\frac{2}{5}$ des $\frac{3}{4}$ de cette somme à $4\frac{1}{2}$ p. $^o/_o$ par an, et avec le reste elle achète à raison de 2 400 fr. l'hectare une terre qui rapporte annuellement 3 p. $^o/_o$. On demande :

1° La surface du terrain acheté ;
2° Le montant du revenu de toute la fortune;
3° Le taux moyen p. $^o/_o$ de ce revenu.

(Brevet du 2e ordre.)

Solution.

Somme placée

$$\frac{64\,500 \times 2 \times 3}{5 \times 4} = \frac{64\,500 \times 3}{10} = 19\,350 \text{ fr.};$$

$$1^{er} \text{ revenu } \frac{19\,350 \times 4,5}{100} = 193,5 \times 4,5 = \text{ci.} \quad 870^f,75;$$

Reste. . . $64\,500 - 19\,350 = 45\,150$ fr.

2e revenu (reste) $45\,150 \times 0,03 = $ ci. . . . . $1\,354^f,50.$

Revenu total. . . . . $2\,225^f,25.$

Taux moyen de ce revenu p. % $\dfrac{2\,225,25 \times 100}{64\,500} = 3^f,43.$

Surface du terrain acheté $\dfrac{45\,150}{2\,400} = 18^{Ha},81^a,25.$

$$\textit{Réponses.} \ . \ . \ . \ . \ \left\{ \begin{array}{l} 1^o \ \ 18^{Ha},81^a,25\,; \\ 2^o \ \ 2\,225^f,25\,; \\ 3^o \ \ 3,45 \text{ p. %.} \end{array} \right.$$

27. — Une personne possède deux capitaux qu'elle a placés pendant le même temps, le 1er à $5\frac{1}{2}$ p. %, le 2e à $6\frac{1}{2}$ p. %. Le 1er a produit $6\,378^f,75$; le 2e qui surpassait le 1er de $8\,100$ fr. a donné $11\,846^f,35$ d'intérêt. On demande : 1° le temps pendant lequel chacun de ces capitaux a été placé; 2° le montant de chacun d'eux.

(Brevet complet. — Mars 1873, Pau.)

Solution.

Si les capitaux étaient placés au même taux, — *le temps étant le même,* — la différence des revenus serait évidemment l'intérêt de $8\,100$ fr. (différence des capitaux).

Or, si le 1er était placé à 1 p. % au lieu de $5^f,50$, son revenu serait représenté par $\dfrac{6\,378,75}{5,50}$; et si le taux était $6^f,50$,

l'intérêt serait $\dfrac{6\,378,75 \times 6,50}{5,50} = 7\,538^f,52.$

Mais alors $11\,846^\text{f},35 - 7\,538^\text{f},52$ ou $4\,307^\text{f},83$ est bien l'intérêt de $8\,100$ fr. à $6,50$ p. % pendant le temps inconnu, d'où :

$$\text{temps inconnu} = \frac{4\,307^\text{f},83 \times 100}{8\,100 \times 6,50} = 8 \text{ ans } 2 \text{ mois } 5 \text{ jours.}$$

Le 1er capital placé à $5\frac{1}{2}$ p. % pendant 8 ans 2 mois 5 jours, ou $2\,945$ jours, a produit $6\,378^\text{f},75$ d'intérêt; donc ce capital est égal à $\dfrac{6\,378^\text{f},75 \times 100 \times 360}{5,50 \times 2\,945} = 14\,177^\text{f},18.$

Et 2e capital $= 14\,177^\text{f},18 + 8\,100$ fr. $= 22\,277^\text{f},18.$

$$\textit{Réponses.} \ldots \left\{ \begin{array}{l} 1^\text{o} \text{ Temps : 8 ans 2 mois 5 jours.} \\ 2^\text{o} \ 1^\text{er} \text{ capital : } 14\,177^\text{f},18. \\ 3^\text{o} \ 2^\text{e} \quad — \quad\quad 22\,277^\text{f},18. \end{array} \right.$$

28. — Une personne place les $\frac{2}{3}$ de sont capital à 6 p. %, ce qui lui produit un revenu annuel de $939^\text{f},60$. Le reste de ce capital est placé à $4\frac{1}{2}$ p. %. 1º Trouver son revenu annuel total. 2º Dire de plus à quel taux unique cette personne devrait placer tout son capital pour en avoir le même revenu annuel.   (Brevet 1er ordre, aspirantes.)

Solution.

1º Intérêt des $\frac{2}{3}$ du capital à 6 p. %, ci. . . . . $939^\text{f},60$;

—   de $\frac{1}{3}$ —   à 1 p. %, $\dfrac{93,960}{2 \times 6}$;

—   —   —   à $4\frac{1}{2}$ p. % $\dfrac{939,60 \times 4,5}{2 \times 6} =$ $352^\text{f},35.$

Revenu annuel total. . . . . . . $1\,291^\text{f},95.$

2º Les $\frac{2}{3}$ du capital sont placés à 6 p. % par an, et produisent évidemment le même intérêt que tout le capital placé à $\dfrac{6 \times 2}{3} = 4$ p. %.

Donc 939^f,60 est l'intérêt d'un capital à 4 p. %;
1 fr. sera l'intérêt du même

capital à. . . . . $\dfrac{4}{939,60}$ p. %;

et 1 291^f,95 sera l'intérêt du même

capital à. . . . . $\dfrac{4 \times 1\,291,95}{939,60} = 5\frac{1}{2}$ p. %.

Réponses. . . $\begin{cases} 1^o - 1\,291^f,95 \text{ (Revenu total annuel)}; \\ 2^o - 5,50 \text{ p. % (Taux unique)}. \end{cases}$

29. — Une personne a placé deux capitaux qui sont entre
eux comme les nombres $\frac{2}{3}$ et $\frac{4}{5}$. Le 1er, placé à 5 p. % pendant 2 ans $\frac{1}{2}$, a produit 55^f,80 de moins que le 2e placé à
4 p. % pendant 3 ans $\frac{1}{4}$. On désire connaître le montant de
chacun des placements.　　　(Brevet complet, aspirants.)

Solutions.

1re *Solution.* — Les capitaux sont entre eux comme $\frac{2}{3}$ et

$\frac{4}{5}$, ou comme $\frac{10}{15}$ et $\frac{12}{15}$, ou comme 10 et 12, ou enfin comme
5 et 6.

Représentons le 1er par 5, le 2° le sera par 6, et on aura :

Intérêt de 6 fr. à 4 p. % pendant

3 ans $\frac{1}{4}$. . . . . $\dfrac{6 \times 4 \times 39^{mois}}{100 \times 12} = 0^f,78$;

Intérêt de 5 fr. à 5 p. % pendant

2 ans $\frac{1}{2}$ . . . . , . . $\dfrac{5 \times 5 \times 30^{mois}}{100 \times 12} = 0^f,625$.

Différence des intérêts. . . . . $= 0^f,155$.

Donc, si la différence
était 0^f,155, on aurait　1er cap. 5,　et　2° cap. 6.

Et si elle est 55^f,80,

on aura.. . . . . $-\dfrac{5 \times 55,80,}{0,155}$　$-\dfrac{6 \times 55^f,80}{0,155}$.

Calculs faits, on a　1er cap. 1800 fr.　2° cap. 2160 fr.

Réponse. . . . . . $\begin{cases} 1^{er} \text{ capital. . . 1800 francs}; \\ 2^e \quad - \quad , . . 2160 \text{ francs.} \end{cases}$

2e *Solution directe.* — Soit x 1er capital, le 2e sera $x \times \dfrac{6}{5}$; l'énoncé nous donne :

$$x \times \frac{6}{5} \times \frac{4 \times 39}{100 \times 12} - x \times \frac{5 \times 30}{100 \times 12} = 55^f,80.$$

ou
$$x \times \left(\frac{6}{5} \times \frac{4 \times 39}{100 \times 12} - \frac{5 \times 30}{100 \times 82} \right. = 55^f,80.$$

D'où
$$x \times (0,78 - 0,625) = 55,80 \times 5 ;$$

et
$$x = \frac{55,80 \times 5}{0,155} = 1\,800 \text{ fr.} ;$$

et
$$x \times \frac{6}{5} = 1\,800 \times \frac{6}{5} = 2\,160 \text{ fr.}$$

30. — Pendant combien de temps devrait-on placer deux capitaux qui sont proportionnels à $3\frac{2}{5}$, $4\frac{3}{4}$, pour qu'ils produisissent le même intérêt? On sait que les taux sont : 4 p. % (1er capital) et 5 p. % (2e capital).

Solution.

Les capitaux sont entre eux comme $3\frac{2}{5}$ et $4\frac{3}{4}$, ou comme $\frac{17}{5}$ et $\frac{19}{4}$, ou comme 68 et 95.

Si nous appelons t et t' les temps pendant lesquels ces capitaux sont placés, l'énoncé nous permettra (voir *Intérêts simples*, page 17, *Arith. appliquée*) de poser l'égalité suivante :

$$\frac{68 \times 4 \times t}{100} = \frac{95 \times 5 \times t'}{100} ;$$

-d'où
$$\frac{t}{t'} = \frac{95 \times 5}{68 \times 4}.$$

Réponse : Les temps seront { 95 × 5 (1er capital);
proportionnels à. . . . . { 68 × 4 (2e —).

31. — On désire placer un certain capital à $4 \frac{1}{2}$ p. %; au bout de combien de temps ce capital aura-t-il rapporté :

1° ses $\frac{11}{17}$;

2° ses $\frac{19}{20}$?

Solution.

Si nous représentons le temps inconnu par t, nous aurons (voir page 17, *Arithmétique appliquée*), le capital étant une quantité constante :

1°
$$\frac{11}{17} = \frac{4.5 \times t}{100},$$

d'où
$$t = \frac{11 \times 100}{17 \times 4,5} = 14 \text{ ans } 4 \text{ mois } 16 \text{ jours} ;$$

2°
$$\frac{19}{20} = \frac{4,5 \times t}{100},$$

d'où
$$t = \frac{19 \times 100}{20 \times 4,5} = 21 \text{ ans } 1 \text{ mois } 10 \text{ jours}.$$

32. — Un capital placé pendant 4 ans 8 mois a rapporté pendant ce temps un intérêt égal à ses $\frac{8}{35}$. A quel taux a-t-il été placé ?

Solution.

Le capital étant encore ici une quantité constante, nous pourrons écrire (voir page 17, *Arith. appliquée*) :

$$\text{Taux} = \frac{\frac{8}{35} \times 100}{4 \frac{2}{3}} = \frac{8 \times 100 \times 3}{14} = 4^f,89 \text{ p. %}.$$

Réponse. . . . . . $4^f,89$ p. %.

RÈGLE DE RÉPARTITION PROPORTIONNELLE.

33. — Partager 48 000 fr. proportionnellement aux fractions $\frac{1}{2}$, $\frac{1}{3}$, $\frac{3}{4}$?   **(Brevet simple.)**

Solution.

$$\text{Soit } 1^{re} \text{ part} \dots \frac{1}{2} = \frac{6}{12}$$

$$\text{On aura } 2^e \text{ part} \dots \frac{1}{3} = \frac{4}{12} \left.\right\} \frac{19}{12} . \text{ (Total des 3 parts.)}$$

$$\text{Et } 3^e \text{ part} \dots \frac{3}{4} = \frac{9}{12}$$

Donc pour $\frac{19}{12}$ à partager, on aurait :

$$1^{re} \text{ part} \dots \frac{6}{12} \quad ; \quad 2^e \frac{4}{12} \quad ; \quad 3^e \frac{9}{12} ;$$

$$\text{Pour 19 fr} \dots \quad 6 \qquad 4 \qquad 3 ;$$

$$\text{Et pour 48 000.} \quad \frac{6 \times 48\,000}{19} \ , \ \frac{4 \times 48\,000}{19} \ , \ \frac{9 \times 48\,000}{19} .$$

Calculs faits . . $15\,157^f,89\frac{9}{19}$; $10\,105^f,26\frac{6}{19}$; $22\,736^f,84\frac{14}{19}$.

34. — Partager une somme de 100 000 fr. entre 3 enfants en raison inverse de leur âge : le 1er a 3 ans, le 2e a 5 ans, et le 3e a 7 ans ?   **(Brevet complet.)**

Solution.

Partager 100 000 fr. en raison inverse des nombres 3, 5, 7 revient à faire ce partage en raison directe des fractions $\frac{1}{3}$, $\frac{1}{5}$, $\frac{1}{7}$. (Voir *Arith.*, page 25. *Remarque.*) Nous dirons donc (*Problème précédent*) :

$$\text{Soit 1}^{\text{re}}\text{ part} \ldots \frac{1}{3} = \frac{35}{105}$$
$$\text{On aura 2}^{\text{e}}\text{ part} \ldots \frac{1}{5} = \frac{21}{105} \left.\right\} \frac{71}{105}. \text{ (Total des 3 parts.)}$$
$$\text{Et 3}^{\text{e}}\text{ part} \ldots \frac{1}{7} = \frac{15}{105}$$

Donc, pour $\dfrac{71}{105}$ à partager, on aurait :

$$1^{\text{re}}\text{ part.} \quad \frac{35}{105} \quad ; \ 2^{\text{e}} \quad \frac{21}{105} \quad ; \ 3^{\text{e}} \quad \frac{15}{105}.$$

Pour 71 fr. :

$$1^{\text{re}}\text{ part.} \quad 35 \text{ fr.} \quad ; \ 2^{\text{e}} \quad 21 \text{ fr.} \quad ; \ 3^{\text{e}} \quad 15 \text{ fr.} :$$

Et pour 100000 fr. :

$$1^{\text{re}}\text{ part.} \ \frac{55 \times 100000}{71} \ ; \ 2^{\text{e}} \ \frac{21 \times 100000}{71} \ ; \ 3^{\text{e}} \ \frac{15 \times 100000}{71}.$$

Calculs faits :

$$1^{\text{re}}\text{ part. } 49295^{\text{f}},77\tfrac{33}{71} \ ; \ 2^{\text{e}} \ 29577^{\text{f}},46\tfrac{34}{71} \ ; \ 3^{\text{e}} \ 21126^{\text{f}},76\tfrac{4}{71}.$$

$$\textit{Réponse}\ldots \left\{ \begin{array}{l} 1^{\text{re}}\text{ part.} \ldots 49295^{\text{f}},77\tfrac{33}{71} ; \\ 2^{\text{e}} \quad — \ \ldots 29577^{\text{f}},46\tfrac{34}{71} ; \\ 3^{\text{e}} \quad — \ \ldots 21126^{\text{f}},76\tfrac{4}{71} ; \end{array} \right.$$

35. — Deux marchands habitent la même maison et ont le même compteur à gaz. Le 1er allume 26 becs par jour pendant 5 heures, et chaque bec dépense 95 litres par heure ; le 2e allume 21 becs par soirée pendant 8 heures, à raison de 120 litres chacun par heure. Au bout d'un certain temps, le compteur marque une dépense de 791320 litres. Le 1er marchand a 7 jours d'éclairage de plus que l'autre. On demande de calculer combien chacun a de jours d'éclairage et ce qu'il doit à l'usine à gaz : le mètre cube de gaz coûte 0^{f},29. (Brevet simple.)

Solution.

1er marchand brûle par jour
de 5 heures. . . . . $95^{lit} \times 26 \times 5 = 12\,350$ litres ;

2e marchand brûle par jour
de 8 heures. . . . . $120^{lit} \times 21 \times 8 = 20\,160$ litres.

Total. . . . . $32\,510$ litres.

Or le premier, ayant 7 jours d'éclairage de plus que le
2e, aura donc une dépense *hors part* de
$12\,350 \times 7$, ci. . . . . $86\,450$ litres.

Le reste $791\,320 - 80\,450$ devant être réparti entre les deux, proportionnellement à
leur dépense par jour, on aura, pour le 1er, sa

part de dépense $\dfrac{704\,870 \times 12\,350}{32\,510} =$ ci. . . . $267\,768$ litres.

D'où total de la dépense du 1er. . . $354\,218$ litres.

Le 2e aura dépensé $\dfrac{704\,870 \times 20\,160}{32\,510} =$ ci $\quad 437\,102 \quad —$

Total égal. . . . . $791\,320$ litres.

D'où nombre de jours d'éclairage :

1er marchand $\dfrac{354\,218}{12\,350} = 28$ jours 4 heures ;

2° — $\dfrac{437\,102}{20\,160} = 21$ jours 5 heures.

D'où chaque marchand devra :

1er marchand $0^f,29 \times 354\,218 = 102^f,72$;

2e — $0^f,29 \times 437\,102 = 126^f,75$.

36. — 3 marchands mettent en commun leurs fonds disponibles : les mises sont en raison inverse des fractions
$\frac{2}{3}$, $\frac{3}{4}$ et $\frac{5}{6}$, mais ils laissent leur argent pendant des temps
respectivement proportionnels aux nombres 7, 8, 9. Sachant
qu'ils ont réalisé un bénéfice total de 120 000 fr., déterminer la part de chacun.

Solution.

Nous savons (voir *Arith.*, page 25, *Remarque*) que pour partager une somme en raison inverse des fractions $\frac{2}{3}$, $\frac{3}{4}$, $\frac{5}{6}$, il suffit de partager cette somme en raison directe des nombres fractionnaires $\frac{3}{2}$, $\frac{4}{3}$, $\frac{6}{5}$. Réduisant ces nombres fractionnaires au même dénominateur, le partage se fera proportionnellement aux numérateurs 45, 40, 36. D'un autre côté, les parts devant être encore respectivement proportionnelles aux nombres 7, 8, 9, il restera à partager 120000 fr. proportionnellement aux nombres $45 \times 7 = 315$; $40 \times 8 = 320$; $36 \times 9 = 324$. On a ainsi :

$$315 + 320 + 324 = 959.$$

Donc pour 959 fr. on aurait : ·

1er. .   315   ; 2e   320   ; 3e   324;

et pour 120000 fr. on aura :

1er. . $\dfrac{120000 \times 315}{959}$; 2e $\dfrac{120000 \times 320}{959}$; 3e $\dfrac{120000 \times 324}{959}$.

Calculs faits :

39416^f,06   ;   40041^f,71   ;   40542^f,23.

$$\text{Réponses. . .}\begin{cases} 1^{er} \text{ marchand. . .} & 39416^f,06 \,; \\ 2^e \quad\quad — \quad \text{. . .} & 40041^f,71 \,; \\ 3^e \quad\quad — \quad \text{. . .} & 40542^f,23. \end{cases}$$

37. — Si dès le début (problème précédent) ces négociants s'étaient proposé de répartir le bénéfice par égales portions, quelle aurait dû être la durée du placement de leurs mises, sachant que la liquidation a eu lieu au bout de 8 ans ?

Solution.

Afin de ne pas avoir des résultats *abstraits*, nous supposerons que le 3e négociant, dont la mise est représentée par

36, ait engagé ses fonds pendant 8 ans, ce qui lui produira le même bénéfice que celui de $36 \times 8 = 288$ fr. pendant 1 an.

Donc, pour produire un certain bénéfice :

288 fr. restent placés pendant 1 an ;

40 fr. resteront placés pendant $\dfrac{288}{40}$ années ;

45 fr. . — — — $\dfrac{288}{45}$ —

$$\textit{Réponses}\ldots\begin{cases} 1^{\text{er}}\ \dfrac{288}{45} = \dfrac{32}{5} = 6 \text{ ans } 4 \text{ mois } 24 \text{ jours ;} \\[2mm] 2^{\text{e}}\ \dfrac{288}{40} = \dfrac{36}{5} = 7 \text{ ans } 2 \text{ mois } 12 \text{ jours ;} \\[2mm] 3^{\text{e}} \ldots \ldots \ldots 8 \text{ ans.} \end{cases}$$

Remarque. — Si l'époque de la liquidation n'était pas déterminée, ou si on admettait que le 3e a engagé ses fonds pendant une toute autre époque, on aurait pour les rapports du placement des mises :

$$1^{\text{er}}. \ldots \ldots \quad \frac{32}{5} \qquad 32 \qquad 8 ;$$

$$2^{\text{e}}. \ldots \ldots \quad \frac{36}{5} \quad \text{ou} \quad 36 \quad \text{ou} \quad 9 ;$$

$$3^{\text{e}}. \ldots \ldots \quad \frac{8 \times 5}{5} \qquad 40 \qquad 10 .$$

38. — Deux ouvriers font en 3 jours $\frac{1}{2}$ un ouvrage qu'on leur paye 46 fr. Le 1er travaille de manière à faire seul cet ouvrage en 5 jours $\frac{3}{4}$; dire, d'après cela, quelle est la part de chaque ouvrier dans l'ouvrage accompli et ce qu'il a gagné par jour. (Nancy, aspirantes, brevet simple.)

Solution.

Les 2 ouvriers font l'ouvrage en entier dans 3 jours $\frac{1}{2}$ ou $\frac{7}{2}$ jours. Donc les 2 ouvriers feront dans 1 jour les $1 : \frac{7}{2} =$ les $\frac{2}{7}$ de l'ouvrage.

Le 1er, faisant l'ouvrage en entier dans 5 jours $\frac{3}{4}$ ou $\frac{23}{4}$ jours, fera dans 1 jour $1 : \frac{23}{4} =$ les $\frac{4}{23}$ de l'ouvrage.

Donc le 2e dans 1 jour fera $\frac{2}{7} - \frac{4}{23} = \frac{46-28}{161} =$ les $\frac{18}{161}$.

Donc les parts seront proportionnelles à $\frac{4}{23}$ et $\frac{18}{161}$; ou à $\frac{28}{161}$ et $\frac{18}{161}$; ou à 28 et 18; ou à 14 et 9.

On aurait donc :

Pour $14 + 9 = 23$ fr. 1er 14 fr.,   et 2e 9 fr.

Et pour 46 fr. . . . . . 1er 14×2 fr.,   et 2e 9×2 fr.

Calculs faits. . . . . 28 fr.,   et   18 fr.

D'où 1er gagne par jour $28 \times \dfrac{4}{23} = 4^f,86$;

Et 2e —   — $18 \times \dfrac{18}{161} = 2^f,63$.

39. — 3 commerçants se sont associés pour 4 ans ; le 1er a mis 1800 fr. et au bout de la 3e année a retiré 800 fr ; le 2e a mis 900 fr. et à la fin de la 2e année il a ajouté 1000 fr., mais il a été obligé à la fin de la 3e année de retirer 500 fr ; le 3e a mis 800 fr. au commencement de chacune des 3 premières années. Déterminer les parts des 4 associés, sachant qu'ils ont gagné 6500 fr.

Solution.

Le 1er a mis :

800 fr. pendant 3 ans, qui rapporteront autant que. . . . . $800 \times 3 = 2400$ fr. dans 1 an;

1000 fr. pendant 4 ans, qui rapporteront autant que. . . . . $1000 \times 4 = 4000$ fr.   —

Total. . . . . . . 6400 fr. ci.   6400 fr.

Le 2e a mis :

500 fr. pendant 3 ans, qui rapporteront autant que. . . . $500 \times 3 = 1500$ fr. dans 1 an ;

1000 fr. pendant 2 ans, qui rapporteront autant que . . . $1000 \times 2 = 2000$ fr.   —

400 fr. (900-500) pendant 4 ans, qui rapporteront autant que. . . . . $400 \times 4 = 1600$ fr.   —

Total. . . . . . . 5100 fr. . . . . . . ci.   5100 fr.

Le 3ᵉ a mis :

800 fr. pendant 4 ans, qui rapporteront autant que. . . . . $800 \times 4 = 3\,200$ fr.

800 fr. pendant 3 ans, qui rapporteront autant que. . . . . $800 \times 3 = 2\,400$ fr.

800 fr. pendant 2 ans, qui rapporteront autant que. . . . . $800 \times 2 = 1\,600$ fr.

Total. . . . . 7 200 fr. ci.   7 200 fr.

Total des mises. . . . . 18 700 fr.

D'où :

Pour 18 700 fr., on aurait . .   1ᵉʳ 6 400 fr. ; 2ᵉ 5 100 fr. ; 3ᵉ 7 200 fr.

Et pour 6 500 fr. on aura :

$$\frac{6\,400 \times 6\,500}{18\,700} \quad ; \quad \frac{5\,100 \times 6\,500}{18\,700} \quad ; \quad \frac{7\,200 \times 6\,500}{18\,700}.$$

Calculs faits :

$$2\,224^f,59\,\tfrac{167}{187} \quad ; \quad 1\,772^f,72\,\tfrac{136}{187} \quad ; \quad 2\,502^f,67\,\tfrac{71}{187}.$$

$$\textit{Réponses}. \ . \ . \ . \ . \left\{ \begin{array}{l} 1^{er}. \ . \ . \ 2\,224^f,59\,\tfrac{167}{187}. \\ 2^e. \ . \ . \ 1\,772^f,72\,\tfrac{136}{187}. \\ 3^e. \ . \ . \ 2\,502^f,67\,\tfrac{71}{187}. \end{array} \right.$$

40. — On délivre à la gare de l'Ouest 250 billets de toutes classes pour Mantes, Rouen et le Havre, dans la proportion, sur 10 billets, de 3 pour Mantes, 5 pour Rouen, 2 pour le Havre, et dans celle de 20 billets de 1ʳᵉ classe, 30 de seconde et 50 de 3ᵉ pour chacune des destinations prises dans le même ordre. Dites le montant de la recette, sachant que les billets de 1ʳᵉ classe coûtent 7ᶠ,15 pour Mantes, 16ᶠ,75 pour Rouen et 28ᶠ,40 pour le Havre ; que ceux de 2ᵉ classe, dans le même ordre de destination, coûtent 5ᶠ,30, 12ᶠ,50 et 21ᶠ,50 ; qu'enfin les prix des billets de 3ᵉ classe sont 3ᶠ,90, 9ᶠ,20 et 15ᶠ,45.   (Aspirantes au brevet du 2ᵉ ordre.)

Solution.

Nous aurons : nombre de billets pour chaque destination :

MANTES.	ROUEN.	LE HAVRE.
$250 \times \dfrac{3}{10} = 75.$	$250 \times \dfrac{5}{10} = 125.$	$250 \times \dfrac{2}{10} = 50.$

Et, pour chacune des destinations, nous aurons encore :

MANTES.	ROUEN.	LE HAVRE.
1re classe :	1re classe :	1re classe :

1re classe :

$$75 \times \frac{20}{100} = 15.$$

ROUEN. 1re classe :

$$125 \times \frac{20}{100} = 25.$$

LE HAVRE. 1re classe :

$$50 \times \frac{20}{100} = 10.$$

2^e classe :

$$75 \times \frac{30}{100} = 22,5.$$

2e classe :

$$125 \times \frac{30}{100} = 37,5.$$

2e classe :

$$50 \times \frac{30}{100} = 15.$$

3e classe :

$$75 \times \frac{50}{100} = 37,5.$$

3e classe :

$$125 \times \frac{50}{100} = 62,5.$$

3e classe :

$$50 \times \frac{50}{100} = 25.$$

Total égal. . . 75.   Total égal. . . 125.   Total égal. . . 50.

Et enfin, prix correspondants :

1er *Report.* 372^f,75.   2e *Report.* 1 835^f,25.

1re classe :
$$7,15 \times 15 = 107^f,25.$$

1re classe :
$$16,75 \times 25 = 418^f,75.$$

1re classe :
$$28,40 \times 10 = 284^f. \quad »$$

2e classe :
$$5,30 \times 22,5 = 119^f,25.$$

2^e classe :
$$12,50 \times 37,5 = 468^f,75.$$

2e classe :
$$21,50 \times 15 = 322^f,50.$$

3e classe :
$$3,90 \times 37,5 = 146^f,25.$$

3e classe :
$$9,20 \times 62,5 = 575^f. \quad »$$

3e classe :
$$15,45 \times 25 = 386^f,25.$$

A reporter. 372^f,75.   A reporter. 1 835^f,25.   *Montant de la* recette. . . . 2 828^f,00.

Réponse. — Le montant de la recette est de 2 828 fr.

41. — Partager une somme de 100 000 fr. entre 3 enfants en parties inversement proportionnelles à leurs âges. Le 1er a 3 ans, le 2e 5 ans et le 3e 7 ans.

(Aspirantes au brevet du 1er ordre.)

Solution.

Nous savons (voir *Arith.*, page 25, *Remarque*) que pour partager une somme en raison inverse des 3 nombres 3, 5, 7, il suffit de partager cette somme en raison directe des fractions $\frac{1}{3}$, $\frac{1}{5}$, $\frac{1}{7}$, ou bien proportionnellement aux fractions $\frac{35}{105}$, $\frac{21}{105}$, $\frac{15}{105}$, ou bien enfin proportionnellement aux numérateurs 35, 21, 15.

D'où $$35 + 21 + 15 = 71.$$

38 SOLUTIONS RAISONNÉES.

On aurait donc pour 71 fr. :

1re 35 fr. ; 2e 21 fr. ; 3e 15 fr.

Et on aura pour 100 000 fr. :

$$\frac{35 \times 100\,000}{71} \quad ; \quad \frac{21 \times 100\,000}{71} \quad ; \quad \frac{15 \times 100\,000}{71}.$$

Calculs faits :

$49\,295^{\text{f}},77$; $29\,577^{\text{f}},41$; $21\,126^{\text{f}},76.$

$$\textit{Réponses.}\dots \begin{cases} \text{1}^{\text{re}}\ \dots\ 49\,295,77\,\frac{33}{71}\,; \\ \text{2}^{\text{e}}\ \dots\ 29\,577,46\,\frac{34}{71}\,; \\ \text{3}^{\text{e}}\ \dots\ 21\,126,76\,\frac{4}{71}. \end{cases}$$

42. — Trois marchands s'étant associés pour faire un achat, le 1er a mis 600 fr., le 2e 525 fr., le 3e 750 fr. sur cet achat ; ils ont fait un bénéfice de 940 fr. Quelle part revient-il à chacun? (Expliquez comment on trouve la solution de toutes les questions semblables en employant : 1° la méthode de réduction à l'unité; 2° la méthode des proportions.)　　　(Aspirantes au brevet du 1er ordre.)

Solution.

On a : $\qquad 600 + 525 + 750 = 1\,855.$

1° *Méthode de réduction à l'unité :*

Pour 1875 fr. à partager, on aurait. . . . . 1er 600 fr. ; 2e 525 fr. ; 3e 750 fr.;

Pour 1 fr. à partager, on aurait.. . . . . $\text{1}^{\text{er}} \dfrac{600}{1\,875}$; $\text{2}^{\text{e}} \dfrac{525}{1\,875}$; $\text{3}^{\text{e}} \dfrac{750}{1\,875}$;

Et pour 940 fr. à partager, on aura.. . . . . $\text{1}^{\text{er}} \dfrac{600 \times 940}{1\,875}$; $\text{2}^{\text{e}} \dfrac{525 \times 940}{1\,875}$; $\text{3}^{\text{e}} \dfrac{750 \times 940}{1\,875}.$

Calculs faits . . . . $300^{\text{f}},80$; $263^{\text{f}},20$; 376 fr.

2° *Méthode de proportion :*

1er *marchand.* — Les quantités 600, 1875 et x (inconnue) 940, forment entre elles deux à deux des rapports directs et égaux.

D'où $\dfrac{600}{1875} = \dfrac{x}{940}$; d'où (*Arith.*, page 3) :

$$x \times 1875 = 600 \times 940 \quad ; \quad x = \frac{600 \times 940}{1875} = 300^{f},80.$$

2e *marchand*. — Raisonnant de même, nous pourrons écrire :

$$\frac{525}{1875} = \frac{x'}{940} \quad ; \quad \text{d'où } x' = \frac{525 \times 940}{1875} = 263^{f},20.$$

3e *marchand*. — Nous écrirons encore :

$$\frac{750}{1875} = \frac{x''}{940} \quad ; \quad \text{d'où } x'' = \frac{750 \times 940}{1875} = 376 \text{ fr.}$$

$$\textit{Réponses.} \ldots \ldots \begin{cases} 1^{er}. \ldots \ldots \ldots 300^{f},80 \,; \\ 2^{e}. \ldots \ldots \ldots 263^{f},20 \,; \\ 3^{e}. \ldots \ldots \ldots 376 \text{ fr.} \end{cases}$$

43. — Démontrer que dans une suite de rapports égaux $\frac{2}{3} = \frac{4}{6} = \frac{8}{12}$ la somme des numérateurs est à celle des dénominateurs comme un numérateur est à un dénominateur, c'est-à-dire que $\dfrac{2 + 4 + 8}{3 + 6 + 12} = \dfrac{2}{3}$, et se servir de ce théorème pour partager une longueur de 12 mètres en parties proportionnelles aux nombres 3, 4, 5.

(Brevet du 1er ordre, aspirantes.)

Solution.

1° Les deux premiers rapports formant proportion, nous aurons, en changeant l'ordre des moyens (voir *Proportions*, *Arith.*, page 4) : $\dfrac{2}{4} = \dfrac{3}{6}$. En ajoutant l'unité à chaque rapport, nous pourrons écrire évidemment $\dfrac{2}{4} + 1 = \dfrac{3}{6} + 1$, ou $\dfrac{2 + 4}{4} + \dfrac{3 + 6}{6}$, et, en renversant l'ordre des moyens, il vient : $\dfrac{2 + 4}{3 + 6} = \dfrac{4}{6}$. Mais d'après l'énoncé $\dfrac{4}{6} = \dfrac{8}{12}$; donc on peut écrire $\dfrac{2+4}{3+6} = \dfrac{8}{12}$. Si, à cette dernière proportion, nous appliquons le raisonnement ci-dessus, nous aurons :

$$\frac{2+4}{8} = \frac{3+6}{12} \quad ; \quad \text{et } \frac{2+4}{8} + 1 = \frac{3+6}{12} + 1;$$

$$\text{et } \frac{2+4+8}{8} = \frac{3+6+12}{12} \quad ; \quad \text{et enfin } \frac{2+4+8}{3+6+12} = \frac{8}{12}.$$

Mais $\dfrac{8}{12} = \dfrac{3}{6}$, donc nous aurons : $\dfrac{2+4+8}{3+6+12} = \dfrac{3}{6}.$

C. Q. F. D.

2° Puisque, d'après l'énoncé, les parts sont proportionnelles aux nombres 3, 4, 5, nous aurons évidemment : le $\frac{1}{3}$ de la 1re = le $\frac{1}{4}$ de la 2e = le $\frac{1}{5}$ de la 3e. Si donc les parts sont désignées respectivement par a, b, c, les rapports suivants seront égaux, et nous aurons : $\dfrac{a}{3} = \dfrac{b}{4} = \dfrac{c}{5}$. Mais nous venons de voir par le théorème précédent que

$$\frac{a+b+c}{3+4+5} = \frac{a}{3};$$

d'un autre côté, $a + b + c = 12$: donc $\dfrac{12}{3+4+5} = \dfrac{a}{3}.$

D'où $\qquad \dfrac{a}{3} = 1 \quad$, d'où enfin $a = 3.$

Nous aurons de même $\dfrac{12}{3+4+5} = \dfrac{b}{4} \quad$, d'où $b = 4.$

Et $\qquad \dfrac{12}{3+4+5} = \dfrac{c}{5} \quad$, d'où $c = 5.$

$$\textit{Réponses.} \ldots \left\{ \begin{array}{l} \text{1}^{\text{re}} \text{ part.} \ldots \text{ 3 mètres;} \\ \text{2}^{\text{e}} \quad - \ldots 4 \quad - \\ \text{3}^{\text{e}} \quad - \ldots 5 \quad - \end{array} \right.$$

44. — Trois personnes se sont associées pour une entreprise. La 1re a mis les $\frac{4}{9}$ des fonds, la 2e 15 000 fr. de moins que la 1re, et la 3e 5000 fr. de moins que la 2e. Les frais se sont élevés aux $\frac{17}{140}$ de la mise totale et le bénéfice brut aux

$\frac{2}{5}$ de cette mise. Calculer : 1° la mise de chaque associé ; 2° le bénéfice net de l'entreprise ; 3° la part de chaque associé dans le bénéfice. (Brevet complet, aspirants.)

Solution.

Nous aurons donc :

Mise de la 1ʳᵉ. . . $\frac{4}{9}$ de la mise totale.

— 2ᵉ . . . $\frac{4}{9}$ — moins 15 000 fr.

— 3ᵉ . . . $\frac{4}{9}$ — moins 20 000 fr.

Total. . . . . . . $\frac{12}{9}$ . . . . . . moins 35 000 fr.

D'où l'on voit que les $\frac{12}{9}$ ou les $\frac{4}{3}$ de la mise totale surpassent de 35 000 fr. la somme des trois mises.

Donc le $\frac{1}{3}$ de la mise totale $= 35\,000$ fr.

D'où mise totale $= 35\,000 \times 3 = 105\,000$ fr.

On aura ainsi :

Mise du 1ᵉʳ associé : $\dfrac{105\,000 \times 4}{9} = \dfrac{420\,000}{9} = \dfrac{140\,000}{3}$;

— du 2ᵉ — $\dfrac{140\,000}{3} - 15\,000 = \ldots = \dfrac{95\,000}{3}$;

— du 3ᵉ — $\dfrac{140\,000}{3} - 20\,000 = \ldots = \dfrac{80\,000}{3}$.

Bénéfice brut. . . $\dfrac{105\,000 \times 2}{5} = \ldots 42\,000$ fr.

Frais . . . . $\dfrac{105\,000 \times 17}{140} = \ldots 12\,750$ fr.

D'où bénéfice net. . . . . . . 29 250 fr.

Le bénéfice net doit donc être partagé proportionnellement aux nombres $\dfrac{140\,000}{3}$, $\dfrac{95\,000}{3}$, $\dfrac{80\,000}{3}$, ou proportionnellement aux nombres réduits 28 , 19 , 16. On a ainsi $28 \times 19 + 16 = 63$. Donc, pour 63 fr., on aurait :

· 1ᵉʳ . . . 28 fr. ; 2ᵉ . . . 19 fr. ; 3ᵉ . . . 16 fr. ;

et pour 29 250 fr., on aura :

$$\frac{28 \times 29\,250}{63} \quad ; \quad \frac{19 \times 29\,250}{63} \quad ; \quad \frac{16 \times 29\,250}{63}$$

$$13\,000 \text{ fr.} \quad ; \quad 8\,821^{\text{f}},42\tfrac{6}{7} \quad ; \quad 7\,428^{\text{f}},57\tfrac{1}{7}.$$

Réponses :

1° Mises : $\dfrac{140\,000 \text{ fr.}}{3}$, $\dfrac{95\,000 \text{ fr.}}{3}$, $\dfrac{80\,000 \text{ fr.}}{3}$;

2° Bénéfice net : 29 250 fr.

3° Parts dans le bénéfice : 13 000 fr. , $8\,821^{\text{f}},42\tfrac{6}{7}$, $7.428^{\text{f}},57\tfrac{1}{7}$.

45. — Un oncle partage sa fortune entre deux neveux, de manière que la part de chacun soit en raison inverse de celle qu'il possède dans une fructueuse entreprise. Le 1er neveu y est intéressé pour $\tfrac{1}{2}$, le second pour $\tfrac{1}{4}$. Quelle est la part de la fortune de leur oncle qui revient à chacun?

(Bordeaux, aspirants, brevet complet.)

Solution.

Le partage doit donc se faire en raison inverse des fractions $\tfrac{1}{2}$, $\tfrac{1}{4}$, ou en raison directe des nombres $\tfrac{1}{1}$, $\tfrac{4}{1}$, ou enfin proportionnellement aux nombres 1 et 2.

Donc, si la fortune était 3, le 1er neveu aurait 1, le 2e....2, et, en général, le 1er neveu aura $\tfrac{1}{3}$ de la fortune;

     —   le 2e — $\tfrac{2}{3}$ —

46. — Un père et ses deux fils achètent une propriété de 128 hectares; $42^{\text{Ha}},60$ à $15^{\text{f}},60$ l'are et le reste à $24^{\text{f}},50$. Le père paye les $\tfrac{5}{7}$ de ce que payent les fils réunis, et la somme que verse le plus jeune n'est que les $\tfrac{4}{5}$ de ce que donne l'aîné. On demande ce qu'a donné chacun et à quel prix il faut affermer la propriété pour que l'argent soit placé à raison de 3,20 p. $^{\text{o}}/_{\text{o}}$.

(Académie de Clermont. — Aspirants.)

Solution.

Valeur de $42^{\text{Ha}},60$. . . $15^{\text{f}},60 \times 4\,660 = $ ci. . . 66 456 fr.

    — de $128-42,60$ $24,50 \times 8\,540 = $ ci. . . 209 230 fr.

Valeur de la propriété. . . . . 275 686 fr.

Soit la part payée par l'aîné . . . . $1 = \dfrac{35}{35}$;

On aura   —   par le plus jeune. . . . $\dfrac{4}{5} = \dfrac{28}{35}$;

Et   —   —   par le père. . . $\dfrac{9}{5} \times \dfrac{5}{7} = \dfrac{9}{7} = \dfrac{45}{35}$.

Nous avons donc à partager 275 686 proportionnellement aux numérateurs 35, 28 et 45; l'on a $35 + 28 + 45 = 108$.

Donc, si on devait payer 108 fr., l'aîné payerait 35 fr.; le plus jeune 28 fr.; le père 45 fr.

Et si on doit payer 275 686, l'aîné payera

$$\frac{35 \times 275\,686}{108} \quad ; \quad \frac{28 + 275\,686}{108} \quad ; \quad \frac{45 + 275\,686}{108} \quad ;$$

Calculs faits. $89\,342^{\mathrm{f}},68$; $71\,474^{\mathrm{f}},15$; $114\,869^{\mathrm{f}},17$.

100 fr. devant rapporter $3^{\mathrm{f}},20$, ou 1 fr. devant rapporter $0^{\mathrm{f}},032$, 275 686 fr. devront rapporter

$$0^{\mathrm{f}},032 \times 275\,686 = 8\,821^{\mathrm{f}},93.$$

Réponses :

1° L'aîné payera

$89\,342^{\mathrm{f}},68$;   le 2° $71\,474^{\mathrm{f}},15$;   le père $114\,869^{\mathrm{f}},17$;

2° La propriété doit être affermée $8\,821^{\mathrm{f}},95$.

47. — Un sac contient un même nombre de pièces de 20 fr. (or), d'argent (5 fr.) et de bronze ($0^{\mathrm{f}},10$), et pèse $1160^{\mathrm{gr}},6$. On demande le nombre de pièces et la valeur totale contenue dans ce sac.

Solution.

On sait que l'or, à valeur égale, pèse les $\dfrac{2}{31}$ de l'argent;

or, poids de 20 fr. (argent) $= 20 \times 5$ gr., d'où 20 fr. (or)

pèsent $\dfrac{100 \times 2}{31} = \dfrac{200}{31}$ gr.

5 fr. (argent) pèsent $5^{gr} \times 5 = 25$ gr., ou

$$\dfrac{25 \times 31}{31} = \dfrac{775}{31} \text{ gr.}$$

$0^f,10$ (bronze) pèsent $1^{gr} \times 10 = 10$ gr., ou

$$\dfrac{10 \times 31}{31} = \dfrac{310}{31} \text{ gr.}$$

Donc si le sac pesait (contenu)

$$\dfrac{200 + 775 + 310}{31} = \dfrac{1275}{31} \text{ gr.,}$$

il contiendrait une pièce de chaque espèce, et si le poids est de $1160^{gr},6$, le nombre de pièces de chaque espèce sera égal à $\dfrac{1160,6 \times 31}{1285} = 27$ (par défaut).

48. — On demande de partager 12 000 fr. entre trois personnes, de manière que les $\frac{3}{4}$ de la 1re = les $\frac{5}{6}$ de la 2e, et que les $\frac{2}{3}$ de la 2e égalent la $\frac{1}{2}$ de la 3e ?

Solution.

Soit la part de la 2e . . . . 1 ou $\frac{9}{9}$;

On aura part de la 1re . . . . . $= \dfrac{5 \times 4}{6 \times 3} = \frac{10}{9}$;

Et — de la 3e . . . . . $= \dfrac{2}{3} \times 2 = \frac{12}{9}$.

Le partage devra donc se faire proportionnellement aux numérateurs 9, 10, 12. Or, on a $9 + 10 + 12 = 31$.

Donc, pour 31 fr. à partager, on aurait :

$$1^{re} \ 10 \quad ; \quad 2^e \ 9 \quad ; \quad 3^e \ 12 ;$$

Et si on a 12 000 fr.

à partager, on aura $\dfrac{10 \times 12000}{31}$; $\dfrac{9 \times 12000}{31}$; $\dfrac{12 \times 12000}{31}$;

Calculs faits. . . . $3870^f,\frac{30}{31}$; $3483^f,\frac{27}{31}$; $4645^f,\frac{5}{31}$.

49. — 2 propriétaires ont acheté ensemble une propriété d'une contenance de 18^{Ha},50 pour 35 600 fr. Cette propriété se compose de terre labourable et de bois, dont les contenances sont dans le rapport de 2 à 5. Sachant que les prix de l'are de chaque espèce de terrain sont dans le rapport de 7 à 4, et que les propriétaires achètent l'un la terre labourable, l'autre le bois, on demande le prix d'achat pour chacun d'eux.   (Brevet complet.)

Solution.

On aura : contenance terre labourable . . $\dfrac{1\,850 \times 2}{7}$;

Et   —   bois. . . . . $\dfrac{1\,850 \times 5}{7}$.

On aura également :
$\begin{cases} \text{terre labourable . . } \dfrac{1\,850 \times 2 \times 7}{7 \times 11} ; \\[2mm] \text{bois. . . . . } \dfrac{2\,850 \times 5 \times 4}{7 \times 11} . \end{cases}$

rapport des prix. . . .

Ces deux rapports ayant pour facteur commun l'expression $\dfrac{1\,850}{7 \times 11}$, il nous suffira de partager 35 600 fr. proportionnellement aux nombres 14 (terre labourable) et 20 (bois), ou mieux proportionnellement aux nombres 7 (terre labourable), et 10 (bois).

Donc, si la propriété valait 17 fr., on aurait terre labourable 7 fr. et bois 10 fr.

Et si elle vaut 35 600 fr., on aura $\dfrac{7 \times 35\,600}{17}$; $\dfrac{10 \times 35\,600}{17}$;

Calculs faits . . . . 14 658^{f},$\frac{14}{17}$: 20 941^{f},$\frac{3}{17}$.

Réponses. . . .
$\begin{cases} \text{Prix d'achat, terre labourable. . } 14\,658^{f},\frac{14}{17} ; \\[2mm] \qquad — \qquad \text{bois. . . . . } 20\,941^{f},\frac{3}{17} . \end{cases}$

50. — Partager 55 198 fr. en 4 parts, sous les conditions suivantes : la 2e sera le triple de la 1re, la 3e le triple de la seconde, la 4e vaudra 20 fois la 3e. Quelles sont les sommes demandées?   (Brevet du 1er ordre, aspirantes.)

Solution.

Nous aurons 1re, ci. . . . . 1re.

— 2e = 3 fois 1re, ci . . . . 3 fois 1re ;

— 3e = 3 fois 2e ou 9 fois 1re . . . 9 fois 1re ;

— 4e = 20 fois 3e ou 180 fois 1re. . 180 fois. 1re.

D'où les 4 parts seront égales à. . . 193 fois 1re.

Donc 193 fois la 1re part = 55 198 fr.

$$\text{Et } 1^{re} \text{ part} = \frac{55\,198}{193} = \text{ci} \dots \dots \quad 286 \text{ fr.}$$

2e — = 286×3 = ci . . . . . 858 fr.

3e — = 286×9 = ci . . . . . 2 574 fr.

4° — = 286×180 = ci . . . . . 51 480 fr.

Total égal. . . . . . . 55 198 fr.

51. — Un terrain de 60 arpents de Paris a été ven
raison de 3 000 livres tournois l'arpent, avant l'établissement
du système métrique. Sa valeur a doublé depuis cette époque. On demande d'évaluer en francs sa valeur actuelle et
la valeur de l'hectare, sachant :

1° que 81 fr. valent 81 livres tournois ;

2° que l'arpent de Paris valait 100 perches, dont chacune était un carré de 18 pieds de côté ;

3° Que le pied était le $\frac{1}{6}$ de la toise ;

4° Que 10 000 000 de mètres valent 5 130 740 toises.

(Brevet simple, aspirants.)

Solution.

Valeur actuelle du terrain : 3 000 livres $\times 2 = 6\,000$ livres
tournois.

Valeur actuelle de 6 000 livres tournois :

$$6\,000 \times \frac{80}{81} = 2\,000 \times \frac{80}{27} = 5\,929^f,63.$$

60 arpents de Paris valent $60 \times 100 = 6\,000$ perches ;

1 perche vaut $18 \times 18 = 324$ pieds carrés ;

6 000 perches vaudront $324 \times 6\,000 = 1\,944\,000$ pieds carrés ;

1 pied carré vaut $\dfrac{1}{6} \times \dfrac{1}{6} = \dfrac{1}{36}$ toise carrée ;

1 944 000 pieds carrés vaudront $1\,944\,000 \times \dfrac{1}{36} = 54\,000$ toises carrées ;

5 130 740 toises valent 10 000 000 de mètres, ou approximativement une toise vaut $\dfrac{1\,000}{513}$ mètres ;

D'où une toise carrée vaut

$$\left(\dfrac{1\,000}{513}\right)^{2} \text{ mètres carrés} = \dfrac{1\,000\,000}{263\,169} ;$$

Et 54 000 toises carrées vaudront

$$\dfrac{1\,000\,000 \times 54\,000}{263\,169} = 20^{\text{Ha}},51. \quad \text{(Approximatif.)}$$

Valeur de $20^{\text{Ha}},51$. . . . . $5\,929^{\text{f}},63$;

— de 1 hectare. . . $\dfrac{5\,929,63}{20,51} = 289^{\text{f}},10.$

$Réponses$ . . $\begin{cases} 1^{\text{o}} \text{ Valeur actuelle de ce terrain. .} \quad 5\,929^{\text{f}},63 ; \\ 2^{\text{o}} \text{ Valeur de l'hectare . . . .} \quad 289^{\text{f}},10. \end{cases}$

52. — Une somme de $16^{\text{f}},64$ doit être employée à payer un ouvrage exécuté par trois ouvrières, dont la 1re a travaillé 10 heures pendant 6 jours consécutifs, la 2e 13 heures pendant 3 jours, et la 3e pendant 8 heures seulement. Quelle part revient à chacune des ouvrières ?

(Aspirantes, brevet du 1er ordre.)

Solution.

La 1re ouvrière a travaillé pendant $10^{\text{h}} \times 6 = 60$ heures.

La 2e —   — $13^{\text{h}} \times 3 = 39$ —

La 3e —   — 8^{Heures} 8   —

$16^{\text{f}},64$ est donc le prix de. . . . 107 h. de travail.

Donc 1re aura. . $\dfrac{60 \times 16,64}{107}$; 2^e $\dfrac{39 \times 16,64}{107}$; 3^e $\dfrac{8 \times 16,64}{107}$;

Calculs faits. . . $9^f,33 \frac{9}{107}$; $6^f,06 \frac{54}{107}$; $1,24 \frac{44}{107}$.

$$\text{Réponses. . . . .}\begin{cases} 1^{re}\ \text{ouvrière} & 9^f,33 \tfrac{9}{107}\,; \\ 2^e \quad— & 6^f,06 \tfrac{54}{107}\,; \\ 3^e \quad— & 1^f,24 \tfrac{44}{107}. \end{cases}$$

53. — 3 personnes ont engagé ensemble dans une entreprise un capital de 43 522 fr. La 2e personne a mis 1 843 fr.
de plus que la 1re, la 3e 3 425 fr. de plus que la 2e. La
1re personne ayant laissé son capital pendant 4 ans $\frac{1}{2}$, la
2e pendant 3 ans, la 3e pendant 2 ans 3 mois, on demande
comment doit être réparti entre les associés le bénéfice total, qui s'élève à 11 428 fr.

(Niort. — Brevet du 1er ordre, apirantes.)

Solution.

Les 3 mises seraient égales évidemment, si la 2e n'avait
pas mis 1 843 fr. de plus que la 1re, et la 3e n'avait pas mis
3 425 fr. de plus que la 2e, ou $3425 + 1833 = 5268$ fr. de
plus que la 1re.

Donc, en retranchant $5268 + 1843$ ou 7 111 fr. de la mise
totale 43 522 fr., le reste, ou $45522 - 7111 = 36411$ fr., sera
égal évidemment à 3 fois la mise de la 1re.

Donc 1re a mis $\dfrac{36411}{3}$ . . . . 12 137 fr.

— 2^e $=$ $12137 + 1843$ fr. $=$ . . 13 980 fr.

— 3e — $13980 + 3425$ fr. $=$ . . 17 405 fr.

12 137 fr. produisent dans 4 ans $\frac{1}{2}$
autant que. . . . . . . $12137 \times 4,5 = 54616^f,50$ dans 1 an ;

13 980 fr. produisent dans 3 ans
autant que. . . . . $13980 \times 3 = 41940^f,$ »   —

17 405 fr. produisent dans 2 ans $\frac{1}{4}$
autant que . . . . . . $17405 \times 2,25 = 31161,25$ —

Total. . . . . $127717^f,75$

Nous aurons donc :

Bénéfice du 1er associé. . . $\dfrac{54616^f,50 \times 14428}{127717,75} = 4487^f \text{ »}$;

$\dfrac{41940 \times 11428}{127717,75} = 3752^f,74$;

$\dfrac{31161.25 \times 11428}{127717,75} = 2788^f,26$;

Total égal. . . . . 11428^f »

54. — 3 commerçants ont mis leurs fonds disponibles dans une entreprise : ces mises sont proportionnelles aux nombres $1\frac{1}{2}$, 2, $3\frac{1}{4}$. Le 1er a laissé ses fonds pendant 2 ans $\frac{1}{2}$, le 2e pendant 4 ans, et le 3e pendant 3 ans 4 mois. On demande comment doit être réparti entre les associés le bénéfice total, qui s'élève à 120000 fr.

(Aspirantes, brevet du 1er ordre.)

Solution.

Les mises des trois associés, proportionnelles à $1\frac{1}{2}$, 2, $3\frac{1}{4}$, seront, au bout de leur temps respectifs, proportionnelles à

1^0 . . . $1,5 \times 2,5$. . . $= 3,75$
2^0 . . . 2×4. . . . . $= 8$
3^0 . . . $3,25 \times 3\frac{1}{3}$. . . $= 10,56$

Total. . . . . $22,31$

Donc on aura :

Bénéfice du 1er . . $\dfrac{3,75 \times 120000}{22,31} = \text{ci. . }$ $20170^f,33$

$\dfrac{8 \times 120000}{22,31} = \text{ci. . }$ $43030^f,03$

$\dfrac{10,56 \times 120000}{22,31} = \text{ci. . }$ $56799^f,64$

Total égal. . . . . .   120000 fr.

55. — Partager 40 en trois parties, de manière que la 1re divisée par 2, la seconde divisée par 3 et la troisième divisée par 5 donnent le même quotient.

(Brevet du 1er ordre, aspirantes.)

3

Solutions.

1re Solution. — Si les trois parts sont désignées respectivement par a, b, c, nous aurons, en vertu du théorème connu (voir *Problème* 43, page 39, *Solutions*), $\dfrac{a}{2} = \dfrac{b}{3} = \dfrac{c}{5}$, et

$$\frac{a+b+c}{2+3+5} = \frac{a}{2}.$$ Mais $a+b+c = 40$; donc $\dfrac{40}{10} = \dfrac{a}{2}$.

D'où 1re part $(a) = 4 \times 2 = 8$.

Nous aurons encore

$$\frac{a+b+c}{2+3+5} = \frac{b}{3};$$ donc 2e part $(b) = 4 \times 3 = 12$.

Et enfin

$$\frac{a+b+c}{2+3+5} = \frac{c}{5};$$ donc 3e part $(c) = 4 \times 5 = 20$.

2e Solution. — Puisque les trois parts divisées respectivement par 2, par 3 et par 5 donnent le même quotient, elles sont donc proportionnelles aux nombres 2, 3, 5. Total de ces nombres $= 10$.

$$\text{Donc on aura}\ldots \begin{cases} \text{1re part } \dfrac{2 \times 40}{10} = 8; \\[2ex] \text{2e} \quad - \quad \dfrac{3 \times 40}{10} = 12; \\[2ex] \text{3e} \quad - \quad \dfrac{5 \times 40}{10} = 20. \end{cases}$$

56. — Un industriel lègue à 3 employés deux sommes : l'une de 3 000 fr. et l'autre de 2 000 fr. Il veut que chacun d'eux reçoive de la première somme une part directement proportionnelle à la durée de ses services, et de la deuxième une part inversement proportionnelle à son âge. Calculer la part totale de chaque employé, sachant que le premier a 15 ans de services et 56 ans d'âge, que le 2e a 20 ans de services et est âgé de 60 ans, et que le 3e a 25 ans de services et 70 ans d'âge.

(Aspirants, brevet complet.)

Solution.

La première somme devra donc être partagée proportionnellement aux nombres 15, 20, 25; ou plus simplement aux nombres 3, 4, 5.

Donc le 1er employé aura tout d'abord $\dfrac{3 \times 3\,000}{12} = 750$ fr.

$\qquad$ — $\quad$ 2^e $\qquad$ — $\qquad$ — $\qquad$ $\dfrac{4 \times 3\,000}{12} = 1\,000$ fr.

$\qquad$ — $\quad$ 3^e $\qquad$ — $\qquad$ — $\qquad$ $\dfrac{5 \times 3\,000}{12} = 1\,250$ fr.

$$\text{Total égal.} \dots \dots \dots \quad 3\,000 \text{ fr.}$$

La 2e somme devra être partagée en raison inverse des nombres $\dfrac{56}{1}$, $\dfrac{60}{1}$, $\dfrac{70}{1}$, ou plus simplement en raison inverse des nombres réduits $\dfrac{28}{1}$, $\dfrac{30}{1}$, $\dfrac{35}{1}$, ou enfin proportionnellement aux fractions $\dfrac{1}{28}$, $\dfrac{1}{30}$, $\dfrac{1}{35}$ (voir *Arithmétique, Remarque*, page 25).

Ces fractions réduites au même dénominateur nous donnent $\dfrac{1\,050}{29\,400}$, $\dfrac{980}{29\,400}$, $\dfrac{840}{29\,400}$. Il suffira donc de partager 2\,000 fr. proportionnellement aux numérateurs 1\,050, 980, 840, ou proportionnellement aux nombres réduits 105, 98, 84.

Nous avons $\qquad 105 + 98 + 84 = 287.$

D'où : 1re part. . . $\dfrac{105 \times 2\,000}{287} = 731^f,71$

$\qquad\qquad\qquad \dfrac{98 \times 2000}{287} = 682^f,93$

$\qquad\qquad\qquad \dfrac{84 \times 2\,000}{287} = 585^f,36$

$$\text{Total égal.} \dots \dots \quad 2\,000 \text{ fr.}$$

Réponses.

1er employé aura en tout . . . $\qquad 750 + 731^f,71 = 1\,481^f,7$

2^e $\qquad$ — $\qquad$ — $\qquad$ . . . $\qquad 1\,000 + 682^f,93 = 1\,682^f,93$

3^e $\qquad$ — $\qquad$ — $\qquad$ . . . $\qquad 1\,250 + 585^f,36 = 1\,855^f,36$

$$\text{Total égal aux deux sommes.} \dots \quad 5\,000 \text{ fr.}$$

57. — Une mère partage un cornet de 80 bonbons à ses 3 enfants. Chaque fois qu'elle en donne 2 au premier, le second en reçoit 3 et le plus jeune 5. Combien chacun en recevra-t-il ?   (Brevet complet, aspirants.)

Solution.

Pour 10, le 1er en reçoit 2,   le 2° 3,   le plus jeune 5.
Pour 80, le 1er en recevra 2×8, le 2e 3×8, le   — 5×8.
        Ou. 16   24   40

58. — 2 personnes ont fait une association pour 4 ans. La 1re a mis au commencement de la 1re année 6 000 fr. et la 2e au commencement de la 2e année 7 000 fr. La 1re au commencement de la 3e année a retiré 2 000 fr., et la seconde, au commencement de la 4e année, a retiré de même 3 000 fr. Calculer la part de bénéfice de chaque personne.

                (Brevet complet.)

Solution.

La 1re a donc mis :

4 000 fr. pendant 4 ans, qui rappor-
    teront autant que. . . . $4\,000 \times 4 = 16\,000$ fr. dans 1 an;
2 000 fr. pendant 2 ans, qui rappor-
    teront autant que. . . . $2\,000 \times 2 = \underline{4\,000 \text{ fr.}}$ —
                Total. . . . . 20 000 fr.

La 2^e a donc mis :

4 000 fr. pendant 3 ans, qui rappor-
    teront autant que. . . . $4\,000 \times 3 = 12\,000$ fr. dans 1 an
3 000 fr. pendant 2 ans, qui rappor-
    teront autant que. . . . $3\,000 \times 2 = \underline{6\,000 \text{ fr.}}$
                Total. . . . . 18 000 fr.

Il s'agit donc de partager 10 000 fr. proportionnellement aux nombres 20 000 et 18 000, ou plus simplement proportionnellement aux nombres 10 et 9.

On aura donc :

Bénéfice du 1er. . . . $\dfrac{10\,000 \times 10}{19} = 5\,263^f,15$

Bénéfice du 2e . . . . $\dfrac{10\,000 \times 9}{19} = 4\,736^f,85$

                Total égal. . . . . $\underline{10\,000 \text{ fr.}}$

59. — Un champ de 4 Hᵃ 96ᵃ 79 acheté par Pierre, Paul et Jean doit être divisé de manière que la part de Pierre soit représentée par 6, celle de Paul par 5 et celle de Jean par $2\frac{1}{2}$. Une partie de 1ᴴᵃ 39ᵃ 39 a été déjà partagée par anticipation : Pierre en a eu la $\frac{1}{2}$, Paul et Jean chacun $\frac{1}{4}$; ils ont payé à proportion. Le reste du champ est revenu, frais compris, à 17 139ᶠ,89. Il s'agit de le partager et de trouver la somme à payer par chacun des acquéreurs sur les 17 139ᶠ,89, prix de la 2ᵉ partie.

(Brevet complet. — Pau, 1872.)

Solution.

Les nombres proportionnels sont :

(Pierre). . . 6 , (Paul). . . 5 , (Jean). . . 2,5
ou   12   ,   10   ,   5.

Ces trois nombres réunis donnent 27.

Donc, si un premier partage n'avait pas été déjà fait,

$$\text{Pierrre aurait eu. . .} \quad \frac{12 \times 496^{\mathrm{a}},79}{27} = 220^{\mathrm{a}},79 ;$$

$$\text{Paul} \quad — \quad \frac{10 \times 496^{\mathrm{a}},79}{27} = 184^{\mathrm{a}}, \text{ » } ;$$

$$\text{Jean} \quad — \quad \frac{5 \times 496^{\mathrm{a}},79}{27} = 92, \text{ » } :$$

Total égal. . . . . . . 496ᵃ,79.

Mais le partage par anticipation a donné

$$\text{à Pierre. . . } \frac{139^{\mathrm{a}},39}{2} = 69^{\mathrm{a}},69 ;$$

sa part sera donc. . . . . 220ᵃ,79 — 69,69 = 151ᵃ,10 ;

$$\text{à Paul. . . . } \frac{139^{\mathrm{a}},39}{4} = 34^{\mathrm{a}},85 ;$$

sa part sera donc. . . . . 184ᵃ — 34,85 = 149ᵃ,15 ;

$$\text{à Jean. . . . } \frac{139^{\mathrm{a}},39}{4} = 34^{\mathrm{a}},85 ;$$

sa part sera donc. . . . . 92ᵃ — 34,85 = 57ᵃ,15.

Total égal. . . 139ᵃ,39.   Total des restes. 357ᵃ,40.

La valeur du reste doit donc être partagée proportionnellement à chacun des nombres 151,10; 149,15; 57,15.

Et l'on aura :

Pierre. . . . $\dfrac{151,10 \times 17\,139^f,89}{357,40} = 7\,246^f,33\,;$

Paul. . . . . $\dfrac{149,15 \times 17\,139^,89}{357,40} = 7\,152^f,81\,;$

Jean. . . . . $\dfrac{57,15 \times 17\,139^f,89}{357,40} = 2\,740^f,75.$

$$\text{Total égal. . . , . }\; \overline{17\,139^f,89.}$$

60. — Deux faucheurs se sont associés pour faire la moisson. Ils ont coupé 16^{Ha},38 à 13^f,75 l'hectare en 17 jours, pendant lesquels ils ont eu à payer 2 enfants à 1^f,15 chacun par jour pour ramasser le blé. Que revient-il à chacun, sachant que le 1er a perdu 3 jours $\frac{1}{4}$, le 2e 2 jours $\frac{1}{3}$, et que le 1er, comme chef de l'association, prélève sur la recette totale 4 $\frac{1}{2}$ p. %?

(Brevet de capacité, aspirantes, 1er ordre.)

Solution.

Prix du travail (coupe de la moisson) :
$$13^f,75 \times 16,38. \ldots \ldots \ldots = 225^f,225.$$

A déduire pour travail des enfants employés :
$$1^f,15 \times 2 \times 17 \ldots \ldots \ldots = \underline{39^f,\ 10.}$$
$$\text{Reste. . . . .}\quad 186^f,125.$$

Le chef de l'entreprise prélève :
$$0^f,045 \times 186^f,125 \ldots \ldots = \underline{8^f,375.}$$
$$\text{Reste à partager. . .}\quad 177^f,750.$$

Le 1er a travaillé pendant 17 jours — 3^j $\frac{1}{4}$ = 13^j $\frac{3}{4}$,

ou . . . . $\dfrac{165}{12}$ jours.

Le 2e a travaillé pendant 17 jours — 2^j $\frac{1}{3}$ = 14^j $\frac{2}{3}$,

ou . . . . $\dfrac{176}{12}$

$$\text{Total. . . . . }\; \dfrac{341}{12}\ \text{jours.}$$

Donc :

$\dfrac{341}{12}$ journées de travail ont été payées $177^f,75$;

d'où :

$\dfrac{165}{12}$ journées de travail seront payées $\dfrac{165 \times 177,75}{341} =$ 86 fr. ;

d'où :

$\dfrac{176}{12}$ journées de travail seront payées $\dfrac{176 \times 177,75}{341} = 91^f,75$.

Total égal. . . . . . . $177^f,75$.

Réponses. . . . . . $\begin{cases} \text{Il revient au } 1^{er} \text{ 86 fr.} + 8^f,375 \\ \quad \text{comme chef de l'entreprise.} \\ \text{Il revient au } 2^e \text{ } 91^f,75. \end{cases}$

61. — Un terrain a $12^{Ha},17$ d'étendue; on le partage entre 3 personnes. La première a le $\frac{1}{3}$ de la part de la 2e personne, la 3e a le $\frac{1}{3}$ de la somme des deux autres.
(Brevet de capacité, 1er ordre.)

Solution.

Soit. . . . 1re part. . . . . $\dfrac{1}{3}$

On aura. . 2e　—　. 1

Et. . . . . 3e　—　$\dfrac{4}{3 \times 3}$ . . . . $\dfrac{4}{9}$

Réduisant au même dénominateur, on aura :

1re . . . $\dfrac{3}{9}$　;　2e . . . $\dfrac{9}{9}$　;　3e . . . $\dfrac{4}{9}$;

et enfin, partageant proportionnellement aux numérateurs, on a :

$$3 + 9 + 4 = 16.$$

D'où :

$$1^{re} \text{ part.} \dots \frac{3 \times 1217}{16} = 228^f,19 ;$$

$$2^e \quad - \dots \frac{9 \times 1217}{16} = 684^f,56 ;$$

$$3^e \quad - \dots \frac{4 \times 1217}{16} = 304^f,25.$$

$$\text{Total égal.} \dots 1217 \text{ fr.}$$

62. — (Voir *problème* 52.)

62 (*bis*). — Trois charretiers ont entrepris de transporter 4840 mètres cubes de pierre dure pour la construction d'une caserne. Le transport effectué, il arrive que le 1er a transporté $\frac{1}{8}$ de plus que le second, celui-ci $\frac{1}{9}$ de plus que le 3e. Sachant que la pierre dure pèse 2 fois 28 plus que l'eau pure, et que le prix du transport est de 0^f,60 le quintal métrique, on demande : 1° combien de tonnes a transporté chaque charretier, et 2° combien il a reçu pour son travail ?

(Brevet simple, aspirants.)

Solution.

Si le transport du 3e charretier était représenté par 9 ou par $\frac{36}{4}$, celui du 2e charretier le serait par $9 + \frac{9}{9} = 10$ ou par $\frac{40}{4}$; et celui du 1er charretier le serait par $10 + \frac{10}{8} = \frac{45}{4}$.

Poids de 4840 mètres cubes de pierre :

$$4840 \times 2,28 = 110352 \text{ quint. mét.}$$

Il nous reste à partager proportionnellement aux nombres $\frac{36}{4}$, $\frac{40}{4}$, $\frac{45}{4}$, ou mieux proportionnellement aux numérateurs 36, 40, 45, 110352 quint. mét. ou 110352 tonnes.

Or

$$36 + 40 + 45 = 121.$$

D'où 3e charretier a transporté $\dfrac{36 \times 11\,035,2}{121} = 3\,283^{\text{ton}},2$;

D'où 2e   —   — $\dfrac{40 \times 11\,035,2}{121} = 3\,648^{\text{ton}},\text{»}$;

D'où 1er   —   — $\dfrac{45 \times 11\,035,2}{121} = 4\,104^{\text{ton}},\text{»}$.

$$\text{Total égal.} \dots \dots \dots \quad 11\,035^{\text{ton}},2.$$

On aura encore :

3e charretier a reçu . . . . . $6^{\text{f}} \times 3\,283,2 = 19\,699^{\text{f}},2$;

2e   —   —   . . . . . $6^{\text{f}} \times 3\,648 = 21\,888$ fr.

1er   —   —   . . . . . $6^{\text{f}} \times 4\,104 = 24\,624$ fr.

63. — 5 personnes s'associent pour exploiter une entreprise. La 1re apporte les $\frac{8}{21}$ de la mise de la 2e ; la 3e les $\frac{7}{12}$ de celle de la 1re. La mise de cette 1re personne est les $\frac{4}{5}$ des deux mises réunies des deux derniers associés, lesquelles forment un total de 38 000 fr. et sont l'une à l'autredans le rapport de 5 à 9. On demande quel est le capital total engagé dans l'opération et quelle somme totale de bénéfices les associés auront réalisée lorsque, dans un partage, proportionnellement aux mises, celui qui a engagé la plus petite somme gagnera 4 000 fr.

(Brevet supérieur, aspirantes. — Paris.)

Solution.

1°   *Recherche des mises.*

D'après l'énoncé :

la 5e personne a mis $\dfrac{9 \times 38\,000}{14} = 24\,428^{\text{f}}\tfrac{4}{7}$;

la 4e   —   — $38\,000 - 24\,428^{\text{f}}\tfrac{4}{7} = 13\,571^{\text{f}}\tfrac{3}{7}$;

la 1re   —   — $\dfrac{38\,000 \times 4}{5} = 30\,400$ fr. ;

la 2e   —   — $\dfrac{30\,400 \times 21}{8} = 79\,800$ fr. ;

la 3e   —   — $\dfrac{30\,400 \times 7}{12} = 17\,733^{\text{f}}\tfrac{1}{3}$.

$$\text{Capital total engagé dans l'opration.} \dots \quad 165\,933^{\text{f}}\tfrac{1}{3}.$$

2° *Parts du bénéfice.*

La 4ᵉ ayant engagé la plus petite somme a gagné 4 000 fr.

La 5ᵉ ayant engagé les $\frac{9}{5}$ de la mise de la 4ᵉ a gagné

$$\frac{4\,000 \times 9}{5} = 7\,200 \text{ fr.}$$

La 1ʳᵉ ayant engagé les $\frac{4}{5}$ des mises réunies des 4ᵉ et 5ᵉ

a gagné $\quad \dfrac{(4\,000 + 7\,200) \times 4}{5} = 8\,960 \text{ fr.}$

La 2ᵉ ayant engagé les $\frac{21}{8}$ de la mise de la 1ʳᵉ a gagné

$$\frac{8\,960 \times 21}{8} = 23\,520 \text{ fr.}$$

La 3ᵉ ayant gagné les $\frac{7}{12}$ de la mise de la 1ʳᵉ a gagné

$$\frac{8\,960 \times 7}{12} = 5\,226^{\text{f}},66.$$

RÈGLE D'ESCOMPTE (EN DEHORS).

64. — Trois billets, l'un de 1 000 fr., le 2ᵉ de 400 fr., le 3ᵉ de 700 fr., sont souscrits par un négociant pour être payés : le 1ᵉʳ dans 3 mois, le 2ᵉ dans 6 mois, le 3ᵉ dans 9 mois. Un mois après, le possesseur de ces billets les escompte et en retire 2 076 fr. en tout. Quel est le taux de l'escompte?

(Brevet du 1ᵉʳ ordre, aspirantes.)

Solution.

Un mois après la souscription des trois billets, le 1ᵉʳ est payable dans 2 mois; le 2ᵉ, dans 5 mois; le 3ᵉ, dans 8 mois.

L'intérêt de ces billets, pendant les temps respectifs indiqués, est égal évidemment à

$$(1\,000 \text{ fr.} + 400 \text{ fr.} + 700 \text{ fr.}) - 2\,076 \text{ fr.} = 24 \text{ fr.}$$

Or le 1ᵉʳ billet, 1 000 fr., rapporte autant dans 2 mois

que 1 000 × 2 . . . . = 2 000 fr. dans 1 mois.

Le 2ᵉ billet, 400 fr., rapporte au-
tant dans 5 mois que 400 × 5 . . . = 2 000 fr.   —

Le 3ᵉ billet, 700 fr., rapporte au-
tant dans 8 mois que 700 × 8. . . . = 5 600 fr.   —

Total. . . . .   9 600 fr.   —

Donc 9 600 fr. rapportent dans 1 mois 24 fr.

Et 100 fr. rapporteront dans 12 mois $\dfrac{24 \times 12 \times 100}{9\,600} = 3$ fr.

Réponse. . . . .   Le taux est 3 p. %.

65. — Une personne présente à la Banque un billet payable dans 36 jours, et reçoit, déduction faite de l'escompte,
une somme de 3 428ᶠ,25. On demande quelle était la valeur
portée sur le billet, le taux de l'escompte étant 6 p. % par
an, escompte en dehors.   (Brevet simple.)

Solution.

100 fr., dans 360 jours, rapportent 6 fr.

100 fr., dans 36 jours, rapporteront $\dfrac{6}{10} = 0^f,60$.

D'où, si la somme escomptée était 100 fr. — 0ᶠ,60, ou
99ᶠ,40, la valeur du billet serait 100 fr.

Et si la somme escomptée est 3 428ᶠ,25, le billet sera de

$$\frac{100 \times 3\,428^f,25}{99,40} = 3\,448^f,94.$$

Réponse. . . .   La valeur du billet est 3 448ᶠ,94.

66. — Un banquier a payé, pour un billet de 5 600 fr.
payable dans 14 mois, une somme de 5 129ᶠ,45. On demande d'après quel taux d'intérêt par an le billet a été
escompté.

(Brevet du 1ᵉʳ ordre, aspirantes.)

Solution.

La différence 5 600 — 5 129^f,45 ou 470^f,55 représente évidemment l'intérêt de 5 600 pendant 14 mois (voir *Arithmétique, Escompte*, page 35).

D'où 5 600 fr. rapportent dans 14 mois 470^f,55.

Et 100 fr. rapporteront dans 12 mois

$$\frac{470,55 \times 12 \times 100}{5\,600 \times 14} = 7^f,20.$$

Réponse. . .   Taux $= 7,20$ p. %.

67. — Quelqu'un qui doit 1 200 fr. payables le 15 novembre se libère le 1er septembre de la même année. Il donne à compte un billet de 650 fr. payable le 31 décembre (même année) et le reste en argent comptant. Le taux étant de 4 ½ p. %, combien donne-t-il d'argent ?

(Brevet du 1er ordre, aspirantes.)

Solution.

Si cette personne payait sa dette comptant, c'est-à-dire le 1er septembre, elle donnerait évidemment 1 200 fr. moins l'intérêt de 1 200 fr. pendant 2 mois ½.

Or 100 fr. pendant 2 mois ½ rapportent $\dfrac{4^f,5 \times 2,5}{12} = \dfrac{3^f,75}{4}$;

Et 1 200 fr. pendant 2 mois ½ rapporteront

$$\frac{3,75 \times 12}{4} = 11^f,25.$$

Elle aurait payé comptant 1 200 fr. — 11^f,25 $=$ 1 188^f,75.

Le billet de 650 fr., payable fin décembre, vaudrait actuellement (1er septembre) 650 fr., moins les intérêts de cette somme pendant 4 mois.

Or 100 fr. rapportent dans 4 mois. . . . $\dfrac{4,5 \times 4}{12} = 1^f,50$;

Et 650 fr. rapporteront   — $1,50 \times 6,50 =$ 9^f,75.

Donc 650 fr. valent au 1er septembre 650 fr. — 9,75 $=$ 640^f,25.

D'où il suit que cette personne a payé comptant

$$1\,188^f,75 — 640^f,25 = 548^f,50.$$

Réponse. . .   Cette personne paye comptant 548^f,50.

68. — On escompte à 4 $\frac{1}{2}$ p. % les trois billets suivants :
le 1ᵉʳ de 1250 fr. payable dans 5 mois 20 jours; le 2ᵉ de
2125 fr. payable dans 4 mois 12 jours; le 3ᵉ de 895 fr.
payable dans 3 mois 8 jours. Quelle somme recevra-t-on ?
On emploiera dans les calculs l'année commerciale de 360
jours.   (Brevet 1ᵉʳ ordre, aspirants.)

Solution.

100 fr. rapportent dans 5 mois 20 jours, ou 170 jours,

$$\frac{4,5 \times 170}{360} = 2^{\text{f}},125 \; ;$$

100 fr. rapportent dans 4 mois 12 jours, ou 132 jours,

$$\frac{4,5 \times 132}{360} = 1^{\text{f}},65 \; ;$$

100 fr. rapportent dans 3 mois 8 jours, ou 98 jours,

$$\frac{4,5 \times 98}{360} = 1^{\text{f}},225 \; .$$

D'où :

100 fr. sont réduits à 100 fr. — 2,125 = 97ᶠ,875 ,
et 1250 fr. seront réduits à . . 97ᶠ,875 × 12,50 = 1223ᶠ,44.

100 fr. sont réduits à 100 fr. — 1ᶠ,65 = 98ᶠ,35 ,
et 2125 fr. seront réduits à . . . 98ᶠ,35 × 21,25 = 2089ᶠ,94.

100 fr. sont réduits à 100 fr. — 1,225 = 98ᶠ,775 ,
et 895 fr. seront réduits à. . . . 98ᶠ,775 × 8,95 =   884ᶠ,04.

Total, somme reçue. . . . .   4197ᶠ,42.

69. — Une personne doit un billet de 200 fr. payable dans
1 mois et un autre de 1500 fr. payable dans 2 mois $\frac{1}{2}$; elle
veut les remplacer par un seul payable dans 2 mois.
Quelle sera la valeur de ce billet? L'intérêt est à 6 p. % ?
                                    (Brevet complet, aspirants.)

Solution.

L'escompte étant en dehors, nous avons : 1° à chercher
la valeur d'un billet qui, escompté pendant 1 mois, s'est

trouvé réduit à 2 000 fr. ; 2° à trouver la valeur actuelle d'un billet de 1 500 fr., 15 jours avant l'échéance :

Or 100 fr. rapportent dans 1 mois $\dfrac{6}{12} = 0^f,50$.

Donc $99^f,50$ valent dans 1 mois 100 fr.,

Et 200 fr. vaudront dans 1 mois $\dfrac{100 \times 200}{99,50} =$ ci.   201 fr.

100 fr. dans 15 jours ($\frac{1}{2}$ mois) rapportent $0^f,25$;
Donc 100 fr. sont réduits à $99^f,75$;
Et 1 500 seront réduits à $99,75 \times 15 =$ ci. . . . $1\,496^f,25.$

Valeur à souscrire du billet à 2 mois. . . $1\,697^f,25.$

Réponse. . . La valeur cherchée est égale à $1\,697^f,25.$

70. — Un billet payable au bout de 3 mois 6 jours a subi un escompte de $7^f,45$ (escompte en dehors). Le taux de l'intérêt étant 6 p. %, quelle est la valeur nominale de ce billet ?   (Aspirantes, brevet du 1er ordre. — Paris.)

Solution.

100 fr. dans 3 mois 6 jours, ou dans 96 jours, rapporteront $\dfrac{6 \times 96}{360} = 1,60.$

Donc, si l'escompte était $1^f,60$, la valeur nominale serait 100 fr.

Et si l'escompte est $7^f,45$, la valeur nominale sera

$$\frac{100 \times 7,45}{1,60} = 465^f,625.$$

Réponse. ...   Valeur nominale $= 465^f,625.$

71. — (Voir *problème* n° 65.)

71 *bis* — Une personne a souscrit deux billets, l'un de 840 fr. payable dans 3 mois, l'autre de 720 fr. payable dans 7 mois. A l'échéance du premier billet, le débiteur ne pouvant pas payer propose à son créancier, porteur des deux ngagements, de les remplacer par un seul billet payable lans 3 mois. Le créancier accepte moyennant qu'il n'érouve aucune perte ; sachant que l'escompte est calculé à aison de 5 p. % par an, on demande de déterminer la vaeur nominale de ce billet unique.

(Aspirants, brevet complet.)

Solution.

Valeur actuelle du 1er billet, à son échéance . .   840 fr.

— — du 2e billet, à l'échéance du 1er :

100 fr. donnent $\dfrac{5}{12}$ fr. d'intérêt dans 1 mois ;

D'où 100 fr. donneront dans $7^m - 3$ ou 4 mois $\dfrac{5 \times 4}{12}$ d'intérêt $= \dfrac{5}{3}$ fr.

D'où valeur actuelle de 100 fr. :

$$100 - \frac{5}{3} = \frac{295}{3} \text{ fr.}$$

D'où valeur actuelle de 720 fr. . . . $\dfrac{295 \times 720}{300} =$ 708 fr.

Total des deux valeurs actuelles. . .   1548 fr.

Il nous reste donc à déterminer la valeur nominale qui, escomptée à 5 % en dehors pendant 3 mois, se trouve réduite à 1548 fr.

100 fr. donnent pendant 3 mois. . . . . . . $\dfrac{5 \times 3}{12} = \dfrac{5}{4}$ fr.

D'où valeur nominale de 100 fr. . . . . . 100 $+ \dfrac{5}{4} = \dfrac{405}{4}$

D'où enfin   —   de 1548 fr. . $\dfrac{405 \times 1548}{400} = 1567^f,35.$

Réponse . . . Valeur du billet à souscrire. $1567^f,35.$

72. — Un négociant se trouve détenteur de deux billets à ordre : le 1er de 1500 fr. payable dans 4 mois, le 2e de

1200 fr. payable dans 5 mois. Il donne ces deux billets er payement d'une facture dont le montant s'élève à 2672 fr payables dans 3 mois. On demande ce qu'a gagné ou perdi ce négociant dans cette opération, l'escompte étant calculé à 6 p. %.

Solution.

Valeur actuelle du 1er billet, ou valeur escomptée à 4 mois :

100 fr. rapportent dans 1 mois $\dfrac{6}{12}$ ou $0^f,50$.

100 fr.   —   4 mois $0,50 \times 4 = 2$ fr.

D'où

valeur actuelle de 100 fr. $100 - 2$ fr. $= 98$ fr.

—   —   de 1500 fr. . . . . $98 \times 15 = 1470$ fr.

Valeur actuelle du 2e billet à 5 mois :

100 fr. rapportent dans 5 mois $0,50 \times 5 = 2^f,50$.

D'où

valeur actuelle de 100 fr. $100 - 2,50 = 97^f,50$;

—   —   de 1200 fr. . . . . . . $97,50 \times 12 = 1170$ fr.

Total des valeurs actuelles des deux billets. . .   2640 fr.

Valeur actuelle de la facture à 3 mois :

100 fr. rapportent, dans 3 mois, $0,50 \times 3 = 1,50$.

D'où :

valeur actuelle de 100 fr.   100 fr. $- 1,50 = 98^f,50$;

—   —   de 2672 fr. . . . . $98,50 \times 26,72 = 2631^f,92$.

Donc ce négociant a perdu la différence. . . $8^f,08$.

Réponse. . . Ce négociant a perdu $8^f,08$.

73. — Quel devrait être le taux de l'escompte (problème précédent) pour qu'il n'y eût ni perte ni gain ?
                         (Même taux pour facture et billets.)

Solution.

Pour qu'il n'y eût ni perte ni gain, il faudrait évidemment que la somme des valeurs *actuelles* des deux billets fût égale à la valeur *actuelle* de la facture.

Soit t le taux cherché; nous aurons :

Valeur actuelle du 1er billet

$$1\,500 \text{ fr.} - \frac{1\,500 \times 4}{100 \times 12} \times t = 1\,500 - 5 \times t.$$

Valeur actuelle du 2° billet

$$1\,200 \text{ fr.} - \frac{1\,200 \times 5}{100 \times 12} \times t = 1\,200 - 5 \times t.$$

Valeur actuelle des 2 billets. Total. . . $2\,700 - 10 \times t.$

Valeur actuelle de la facture

$$2\,672 - \frac{2\,672 \times 3}{100 \times 12} = 2\,672 - \frac{668}{100} \times t.$$

D'où l'on pourra écrire :

$$2\,700 - 10 \times t = 2\,672 - \frac{668}{100} \times t;$$

ou $\qquad 2\,700 - 2\,672 = 10 \times t - \dfrac{668}{100} \times t;$

ou $\qquad 28 = (10 - 6,68) \times t.$

D'où taux cherché $(t) = \dfrac{28}{3,32} = 8^{f},43$ p. %.

Réponse. . .   Le taux devrait être $8^{f},43$ p. %.
(Approximativement.)

74. — Quelle aurait dû être l'échéance de la facture de
2 672 fr. (problème n° 72) pour qu'il n'y eût ni perte ni
gain ?

Solution (voir Problème n° 72).

Valeur actuelle du 1er billet :

$$1\,500 - \frac{1\,500 \times 6 \times 4}{1\,200} = 1\,500 \text{ fr.} - 30 \text{ fr.} = 1\,470 \text{ fr.}$$

Valeur actuelle du 2e billet :

$$1\,200 - \frac{1\,200 \times 6 \times 5}{1\,200} = 1\,200 \text{ fr.} - 30 \text{ fr.} = 1\,170 \text{ fr.}$$

Total. . .   Valeur actuelle des 2 billets. . . $2\,640$ fr.

On aura de même, n désignant l'échéance cherchée (nombre de mois) :

Valeur actuelle de la facture :

$$2\,672 - \frac{2\,672 \times 6 \times n}{1\,200} = 2\,672 - \frac{1\,336}{100} \times n.$$

Cette valeur devant être égale à 2 640 fr., on peut écrire :

$$2\,672 - \frac{1\,336}{100} \times n = 2\,640.$$

D'où
$$\frac{(2\,672 - 2\,640) \times 100}{1\,336} = n.$$

D'où
$$n = \frac{32}{13,36} = 2 \text{ mois } 12 \text{ jours.}$$

Réponse... L'échéance aurait dû être 2 mois 12 jours.

75. — Une personne qui doit 1 200 fr. payables le 15 juin veut se libérer le 1er mai ; elle donne un billet de 640 fr. payable le 1er août (même année) et le reste argent comptant. Le taux est de 6 p. % : combien donne-t-elle en argent ? L'année commerciale est de 360 jours et chaque mois de 30 jours.   (Périgueux, aspirantes, 1er ordre.)

Solution.

Valeur actuelle de la somme due, 1 200 fr.

100 fr. rapportent dans 1 mois $\frac{6}{12}$ fr., et dans 1/2 mois $\frac{3}{12}$ fr. $= 0^f,25$.

D'où

valeur actuelle de 100 fr.   100 fr. $- 0,25 = 99^f,75$;

—   —   de 1 200 fr. . . 99,75 $\times$ 12 $= \ldots$ 1 197 fr.

Valeur actuelle du billet de 640 fr. :

100 fr. rapportent dans 1 mois $\frac{6}{12}$ fr., et dans 3 mois, $\frac{18}{12}$ fr. $= 1^f,50$.

D'où valeur actuelle de 100 fr. . . . $98^f,50$

—   —   —   de 640. . . . 98,50 $\times$ 6,4 $=$ $630^f,40$

D'où différence : argent donné comptant. . . . . $566^f,60$

Réponse. . . Argent donné comptant $566^f,60$

RÈGLE D'ESCOMPTE (EN DEDANS).

76. — Un banquier a payé, pour un billet de 5 600 fr., payable dans 14 mois, une somme de 5 129^f,45.

On demande d'après quel taux d'intérêt par an le billet a été escompté.   (Brevet complet. — Périgueux.)

Solution.

On a d'abord escompte $= 5\,600 - 5\,129^f,45 = 470^f,55$.

On a vu (*Arithmétique*, page 35) que l'escompte en dedans n'est autre chose que l'intérêt de la valeur actuelle ou escomptée.

Donc 5 129^f,45 rapportent dans 14 mois 470^f,55;

1 fr. rapportera dans 1 mois $\dfrac{470^f,55}{5\,129,45 \times 14}$;

100 fr. rapporteront dans 12 mois

$$\frac{470,55 \times 100 \times 12}{5\,129,45 \times 14} = 7^f,80.$$

Réponse. . .   Le taux est 7,80 p. %.

77. — On a acheté un terrain de 35 353^f,50 à raison de 40^f,50 l'are. On a employé pour le mesurer une chaîne dont la longueur était de 9^m,85 au lieu de 10 mètres. Comme la somme qu'on a donnée est inexacte, on demande : 1° l'erreur; 2° à quelle époque devrait être payé un billet de 35 353^f,50 pour que la valeur actuelle de ce billet fût égale à la valeur exacte du terrain, en tenant compte de l'escompte en dedans à 5 p. %.

(Brevet complet, aspirants.)

Solution.

La chaîne étant fausse, chaque fois qu'on a compté 1 are, il n'avait en réalité que $9^m,85 \times 9,85 = 97^{mq},0225$.

D'où valeur de

97^{mq},0225 à 240^f,5 les 100^{mq}, $2,405 \times 97,0225 = 233^f,34$.

Donc, si le terrain avait été acheté 240^f,5,

L'erreur eût été 240^f,5 — 233^f,34 = 6^f,76.

Donc si le terrain a été acheté 35 353^f,5o,

L'erreur sera de

$$\frac{6,76 \times 35\,353^f,5}{240,5} = 993^f,72.$$

D'où valeur exacte du terrain

$$35\,353,5o — 993^f,72 = 34\,359^f,78.$$

Il nous suffit maintenant de chercher pendant combien d temps cette valeur actuelle 34 359^f,78 (puisqu'il s'agit i d'escompte en dedans) devrait rester placée pour rapporte 993^f,72.

5 fr. sont produits par un capital de 100 fr. dans 12 mois

1 fr. sera produit par un capital de 1 fr. dans $\dfrac{12 \times 100}{5}$.

Et 993 fr. 72 seront produits par un capital de 34 359^f,78 dan

$$\frac{12 \times 100 \times 993^f,72}{34\,359,78 \times 5}$$

Calculs faits, on a pour résultat : 6 mois 28 jours.

$Réponses. . . \begin{cases} 1° \text{ L'erreur est de } 993^f,72\,; \\ 2° \text{ Le temps cherché est de 6 mois 28 jours} \end{cases}$

78. — Une personne emprunte 6 548 fr. et souscrit en payement trois billets sur lesquels est inscrite la même somme. Ces billets sont payables : le 1er dans 3 mois, le 2e dans 5 mois, le 3e dans 10 mois. L'intérêt annuel étant compté à 4 p. %, quelle est la somme inscrite sur chacun des trois billets ?

(Brevet complet. — Amiens.)

Solution.

Soit a la valeur inscrite sur chaque billet.

Si nous avions 100 fr. de valeur actuelle, l'intérêt serait pour chacun des temps respectifs :

$$\frac{19\times 3}{4\times 12}=\frac{19}{16};$$

$$t.\ldots\ldots\frac{19\times 5}{4\times 12}=\frac{95}{48};$$

$$t.\ldots\ldots\frac{19\times 10}{4\times 12}=\frac{95}{24}.$$

D'où. . .
$$\begin{cases} 100+\dfrac{19}{16}\ \text{ou}\ \dfrac{1619}{16}\ \text{sont réduits à 100 fr.;} \\[2ex] 100+\dfrac{95}{48}\ \text{ou}\ \dfrac{4895}{48}\quad -\quad -\quad \text{à 100 fr.;} \\[2ex] 100+\dfrac{95}{24}\ \text{ou}\ \dfrac{2495}{24}\quad -\quad -\quad \text{à 100 fr.} \end{cases}$$

haque billet escompté vaudra donc . . .
$$\begin{cases} \dfrac{100\times 16}{1619}\times a; \\[2ex] \dfrac{100\times 48}{4895}\times a; \\[2ex] \dfrac{100\times 24}{2495}\times a. \end{cases}$$

Or, la somme de ces trois billets étant égale à 6548 fr., 1 peut écrire

$$a\left[\frac{100\times 16}{1619}+\frac{100\times 48}{4895}+\frac{100\times 24}{2495}\right]=6548\ \text{fr.}$$

D'où, effectuant les calculs : $a\times\dfrac{57\,950}{12\,773}{}^{[1]}=6548\ \text{fr.};$

où enfin on aura pour la valeur de chaque billet

$$(a)=\frac{6548\times 19773}{57\,950}=2234^{\text{f}},21.$$

Réponse. . . La valeur de chaque billet sera de 2234f,21.

79. — Un oncle a 4 neveux, âgés respectivement de 6 ans, ans, 12 ans et 15 ans. Il leur laisse 120000 fr. à partager,

[1]. Nombre approximatif.

mais à condition qu'en prêtant leurs parts immédiatemen
à intérêt simple à 5 p. % ils aient successivement la mêm
somme à leur majorité (2t ans). Quelle sera la somme que r
cevra chacun d'eux aujourd'hui ?

(Aspirantes, brevet supérieur. — Aix.)

Solution.

Soit a la somme que chaque neveu recevra à sa majorité
nous aurons (*problème* précédent) :

Intérêt de 100 fr.
pendant. . . . . .
$$\begin{cases} 21 - \ \ 6 = 15 \text{ ans, } 5 \text{ fr.} \times 15 = 75 \text{ fr.} \\ 21 - \ \ 8 = 13. \ - \ 5 \text{ fr.} \times 13 = 65 \text{ fr.} \\ 21 - 12 = \ \ 9. \ - \ 5 \text{ fr.} \times \ \ 9 = 45 \text{ fr.} \\ 21 - 15 = \ \ 6. \ - \ 5 \text{ fr.} \times \ \ 6 = 30 \text{ fr.} \end{cases}$$

D'où. . . .
$$\begin{cases} 100 \text{ fr.} + 75 \text{ fr. sont réduits à } 100 \text{ fr.;} \\ 100 \text{ fr.} + 65 \text{ fr.} \ \ - \ \ \text{à } 100 \text{ fr.;} \\ 100 \text{ fr.} + 45 \text{ fr.} \ \ - \ \ \text{à } 100 \text{ fr.;} \\ 100 \text{ fr.} + 30 \text{ fr.} \ \ - \ \ \text{à } 100 \text{ fr.} \end{cases}$$

Donc chaque neveu recevra actuellement une somm

égale à. . . . .
$$\begin{cases} 1^{\text{er}}. \ . \ . \ \dfrac{100}{175} \times a = \dfrac{4}{7} \times a; \\[2mm] 2^{\text{e}}. \ . \ . \ \dfrac{100}{165} \times a = \dfrac{20}{33} \times a; \\[2mm] 3^{\text{e}}. \ . \ . \ \dfrac{100}{145} \times a = \dfrac{20}{29} \times a; \\[2mm] 4^{\text{e}}. \ . \ . \ \dfrac{100}{130} \times a = \dfrac{10}{13} \times a. \end{cases}$$

Or, la somme de ces quatre valeurs étant égale à 120 000 fr.
on peut écrire $a \times \left[\dfrac{4}{7} + \dfrac{20}{33} + \dfrac{20}{29} + \dfrac{10}{13} \right] = 120\,000$ fr.

D'où l'on tire :

$$a \times \frac{49\,764 + 52\,780 + 60\,060 + 66\,990}{87\,087} = 120\,000;$$

d'où enfin

$$a = \frac{120\,000 \times 87\,087}{229\,594} = 45\,517^{\text{f}},043$$

Aujourd'hui chacun d'eux recevra donc

$$1^{er} \ldots \frac{45\,517,043 \times 4}{7} = \frac{182\,068,17}{7} = 26\,009^{f},74;$$

$$2^{e} \ldots \frac{45\,517,043 \times 20}{33} = \frac{910\,340^{f},86}{33} = 27\,586^{f},09;$$

$$3^{e} \ldots \frac{45\,517,043 \times 20}{29} = \frac{910\,340^{f},86}{29} = 31\,391^{f},06;$$

$$4^{e} \ldots \frac{45\,517,043 \times 10}{13} = \frac{455\,170,43}{13} = 35\,013^{f},11.$$

Total égal. . . . . 120 000 fr.

80. — Quelle doit être la valeur nominale d'un billet payable dans 162 jours, pour que la différence des deux escomptes (escompte en dehors et en dedans) soit 4^f,05, l'escompte étant calculé à 6 p. %.

(Aspirantes au brevet du 1er ordre.)

Solutions.

1re *Solution.* — On a vu (*Arithmétique*, page 36) que la différence entre l'escompte en dehors et l'escompte en dedans est égale à l'intérêt de l'escompte en dedans pendant le temps donné.

Donc la somme qui produit 4,05 pendant 162 jours à 6 p. % est égale à l'escompte en dedans de la valeur nominale cherchée.

Et on aura : escompte en dedans $= \dfrac{4,05 \times 100 \times 360}{6 \times 162}$..

(Voir *Règle d'intérêt*, page 16.) Effectuant, on trouve que cette dernière valeur est égale à 150 fr. D'où escompte en dehors = 150 fr. + 4,05 = 154^f,05. La question est donc ramenée à trouver le capital qui, dans 162 jours à 6 p. %, produit 154^f,05.

On aura de même (voir *Arithmétique*, page 16) :

$$\text{Capital} = \frac{154,05 \times 100 \times 360}{6 \times 162} = 5\,705^{f},55.$$

2e *Solution.* — Soit A la valeur nominale cherchée; l'escompte de cette valeur en dehors, pendant 162 jours à 6 p. %, sera représenté par $A \times \dfrac{6 \times 162}{100 \times 360} = A \times 0,027$.

Pour l'escompte en dedans, nous suivrons la marche ordinaire : 100 fr. (valeur actuelle) rapportent pendant 162 jours $\dfrac{6}{360} \times 162 = 2^f,70$.

Donc $102^f,70$ (valeur nominative correspondante) rapportent $2^f,70$.

Et A fr. (valeur nominative cherchée) rapporteront

$$\dfrac{2,70}{102,70} \times A.$$

Cette dernière valeur diffère de l'escompte en dehors, déjà trouvé, de $4^f,05$; donc on peut écrire :

$$A \times 0,027 = A \times \dfrac{27}{1027} + 4^f,05.$$

D'où $\quad A \times 0,027 \times 1027 = A \times 27 + 4,05 \times 1027$;

d'où $\qquad A \times (27,729 - 27) = 4,05 \times 1027,$

et $\qquad A = \dfrac{4,05 \times 1027}{0,729} = 5\,705^f,55.$

Réponse. . . La valeur nominale est $5\,705^f,55$.

81. — Un billet de $927^f,50$ n'est payable que dans 7 mois $\frac{1}{2}$: on demande de l'escompter à 6 p. %, d'abord en dehors, puis en dedans.
(Aspirantes au brevet du 1er ordre. — Paris.)

Solution.

1° Escompte en dehors.

100 fr. dans 7 mois $\frac{1}{2}$ ou 225 jours rapportent

$$\dfrac{6 \times 225}{360} = 3^f,75.$$

Donc 100 fr. sont réduits à 100 fr. $- 3,75 = 96^f,25.$

Et $927^f,50$ seront réduits à $96,25 \times 9,275 = 892^f,71875.$

2° Escompte en dedans.

L'intérêt étant $3^f,75$, $103^f,75$ sont donc réduits à 100 fr.

Et $927^f,50$ seront donc réduits à $\dfrac{927,50 \times 100}{103,75}$.

Calculs faits, on a pour résultats : $893^f,97$.

$$Réponses \dots \begin{cases} 1° \text{ Valeur escomptée en dehors} \dots 892^f,72\,; \\ 2° \quad - \quad\quad - \quad \text{en dedans} \dots 893^f,97. \end{cases}$$

82. — Un négociant doit une somme de 1 200 fr. Il désire se libérer en souscrivant 3 billets égaux, payables, savoir : le 1er dans 4 mois, le 2e dans 6 mois et le 3e dans 8 mois. On veut connaître la valeur nominale de chaque billet, sachant que l'escompte est calculé à raison de 6 p. %.
(Aspirants, brevet complet. — Lyon.)

Solution.

Soit a la valeur nominale de chaque billet; on aura :

$$\text{Intérêt de 100 fr.} \begin{cases} \text{pendant 4 mois} \dots \dfrac{6 \times 4}{12} = 2 \text{ fr.} \\ \quad - \quad 6 \text{ mois} \dots \dfrac{6 \times 6}{12} = 3 \text{ fr.} \\ \quad - \quad 8 \text{ mois} \dots \dfrac{6 \times 8}{12} = 4 \text{ fr.} \end{cases}$$

$$\text{D'après cela} \dots \begin{cases} 102 \text{ fr. sont réduits à 100 fr.} \\ 103 \text{ fr.} \quad - \quad \text{à 100 fr.} \\ 104 \text{ fr.} \quad - \quad \text{à 100 fr.} \end{cases}$$

$$\text{Et } a \text{ fr. seront réduits à} \dots \begin{cases} \dfrac{100}{102} \times a. \\ \dfrac{100}{103} \times a. \\ \dfrac{100}{104} \times a. \end{cases}$$

La somme de ces billets escomptés égalant 1 200 fr.,

ou peut poser $a \times \left[\dfrac{100}{102} + \dfrac{100}{103} + \dfrac{100}{104} \right] = 1\,200$ fr.

Réduisant au même dénominateur, et effectuant :

$$a \times \frac{3\,182\,600}{1\,092\,624} = 1\,200 \text{ fr.}$$

D'où $\qquad a = \dfrac{1\,200 \times 1\,092\,624}{3\,182\,600} = 411^\text{f},97.$

83. — Soit A une valeur nominale quelconque, i le taux de l'escompte, t l'échéance, e l'escompte en dedans et e' l'escompte en dehors. Déterminer la formule générale de l'escompte en dedans et démontrer que $e' = e$ augmenté de son intérêt pendant le temps t ?

Solution.

100 fr. rapportent dans 1 an. . . i fr.

100 fr.   — t années $i \times t$ ou it.

(t désigne un nombre exact d'années ou une fraction d'année.)

Donc on aura pour l'escompte en dedans :

100 fr. $+ it$ rapportent . . . . it ;

1 fr. rapportera. . . . . $\dfrac{it}{100 + it}$;

et A fr. rapporteront. . . . . $\dfrac{it \times A}{100 + it}$;

d'où . . . . $e = \dfrac{it\,A}{100 + it}.$ [1]

On sait que l'escompte en dehors $e' = \dfrac{it\,A}{100}.$ [2]

La formule [1] nous donne $e\,(100 + it) = it\,A.$

La formule [2] nous donne $e' \times 100 = it\,A.$

D'où l'on tire $\qquad e\,(100 + it) = 100\,e'$;

d'où $\qquad\qquad\qquad 100\,e + eit = 100\,e'$;

d'où $\qquad\qquad\qquad e + \dfrac{eit}{100} = e'.$

Mais $\dfrac{eit}{100}$ est bien l'intérêt de l'escompte en dedans e, d'où l'on conclut que le principe est démontré.

84. — On fait escompter deux billets : l'un de 640 fr. payable dans 6 mois, l'autre de 824 fr. payable dans 4 mois ; sachant que la somme des deux escomptes est égale à 34 fr., on demande quel est le taux de l'escompte en dedans.

Solution.

Soit i le taux cherché : nous aurons pour formules des deux escomptes (voir problème précédent, formule [1]):

$$\frac{640 \times i \times \frac{1}{2}}{100 + i \times \frac{1}{2}} + \frac{824 \times i \times \frac{1}{3}}{100 + i \times \frac{1}{3}} = 34 \text{ fr.} ;$$

ou :
$$\frac{640 \times \frac{i}{2}}{\frac{200 + i}{2}} + \frac{824 \times \frac{i}{3}}{\frac{300 + i}{3}} = 34 \text{ fr.} ;$$

ou :
$$\frac{640 \times i}{200 + i} + \frac{824 \times i}{300 + i} = 34 \text{ fr.}$$

Réduisant au même dénominateur et effectuant, on aura :

$$192\,000\,i + 640\,i^2 + 164\,800\,i + 824\,i^2 = 34\,[(200 + i)(300 + i)]$$

ou $\qquad 356\,800\,i + 1464\,i^2 = 2\,040\,000 + 17\,000\,i + 34\,i^2.$

ou $\qquad\quad 339\,800\,i + 1460\,i^2 = 2\,040\,000 ;$

ou $\qquad\quad 33\,980\,i + 146\,i^2 = 204\,000 ;$

ou $\qquad 73\,i^2 + 16\,990\,i = 102\,000 ;$ ou $i^2 + \dfrac{16\,990\,i}{73} = \dfrac{102\,000}{73}.$

Complétant le carré (voir *Arithmétique*, pages 108 et suivantes), on a :

$$i^2 + \frac{16\,990\,i}{73} + \left(\frac{8\,495}{73}\right)^2 = \frac{102\,000}{73} + \left(\frac{8\,495}{73}\right)^2.$$

Extrayant la racine carrée, il vient :

$$i + \frac{8\,495}{73} = \sqrt{\frac{102\,000}{73} + \left(\frac{8\,495}{73}\right)^2},$$

ou
$$i + \frac{8\,495}{73} = \sqrt{\frac{102\,000 \times 73 + (8\,495)^2}{73}}\,;$$

d'où
$$i = \frac{-8\,495 \pm 8\,922}{73} = {}^{1}+5^{f},82 \text{ p. } ^{o}/_{o}.$$

Réponse... Le taux est $5^{f},82$ p. %.

84 (*bis*). — On fait escompter en dedans 2 billets : l'un de 780 fr. payable dans 8 mois ; le 2ᵉ de 459 fr. payable dans 4 mois ; sachant que la différence des escomptes est de 21 fr., on demande de déterminer le taux.

Solution.

Nous aurons comme précédemment les deux formules ci-après(i désignant le taux inconnu) :

$$\frac{780 \times i \times \frac{2}{3}}{100 + i \times \frac{2}{3}} \quad \text{et} \quad \frac{459 \times i \times \frac{1}{3}}{100 + i \times \frac{1}{3}}.$$

On écrira donc en simplifiant :

$$\frac{1\,560\,i}{300 + 2i} = \frac{459\,i}{300 + i} + 21 \text{ fr.}$$

Réduisant au même dénominateur et effectuant, on a :

$$468\,000\,i + 1\,560\,i^2 = 137\,700\,i + 918\,i^2 + 21$$
$$\times\,[\,(300 + 2i)\,(300 + i)\,]$$

______
1. La racine négative n'aurait ici aucun sens.

ou $$330300\,i + 642\,i^2 = 1890000 + 18900\,i + 42\,i^2,$$

ou $311400\,i + 600\,i^2 = 1890000$, ou $31114\,i \times 6\,i^2 = 18900$;

d'où $$i^2 + 519\,i = 3150.$$

Complétant le carré (voir *Arithmétique*, pages 108 et suivantes) :

$$i^2 + 519\,i + \left(\frac{519}{2}\right)^2 = 3150 + \left(\frac{519}{2}\right)^2.$$

Extrayant la racine carrée, on a :

$$i + \frac{519}{2} = \sqrt{3150 + \left(\frac{519}{2}\right)^2},$$

ou

$$i = \frac{519}{2} = \frac{\sqrt{3150 \times 4 + (519)^2}}{2},$$

d'où

$$i = \frac{-519 \pm 531}{2} = 6.$$

Réponse... Le taux est 6 p. %.

MÉLANGES ET ALLIAGES.

85. — On a un lingot d'argent pur pesant $14^{\text{kg}},67$. On demande quelle quantité de cuivre on devra lui ajouter pour faire un alliage de même titre que les pièces de 2 fr. Quelle sera, de plus, la valeur de l'argent monnayé que l'on pourra fabriquer avec ce lingot ?

(Lyon. — Aspirants, brevet complet.)

Solutions.

1re *Solution.* — On sait que le nouveau titre est 0,835 pour l'argent et pour les pièces divisionnaires (25 mai 1864 et 29 juin 1866).

Donc pour 835 grammes d'argent pur on doit ajouter 165 grammes de cuivre.

Et pour 14670. . . . . . . $\dfrac{165 \times 14670}{835} = 2898$ gram.

2ᵉ *Solution*. — Soit x le poids total de l'alliage obtenu après addition du poids du cuivre cherché. On a par définition du titre (voir *Arithmétique*, page 49), $\dfrac{14690}{x} = 0{,}835$.

D'où : $x = \dfrac{14670}{0{,}835} = 17568$ gram.

d'où poids du cuivre ajouté : $17568 - 14670 = 2898$ gram.

On aura enfin : 5 grammes argent monnayé valent 1 fr.

Et   17568 . . . . $\dfrac{17568}{5} = 3513^{f}{,}60$.

$$\text{Réponses...} \begin{cases} \text{Cuivre ajouté: } 2898 \text{ gram. (nombre approché).} \\ \text{Valeur du lingot monnayé : } 3513^{f}{,}60. \end{cases}$$

86. — On a un somme de 9700 fr. composée de pièces d'or de 10 fr. et de pièces de 5 fr. en argent. Le nombre des pièces de 5 fr. est à celui des pièces d'or de 10 fr. dans le rapport de 43 à 27 ; on fond toutes ces pièces en un seul lingot auquel on ajoute $271^{gr}{,}63$ de cuivre pur. On demande combien 1000 parties de l'alliage contiennent de parties d'or, d'argent et de cuivre.

(Aspirants, brevet complet.)

Solution.

Valeur de $\begin{cases} 43 \text{ pièces de } & 5 \text{ fr. . . .} & 5 \text{ fr.} \times 43 = 215 \text{ fr.} \\ 27 \quad\text{—}\quad & \text{de } 10 \text{ fr. . .} & 10 \text{ fr.} \times 27 = 270 \text{ fr.} \end{cases}$

Total. . . . . 485 fr.

D'où, si la somme était de 485 fr., elle se composerait de 43 pièces argent et 27 or.

Et si la somme est de 9700 fr., elle se composera de :

$$\frac{43 \times 9700}{485} \qquad \frac{27 \times 9700}{485}$$

Calculs faits. . . . . . 860 pièces   540 pièces.

Poids de 860 pièces d'argent :
de   5 fr. . . . . . . $25^{gr} \times 860 = 21500$ grammes.

Poids de 540 pièces d'or :

$$\text{de 10 fr.} \quad^{1}\ \frac{50^{gr}\times 2}{31}\times 540 = \quad 1\,741^{gr}\frac{29}{31}.$$

$$\text{Poids total.} \quad\quad\quad\quad 25\,241^{gr}\frac{29}{31}$$

A ce poids $25\,241$ gram. $\dfrac{29}{31}$ ou $25\,241^{gr},93$,

on ajoute cuivre pur. . . . . $271^{gr},63.$

$$\text{Poids total . . . . . } 25\,513^{gr},56.$$

Donc $25\,513^{gr},56$ contiennent :

$$\text{Argent pur :} \quad\quad 21\,500\times\frac{9}{10} = 19\,350^{gr}.$$

$$\text{Or pur :} \quad\quad 1\,741^{gr},93\times\frac{9}{10} = 1\,567^{gr},737.$$

$$\text{Cuivre pur :} \quad 271^{gr},63 + \frac{25\,241,93}{10} = 2\,595^{gr},823$$

$$\text{Total égal. . . . . . . } 23\,513,\ 56.$$

D'où $1\,000$ parties d'alliage contiendront :

$$\text{Argent . . . . } \frac{19\,350}{23\,513,56}\times 1\,000 = 823.$$

$$\text{Or. . . . . } \frac{1\,567,737}{23\,513,56}\times 1\,000 = 67.$$

$$\text{Cuivre. . . . . } \frac{2\,595,823}{23\,513,56}\times 1\,000 = 110.$$

$$\textit{Réponse..}\ \ 1\,000 \text{ parties d'alliage contiennent} \begin{cases} \text{Argent} & 823. \\ \text{Or} & 67. \\ \text{Cuivre} & 110. \end{cases}$$

$$\text{Total égal . . . . } 1\,000.$$

---

1. 10 fr. en argent pèsent 5 gram. $\times$ 10 $=$ 50 gram., et on sait que l'or à valeur égale pèse les $\frac{2}{31}$ du poids de l'argent (au lieu de dire 15 et demi fois moins, ce qui est incorrect).

87. — On a deux sortes de vin : l'hectol. du 1er peut être cédé au prix de 93f,25 payables dans 80 jours ; l'hectol. du 2e est évalué à 60f,50 payables dans 30 jours. Combien faut-il prendre de chacun d'eux pour composer 103 litres d'un mélange qui puisse être cédé sans perte à 75f,20 l'hectolitre, payables dans 90 jours ? On supposera 6 p. °/₀ le taux de l'intérêt.   (Aspirantes, brevet du 1er ordre.)

Solution.

1° 93f,25 payables dans 80 jours

valent actuellement $93,25 - \dfrac{93,25 \times 6 \times 80}{100 \times 360} = 92,01$;

2° 60f,50 payables dans 30 jours

valent actuellement $60,50 - \dfrac{60,5 \times 6 \times 30}{100 \times 360} = 60^f,20$;

3° 75f,20 payables dans 90 jours

valent actuellement $75,20 - \dfrac{75,2 \times 6 \times 90}{100 \times 360} = 74^f,08.$

Cela posé :

1re *Solution.* — Si on cède pour 74f,08 un hectolitre de vin qui vaut actuellement 92f,01, on perd évidemment :

$$92,01 - 74,08 = 17^f,93.$$

D'un autre côté, si on cède pour 74f,08 un hectolitre de vin qui vaut actuellement 60f,20, on gagne évidemment :

$$74^f,08 - 60^f,20 = 13^f,88.$$

Or, la perte devant égaler le gain, on aura : nombre d'hectolitres (2e prix) $\times$ 13f,88 = 17f,93 $\times$ 1,

ou nombre d'hectolitre (2e prix) $= \dfrac{17,93}{13,88} = 129$ litres.

Donc, si on avait 129 + 100 litres à céder :

on aurait 1er prix. . . . .   100 litres.
on aurait 2e prix . . . .   129 litres.

Et si on veut céder 103 $\begin{cases} \text{on aura 1er prix} : \dfrac{100 \times 103}{229} = 45. \\[2em] \text{—} \quad 2^e \quad \text{—} \quad : \dfrac{129 \times 103}{229} = 58. \end{cases}$

2ᵉ *Solution*. — Soit A la quantité cédée, à 92^f,01, on cédera à60^f,20, 103 — A.

D'où : 92^f,01 $\times$ A + 60,20 $\times$ (103 — A) = 74^f,08 $\times$ 103.

D'où :

92^f,01 $\times$ A — 60,20 $\times$ A = 74,08 $\times$ 103 — 60,20 $\times$ 103.

D'où : (92,01 — 60,20) A = (74,08 — 60,20) 103.

D'où :

$$A = \frac{(74,08 - 60,20)\ 103}{92,01 - 60,20}.$$

Calculs faits : A = 45.

D'où :   103 — 45 = 58.

$$Réponse... \begin{cases} \text{On cèdera au } 1^{er} \text{ prix 45 fr.,} \\ \qquad — \qquad 2^e \quad \text{prix 58 fr.} \end{cases}$$

88. — Dans quelle proportion faut-il mélanger du vin qui coûte 46 fr. l'hectol. et du vin qui coûte 69 fr. pour obtenir du vin que l'on puisse vendre 62 fr. l'hectolitre en gagnant 7 fr. par hectolitre?

(Brevet du 2ᵉ ordre, aspirantes.)

Solutions.

1ʳᵉ *Solution*. — Si on n'avait voulu rien gagner, l'hectolitre du mélange serait vendu évidemment 62 — 7 = 55 fr.

En vendant 55 fr. un hectolitre de vin qui ne coûte que 46 fr., on gagne évidemment 55 — 46 = 9 fr.

En vendant 55 fr. un hectolitre de vin qui coûte 69 fr., on perd 69 — 55 = 14 fr. Or, dans l'hypothèse où nous nous sommes placé, le gain devant compenser la perte, on devra avoir : nombre d'hectolitres (1er prix) $\times$ 9 = 14 $\times$ 1.

D'où nombre d'hectolitres (1er prix) $= \dfrac{14}{9}$.

Et   —   (2ᵉ prix) = 1.

Ou 14 hectolitres au 1er prix pour 9 au 2ᵉ.

2° *Solution.* — Soit A, quantité d'hectolitres au 1er prix;
Et B, — au 2e prix.

On aura :

$$46 \times A + 69 \times B = (62 - 7)(A + B),$$

ou :
$$46 \times A + 69 \times B = 55 \times A + 55 \times B;$$

d'où :
$$(55 - 46)A = (69 - 55)B;$$

d'où :
$$\frac{A}{B} = \frac{69 - 55}{55 - 46} = \frac{14}{9}.$$

89. — On a formé un mélange de café de 50 kilog. à 4f,50 le kilog. et d'une qualité inférieure qui coûte, prix d'achat, 3f,80 le kilog. Sachant qu'en vendant le tout 5f,085 le kilog. on a réalisé un bénéfice de 20 p. %, on désire savoir le poids de café de qualité inférieure qui est entré dans le mélange.

Solutions

1re *Solution.* — Si l'on n'avait point réalisé de bénéfice, le prix de vente qui, augmenté de ses $\frac{20}{100}$ ou de son $\frac{1}{5}$, est devenu 5f,085, eût été seulement de $\frac{5,085 \times 5}{6} = 4^f,2375$.

En vendant 4f,2375 le kilog. de café qui coûte 4,50, on perd évidemment $4,50 - 4,2375 = 0^f,2625$.

Et si on en vendait 50 dans ces conditions, on perdrait :

$$0,2625 \times 50 = 18^f,125.$$

En vendant 4f,2375 un kilogramme de café qui ne coûte que 3f,80, on gagne $4^f,2575 - 3,80 = 0^f,4375$.

Or, la perte devant être égale au gain, nous aurons :

Nombre de kilogrammes du 2e prix $\times 0,4375 = 13^f,125$

Ce nombre sera donc égal à $\frac{13,125}{0,4375} = 50$ kilogrammes.

2° *Solution.* — Soit A le nombre de kilogrammes cherché ;
on pourra écrire :

$$4^f,5o \times 5o + 3^f,8o \times A = 5^f,o85 \times \frac{5}{6} \times (A + 5o),$$

ou : 225 fr. $+ 3^f,8o \times A = \dfrac{25,425}{6} \times 5o + \dfrac{25,425}{6} \times A,$

ou : $\dfrac{225 - \dfrac{25,425}{6} \times 5o}{\dfrac{25,425}{6} - 3,8o} = A.$

Effectuant, on a A $= 3o$ kilogrammes.

90. — On a un lingot d'argent qui contient 8 parties d'argent et 2 de cuivre et pèse 40 kilog. : on veut y ajouter une certaine quantité d'argent pur, de façon que le
deuxième lingot obtenu ne contienne plus que 5 parties de
cuivre sur 30 d'argent. Quelle quantité d'argent pur doit-
on ajouter ?

Solutions.

1re *Solution.* — Quantité de cuivre contenue dans le lingot, avant l'addition d'une certaine quantité d'argent :

$$4o \times \frac{2}{1o} = 8.$$

Puisqu'on n'ajoute que de l'argent pur, ces 8 kilogrammes
représentent les $\dfrac{5}{35}$ ou le $\dfrac{1}{7}$ du nouveau poids de l'alliage.

Donc le nouveau lingot pèse 8 kilog. $\times$ 7 $= 56$ kilog.
D'où il suit qu'on a ajouté 56 kilog. $- 4o = 16$ kilog. arg.

2° *Solution.* — Soit A la quantité d'argent pur qu'on doit
ajouter, on aura (définition du titre, page 49, *Arithmétique*) :

$$\frac{4o \times o,8 + A}{4o + A} = \frac{3o}{35} = \frac{6}{7} ; \quad \text{ou} \quad \frac{32 + A}{4o + A} = \frac{6}{7} ;$$

d'où $(32 + A)\, 7 = (4o + A)\, 6 ;$

d'où $(7 - 6)\, A = 4o \times 6 - 32 \times 7$

$$= 24o - 224 ;$$

d'où enfin A $= 16$ kilogrammes.

Réponse... On a ajouté 16 kilogrammes argent.

91. — Quelle serait, au contraire (problème précédent), la quantité de cuivre à ajouter pour que les nouvelles proportions fussent 8 de cuivre pour 12 d'argent ?

Solutions.

1re *Solution.* — Quantité d'argent contenue dans le lingot avant l'addition d'une certaine quantité de cuivre :

$$\frac{8}{10} \times 40 = 32 \text{ kilogrammes.}$$

Puisqu'on n'ajoute que du cuivre, ces 32 kilogrammes représentent les $\frac{12}{20}$ ou les $\frac{3}{5}$ du nouveau poids de l'alliage.

Donc le nouveau lingot pèse $\dfrac{32 \times 5}{3} = 53$ kilog. $\frac{1}{3}$;

d'où il suit qu'on a ajouté :

$$53 \text{ kilog. } \tfrac{1}{3} - 40 = 13 \text{ kilog. } \tfrac{1}{3} \text{ de cuivre.}$$

2e *Solution.* — Soit A la quantité de cuivre cherchée : on aura (définition du titre) $\dfrac{40 \times 0,2 + A}{40 + A} = \dfrac{8}{20} = \dfrac{2}{5}$;

ou :

$$\frac{8 + A}{40 + A} = \frac{2}{5} ;$$

ou :

$$(8 + A) \times 5 = (40 + A) 2 ;$$
$$(5 - 2) \times A = 40 \times 2 - 5 \times 8 ;$$

d'où :

$$A = \frac{40}{3} = 13 \text{ kilog. } \tfrac{1}{3} .$$

Réponse... On a ajouté 13 kilog. $\frac{1}{3}$ cuivre.

92. — On fond ensemble 1 200 pièces de 5 fr. en argent pour faire de la monnaie divisionnaire au titre de 0,835. Combien pourra-t-on faire de pièces de 1 fr. avec cette quantité d'argent et quel poids de cuivre faudra-t-il y ajouter ?

(Brevet simple.)

Solutions.

1re *Solution.* — Poids de 1 200 pièces de 5 fr. (argent) :

$$25 \text{ grammes} \times 1200 = 30000 \text{ grammes.}$$

Puisqu'on n'ajoute que du cuivre, le poids de l'argent pur ou 30 kilog. $\times \dfrac{9}{10} = 27$ kilogrammes représentera les $\dfrac{835}{1000}$ du poids du nouvel alliage, donc ce dernier pèsera :

$$\frac{27 \times 1000}{835} = 32335 \text{ grammes.}$$

D'où poids du cuivre ajouté $= 32335 - 30000 = 2^{Kg},335$.

Donc on fera $\dfrac{32335}{5} = 6467$ pièces de 1 fr.

2e *Solution.* — Soit A la quantité de cuivre cherchée, on aura (définition du titre) :

$$\frac{30000 \times 0,1 + A}{30000 + A} = 0,165 ;$$

d'où :
$$3000 + A = 4950 + 0,165 \, A ;$$

d'où
$$4950 - 3000 = (1 - 0,165) \, A ;$$

d'où :
$$A = \frac{1950}{0,835} = 2^{Kg},335.$$

Réponses... $\begin{cases} \text{On fera } 6467 \text{ pièces de 1 fr.} \\ \text{Poids de cuivre ajouté : } 2335 \text{ grammes.} \end{cases}$

93. — Une bonne terre doit contenir 2 p. % de son poids de calcaire. Combien faut-il y ajouter de mètres cubes, pesant chacun 1 500 kilog. et renfermant 40 % du calcaire dans un hectare labouré à une profondeur de $0^m,30$, pour que cette terre, qui pèse 1 400 kilog. le mètre cube, et qui contient déjà $\frac{1}{2}$ p. % de calcaire, en ait une quantité suffisante?   (Brevet complet, aspirants.)

Solutions.

1re *Solution.* — Cette terre, contenant déjà $\frac{1}{2}$ p. % de calcaire, ne devra donc recevoir en plus que $2 - \frac{1}{2} = 1,5$ p. %

Poids de 1 hectare de terre labourée à 30 centimètres de profondeur :

$$10\,000^{mq} \times 0,30 \times 1\,400^{Kg} = 4\,200\,000^{Kg}.$$

Donc on doit ajouter en plus $4\,200\,000 \times 1,5 = 63\,000^{Kg}$ de calcaire. — D'un autre côté l'amendement contient 40 p. % de calcaire, c'est-à-dire $40 - 2$ ou 30 p. % de plus que la terre dans laquelle il doit être réparti. Cet amendement pesant 1 500 kilogrammes par mètre cube contient donc de plus par mètre cube $\dfrac{1\,500 \times 38}{100} = 570$ kilogrammes de calcaire.

Donc, si la terre manquait de 570 kilogrammes de calcaire, il faudrait ajouter un mètre cube d'amendement.

Et si elle manque de $63\,000^{Kg}$, il faudra $\dfrac{63\,000}{570} = 110^{mc},526.$

2e *Solution.* — Soit x le poids de l'amendement cherché que l'on désire répartir dans cette terre ; le poids total de la terre labourée après l'addition de l'amendement sera évidemment $4\,200\,000 + x$, et la quantité de calcaire contenue dans ce poids sera égale à :

$(4\,200\,000 + x)\dfrac{2}{100}$. D'un autre côté, le poids primitif

$4\,200\,000$ kilogrammes contient $4\,200\,000 \times \dfrac{1}{200}$ de calcaire,

et x le poids cherché en contient $x \times \dfrac{40}{100}$; donc on peut écrire :

$$(4\,200\,000 + x) \times \frac{2}{100} = 4\,200\,000 \times \frac{1}{200} + x \times \frac{40}{100},$$

ou

$$4\,200\,000 \times \frac{4}{200} + x \times \frac{4}{200} = 4\,200\,000 \times \frac{1}{200} + x \times \frac{80}{200};$$

d'où :
$$4\,200\,000 \times 4 + x \times 4 = 4\,200\,000 + x \times 80;$$

d'où :
$$4\,200\,000 \times (4 - 1) = (80 - 4) \times x;$$

d'où :
$$x = \frac{12\,600\,000}{76} = 165\,789 \text{ kilogrammes.}$$

D'où enfin nombre de mètres cubes ajoutés :
$$\frac{165\,789}{1\,500} = 110^{mc},526.$$

Réponse... On a ajouté $110^{mc},526$ d'amendement.

94. — On a un lingot d'argent au titre de 0,835, on y ajoute $2^{kg},025$ d'argent pur et par suite de cette addition le lingot total est au titre de 0,950. On demande le poids du lingot avant l'addition de l'argent pur.

(Brevet complet.)

Solutions.

1re *Solution.* — L'unité en poids (1er lingot) contient en moins $0,950 - 0,825 = 0,125$.

L'unité en poids d'un lingot pur contient en plus :
$$1 - 0,950 = 0,050.$$

Donc 2 025 grammes d'argent pur contiendront en plus :
$$2\,025^g \times 0,05 = 101^g,25.$$

Or, ce qui manque, d'un côté, devant égaler l'excédant, de l'autre, on aura :
$$\text{Poids du } 1^{er} \text{ lingot} \times 0,125 = 101^g,25,$$

d'où poids de ce 1er lingot $= \dfrac{101,25}{0,125} = 810$ grammes.

2° *Solution.* — Soit A le poids cherché du 1er lingot, on aura :
$$\frac{825}{1\,000} \times A + 2\,025 = \frac{(A + 2\,025) \times 950}{1\,000}.$$

(Définition du titre. — Voir *Arithmétique*, page 49.)

Effectuant, on a :

$$825 \times A + 2\,025 \times 1\,000 = 950 \times A + 2\,025 \times 950;$$

d'où :

$$(1\,000 - 950)\,2\,025 = (950 - 825)\,A;$$

d'où :

$$A = \frac{50 \times 2\,025}{125} = \frac{2 \times 2\,025}{5} = 2 \times 405 = 810 \text{ grammes.}$$

Réponse... 1ᵉʳ lingot pèse 810 grammes.

95. — Une somme en argent monnayé au titre de 0,900 été amenée au titre de 0,835 par l'addition d'une certain quantité de cuivre. La somme fabriquée avec l'alliage a ét ainsi augmentée de 5 000 fr. Quelle était la somme pri mitive?   (Brevet complet.)

Solutions.

1ʳᵉ *Solution.* — Puisqu'on n'ajoute que du cuivre, la quar tité d'argent pur restera la même. Or 1 fr. en argent à l'ancie titre contient $4^g,5$ d'argent pur, et ce poids d'argent pu représente après l'addition du cuivre les $\dfrac{835}{1\,000}$ du nouve alliage.

Donc les $\dfrac{835}{1\,000}$ du nouvel alliage pèsent $4^g,5$ pour 1 fr.

Et l'alliage total pèsera $\dfrac{4,5 \times 1\,000}{835}$ pour 1 fr.

Donc pour 1 fr. on a ajouté :

$$\frac{4\,500 - 5^g \times 835}{835} = \frac{65}{167} \text{ grammes de cuivre.}$$

D'où, si on n'avait ajouté que $\dfrac{65}{167}$ grammes de cuivre, l somme primitive serait 1 fr.

Or, puisque la somme a été augmentée de 5 000 fr., on ajouté au poids primitif $5^g \times 5\,000 = 25\,000$ grammes.

Donc la somme primitive sera égale à :

$$\frac{167}{65} \times 25\,000 = 64\,230^f\,\frac{10}{13}.$$

2ᵉ *Solution.* — On peut encore dire : La somme primitive étant un lingot au titre de 0,900 pour l'argent, *ou de* 0,100 *pour le cuivre*, a été amenée au titre de 0,835 pour l'argent *ou de* 0,165 *pour le cuivre;*

D'où l'unité en poids (1ᵉʳ lingot) contient en moins :

$$0,165 - 0,100 = 0,065 \text{ de cuivre.}$$

L'unité en poids d'un lingot pur de cuivre contient en plus :

$$1\,000 - 165 = 0,835 \text{ de cuivre.}$$

Donc 25oo grammes de cuivre pur contiendront en plus :

$$0,835 \times 25\,000 = 20\,875 \text{ grammes.}$$

Or ce qui manque, d'un côté, devant égaler l'excédant, de l'autre :

on aura : poids du 1ᵉʳ lingot $\times$ 0,065 = 20 875 grammes;

d'où poids de ce lingot. . . . . $\dfrac{20\,875}{0,065}$ gramms.

Et valeur primitive. . . $\dfrac{20\,875}{0,065 \times 5} = 64\,230^{f}\,\dfrac{10}{13}.$

3° *Solution.* — 5ooo fr. (argent) pèsent :

$$5^{g} \times 5\,000 = 25\,000 \text{ grammes.}$$

Comme le poids de l'argent pur ne change pas, si nous appelons A le poids du 1ᵉʳ lingot, on pourra écrire (définition du titre) :

$$\frac{900}{1\,000} \times A = \frac{(25\,000 + A)\,835}{1\,000};$$

d'où :

$$900 \times A = 25\,000 \times 835 + 835 \times A;$$

d'où :

$$(900 - 835) \times A = 25\,000 \times 835;$$

et

$$A = \frac{25\,000 \times 835}{65};$$

d'où valeur de ce lingot d'argent :

$$\frac{25\,000 \times 835}{65 \times 5} = 64\,230^{f}\,\frac{10}{13}.$$

Réponse... La somme primitive est $64\,230^{f}\,\dfrac{10}{13}.$

96. — Les nouvelles pièces de 0^f,50 ont le même poids que les anciennes, mais elles ne sont plus qu'au titre de 0,835. On demande combien il faudrait fondre de cuivre avec 445 pièces anciennes pour former un alliage au nouveau titre et combien avec cet alliage en pourrait fabriquer de nouvelles pièces. (Brevet simple, aspirants.)

Solutions.

Poids d'une pièce de 0^f,5o. . . . . .2^g,5.

A l'ancien titre, une pièce de 0^f,5o contient donc 2^g,25 d'argent pur.

Donc (voir problèmes précédents), puisque le poids de l'argent reste le même, les $\dfrac{835}{1\,000}$ du nouvel alliage pèsent 2^g,25 pour 0^f,5o ;

Et l'alliage total pèsera . . . . 2^g,25 $\times \dfrac{1\,000}{835}$ pour 0^f,5o.

Donc, cuivre ajouté pour une pièce de 0^f,5o :

$$\frac{2\,25o - 2,25 \times 835}{835}.$$

Et pour 445 pièces on ajoutera :

$$\frac{2\,25o - 835 \times 2,5}{835} \times 445 = 86^g,6o\iota;$$

d'où :

nombre total de pièces de 0^f,5o. . . . $\dfrac{86,6o}{2,5} + 445 = 479$.

Réponses... $\begin{cases} \text{On a ajouté 86}^g\text{,6o de cuivre.} \\ \text{On fabriquera en tout 479 pièces de 0}^f\text{,5o.} \end{cases}$

97. — On a fondu 16 000 fr. de pièces de 2 fr., de 1 fr., de 0^f,50 et de 0^f,20 à l'ancien titre ; le déchet que leur a fait subir la circulation est de 0,0004 de leur valeur. Avec le métal fin tiré de la fonte, on fabrique des pièces divisionnaires au nouveau titre. On demande quelle somme on pourra fabriquer en pièces nouvelles.

(Brevet du 1er ordre, aspirantes.)

Solution.

Déchet résultant de la circulation $46 \times 0,4 = 6^f,4$.
D'où valeur des pièces au moment de la fonte :
$$16\,000^f - 6,4 = 15\,993^f,60 ;$$
Poids de $15\,993^f,60$ (argent)... $5^g \times 15\,993,6 = 79\,968$ gram.
Poids de l'argent pur contenu à l'ancien titre :

$$79\,968 \times \frac{9}{10} = 71\,978^g,2 ;$$

La quantité d'argent pur restant la même, on aura :

Les $\dfrac{835}{1000}$ du poids du nouvel alliage $= 71\,971^g,2$.

Et le poids du nouvel alliage sera. . . . .

$$\frac{71\,971^g,2 \times 1000}{835} = 86\,193 \text{ grammes.}$$

D'où valeur du nouvel alliage $\dfrac{86\,193}{5} = 17\,238^f,60$.

Réponse... La nouvelle somme sera égale à $17\,238^f,60$.

98. — On a fondu ensemble $2^{Kg},25$ d'un métal qui ont coûté $43^f,50$ et $5^{Kg},06$ d'un second métal qui ont coûté 27 fr. Quel sera le prix du kilogramme de l'alliage en supposant qu'il y ait 2 p. % de perte dans la fusion et que la fabrication de l'alliage ait coûté 12 fr. ?

(Brevet du 2e ordre, aspirantes.)

Solution.

Valeur de $2^{Kg},25$ d'un métal. . . . . $43^f,50$;
Valeur de $5^{Kg},06$ d'un second métal. . . . . 27^f ;
Ensemble... $7^{Kg},31$ valent . . . . $70^f,50$.

Puisqu'il y a 2 p. % de perte dans la fusion, le poids total ne sera plus que de :

$$7,31 - \frac{7,31 \times 2}{100} = 7^{Kg},1638.$$

D'où : $7^{Kg},1638$ valent $70^f,50 + 12$ fr. (frais) $= 82^f,50$.

Et 1 kilog. vaudra . . . . $\dfrac{82^f,50}{7,1638} = 11^f,51$.

Réponse... $11^f,51$.

99. — Un lingot d'or au titre de 0,887 pèse 80 kilog. Quelle quantité d'or pur faut-il lui allier pour l'amener au titre de $\frac{9}{10}$?

(1er ordre, aspirantes.)

Solution.

1re *Solution.* — L'unité en poids (1er lingot) contient en moins $\frac{900 - 887}{1\,000} = \frac{13}{1\,000}$. Et 80 kilogrammes contiendront en moins $\frac{13 \times 8}{100} = 1\,040$ grammes.

D'un autre côté, l'unité en poids d'un lingot d'or pur contient $\frac{1\,000 - 900}{1\,000} = \frac{100}{1\,000}$ en plus. Or, ces deux différences devant se compenser, on aura :

nombre de kilogrammes d'or pur ajoutés $\times \dfrac{100}{1\,000} = 1\,040$ gr.

D'où on a ajouté . . . . $1\,040 \times 10 = 10^{Kg},400$.

On peut encore dire :

Quantité de cuivre contenu dans le 1er lingot :

$$80 \times \left(\frac{1\,000 - 887}{1\,000} \right) = 9^{Kg},04.$$

Comme la quantité de cuivre reste la même et qu'elle est le $\frac{1}{10}$ du lingot après addition d'or pur,

$\frac{1}{10}$ du nouvel alliage pèse . . . . $9^{Kg},04.$

Et le nouvel alliage pèse . . . . $90^{Kg},400.$

D'où on a ajouté $90^{Kg},400 - 80 = 10^{Kg},400$ (or pur).

2e *Solution.* — Soit A la quantité d'or pur cherchée.

Le poids du cuivre restant le même, nous pourrons écrire (définition du titre) :

$$\frac{80 \times 0,887 + A}{80 + A} = \frac{900}{1\,000} ;$$

d'où :

$$80 \times 887 + A \times 1000 = 80 \times 900 + A \times 900 ;$$

d'où :

$$(900 - 887) \times 80 = (1000 - 900) A ;$$

d'où enfin :

$$A = \frac{13 \times 80}{100} = 10^{Kg},400.$$

Réponse... On a $10^{Kg},400$ d'or pur.

100. — On a allié 4835 gr. d'argent pur et 25 hectogr. de cuivre ; combien faut-il ajouter d'argent pur à cet alliage pour qu'on puisse en faire des pièces de 5 fr. ? Faites connaître le nombre de ces pièces.

(Aspirantes, brevet du 2e ordre.)

Solution.

On sait que les pièces de 5 fr. en argent ont conservé l'ancien titre $\frac{9}{10}$, dans lequel le cuivre se trouve être, en poids, le $\frac{1}{9}$ du poids de l'argent pur.

Donc, pour 2500 grammes de cuivre, il faudra prendre un poids d'argent égal à. . . . . $2500 \times 9 = 22500$ grammes.

Et comme le lingot contient déjà . . . . $\underline{4835}$ grammes d'argent, on devra ajouter la différence.. . 17665 grammes.

Réponse... On devra ajouter 17665 grammes d'argent pur.

101. — On veut fabriquer des pièces de 5 fr. avec un lingot d'argent pur dont le volume est 4^{dmc}, 225. On le fait fondre, pour cela, avec un poids convenable de cuivre. On demande le nombre de pièces fabriquées. On sait que les $\frac{5}{6}$ d'un décimètre cube d'argent pèsent 8^{Kg}, 73.

(Nantes. — Brevet complet, aspirants.)

Solution.

Poids de 1 décimètre cube :

argent. . . . . . . $8^{Kg},55 \times \frac{6}{5}.$

Poids de 4,225 :

$$\text{argent.} : \ldots \ldots \quad 8{,}35 \times \frac{5}{6} \times 4{,}225 = 44^{\text{Kg}},2611.$$

Le titre devant être $\frac{9}{10}$, le poids du cuivre :

$$\text{sera} \ldots \ldots \quad \frac{44{,}2611}{9} = \quad 4^{\text{Kg}},9179.$$

$$\text{Poids total de l'alliage} \ldots \ldots 49^{\text{Kg}},179 .$$

$$\text{D'où nombre de pièces de 5 fr.} \quad \frac{49179}{25} = 1967.$$

Réponse... 1967 pièces de 5 fr.

102. — **A du vin coûtant 48 fr. l'hectol., on veut ajouter
de l'eau et de l'esprit-de-vin, de telle sorte que le mélange revienne à 40 fr. l'hectol., et contienne la même
quantité d'alcool que le vin primitif, c'est-à-dire 11,5 p. %.
L'esprit-de-vin employé contient 80,5 p. % d'alcool et
coûte un prix tel qu'il est de 72 fr. l'hectol. On demande les
quantités d'eau et d'esprit-de-vin qu'il faudra ajouter à
36 hectol. de vin.** (Brevet complet, aspirants.)

Solution. (1re Partie.)

Puisque le mélange doit contenir 11,5 p. % d'alcool, on
voit que pour chaque hectolitre de vin on a :

$$80{,}5 - 11{,}5 = 69 \text{ p. \%}$$

de trop d'alcool; d'un autre côté, chaque hectolitre d'eau
qu'on ajoutera contient évidemment 11,5 p. % d'alcool de
moins (puisque l'eau n'en contient pas du tout), et puisqu'il
doit y avoir compensation, on aura pour 1 hectolitre d'es-
prit $\frac{69}{11{,}5}$ hectolitres d'eau ou 6 hectolitres.

D'où il suit que les quantités d'eau et d'esprit-de-vin qui
entrent dans le mélange sont dans le rapport de 6 à 1.

2e Partie.

1re *Solution.* — 6 hectol. d'eau et 1 hectolitre d'esprit-de-vin valent donc 72 fr.; 1 hectolitre de ce mélange vaudra $\frac{72}{7}$ fr. et s'il est vendu 40 fr. on gagnera :

$$40 - \frac{72}{7} = \frac{280 - 72}{7} = \frac{208}{7} \text{ fr.}$$

D'un autre côté, si on vend un hectolitre de vin 40 fr. alors qu'il coûte 48 fr., on perd 8 fr. et si on en vend 36, on perdra évidemment $8 \times 36 = 288$ fr. Mais la perte devant compenser le gain, on aura : nombre d'hectolitres d'eau et d'esprit-de-vin $\times \dfrac{208}{7} = 288$ fr.

D'où hectolitre d'eau et d'esprit-de-vie $\quad \dfrac{288 \times 7}{208} = 9^{hl}\ \dfrac{9}{13}$.

D'où quantité d'alcool. . . . . $\quad \dfrac{9\frac{9}{13}}{7} = 1^{hl}\ \dfrac{5}{15}$.

D'où quantité d'eau. . . . . $\quad 8^{hl}\ \dfrac{4}{13}$.

2° *Solution.* — Soit a la quantité d'esprit-de-vin qui entre dans le mélange, $6 \times a$ sera le nombre d'hectolitres d'eau (voir solution, 1re partie), et l'on pourra écrire l'égalité suivante :

$$72^f \times a + 48^f \times 36 = 40^f \times (7a + 36);$$

d'où : $\qquad 72^f \times a + 1728 = 280^f \times a + 1440^f;$

d'où : $\qquad (280 - 72) \times a = 1728 - 1440^f;$

d'où : $\qquad a = \dfrac{36}{26} = \dfrac{18}{13} = 1^{hl}\ \dfrac{5}{13},$

et : $\qquad 6a = 1\dfrac{5}{13} \times 6 = 8^{hl}\ \dfrac{4}{13}.$

103. — On veut échanger contre de l'or au titre de 0,840 un lingot d'argent au titre de 0,900 et pesant 5725 gr.; l'argent pur vaut 220^f,50 le kilog. et l'or pur 3437 fr. le kilog. Quel est le poids de l'or que l'on recevra en échange du lingot d'argent?   (Brevet complet, aspirants. — Moulins.)

Solution.

Quantité d'argent pur, $5725 \times 0,9 = 5152^g,5$.

Valeur de $5152^g,5$ argent pur :

$$0,2205 \times 5152,5 = 1136^f,126.$$

Poids d'or pur d'égale valeur $\dfrac{1\,136^{\mathrm{f}},126}{3,437} = 330^{\mathrm{g}},557$.

D'où poids du lingot d'or correspondant au titre de 0,840

(voir *titre*, page 49, *Arithmétique*) : $\dfrac{350\,557}{840} = 393^{\mathrm{g}},520$.

104. — On a 3 alliages d'or et de cuivre aux titres de 0,750, 0,840 et 0,920 ; on demande quel poids on doit prendre de chacun d'eux pour obtenir $4^{\mathrm{kg}},5$ au titre de 0,890. Le poids du métal tiré du 1er lingot doit être au poids du métal tiré du 2e dans le rapport de 2 à 7.

(Niort. — Brevet complet, aspirants.)

Solutions.

1° L'unité en poids du 1er lingot contient en moins :
0,890 — 0,750 = 0,140 de matièreprécieuse ;
2 unités en poids contiendront . . . . 0,140 × 2 = 0,280 ;
d'un autre côté, l'unité en poids 3e lingot contient en plus :

$$0,920 - 0,890 = 0,030.$$

Or, ces deux différences devant se compenser, on aura :

Poids 3e lingot × 0,030 = 0,280 = $\dfrac{28}{3}$, ci . . . . . . $\dfrac{28}{3}$,

2° L'unité en poids 2e lingot contient en moins :

$$0,890 - 0,840 = 0,050 ;$$

7 unités en poids 2e lingot contiendront en moins :

$$0,050 \times 7 = 0,350.$$

Mais l'unité en poids 3e lingot contient en plus :

$$0,030 ;$$

Donc on aura encore :

Poids 3e lingot × 0,030 = 0,350,   ci . . . . . $\dfrac{35}{3}$.

Total . . . . $\dfrac{63}{3} = 21$.

Donc, pour un poids total de $2 + 7 + 21$, ou :

	1er titre	2e titre	3e titre
3o grammes, on prendrait	2	7	21;

et pour 4500 on prendra $\dfrac{2 \times 4500}{30}$, $\dfrac{7 \times 4500}{30}$, $\dfrac{21 \times 4500}{30}$.

Calculs faits. . . . . . .   300;   1050;   3150.

2e *Solution*. — Soit 2A le poids qu'on prendra au 1er lingot; 7A sera celui qu'on prend au 2e lingot, et on aura pour poids du 3e lingot 4500^g — 9A; et l'on peut écrire :

$$2A \times 0{,}750 + 7A \times 0{,}840 + (4500 - 9A) \times 0{,}920$$
$$= 4500 \times 0{,}890;$$

d'où :

$$A \times (1{,}500 + 5{,}880 - 8{,}280) = (0{,}890 - 0{,}920) \times 4500;$$

d'où : $A = \dfrac{30 \times 4500}{900}$ $=$ 150 grammes;

d'où : $2A = $ . . . . . . $150 \times 2 = $ 300 grammes;

et : $7A = $ . . . . . . $150 \times 7 = $ 1050 grammes;

et : $4500 - 1350$. . . . $= 3150$ grammes.

105. — Le centimètre cube d'or pèse $19^g{,}3$; le centimètre cube d'argent pèse $10^g{,}5$. On propose d'allier à 250 grammes d'or un poids d'argent tel que le centimètre cube de l'alliage pèse $13^g{,}6$. On supposera que l'alliage se fait sans changement de volume.   (Brevet complet. — Laon.)

Solutions.

1re *Solution.*—Volume de 250^g d'or $\dfrac{250}{19{,}3}$ centimètres cubes.

1 centimètre cube, or, pèse $19^g{,}3$,

c'est-à-dire : $19{,}3 - 13{,}6 = 5^g{,}7$ en plus ; $\dfrac{250}{19{,}3}$ pèse-

ront en plus : $5^g{,}7 \times \dfrac{250}{19{,}3} = 73^g{,}834.$

D'un autre côté, 1 centimètre cube argent pèse $10^g{,}5$, c'est-à-dire $13{,}6 - 10{,}5 = 3^g{,}1$ en moins.

Ces deux différences devant se compenser; puisqu'il n'y a pas de changement de volume, nous aurons volume de l'argent ajouté $\times 3,1 = 73,834$.

Ou volume de l'argent ajouté $= \dfrac{73,834}{3,1}$.

Et poids de l'argent cherché $= \dfrac{73,834 \times 10,5}{3,1} = 250^g,08$.

2e *Solution.* — Volume de 250 grammes or. . . . $\dfrac{250}{19,3}$.

Soit x le poids de l'argent ajouté, on aura volume de $x = \dfrac{x}{10,5}$; d'où poids total $250^g + x$; et l'on écrira :

$$250 + x = \left(\frac{250}{19,3} + \frac{x}{10,5} \right) 13,6;$$

d'où :

$$(250 + x) \times 19,3 \times 10,5 = 250 \times 10,5 \times 13,6 + 19,3 \times x \times 13,6;$$

d'où :

$$250 \times 10,5 \times 19,3 + 19,3 \times x \times 10,5$$
$$= 250 \times 10,5 \times 13,6 + 19,3 \times x \times 13,6;$$

d'où :

$$19,3 \times x \times 13,6 - 19,3 \times x \times 10,5$$
$$= 250 \times 10,5 \times 19,3 - 250 \times 10,5 \times 13,6;$$

d'où :

$$(13,6 - 10,5) \times 19,3 \times x = (19,3 - 13,6) \times 250 \times 10,5;$$

d'où :

$$3,1 \times 19,3 \times x = 5,7 \times 250 \times 10,5;$$

d'où enfin : $x = \dfrac{57 \times 250 \times 105}{31 \times 193} = 250^g,08$.

Réponse... Poids d'argent à allier, $250^g,08$.

106. — Quel est le poids d'un lingot moitié or et moitié argent valant 3 200 fr., sans tenir compte de la retenue et des frais d'affinage ?

(Brevet du 1er ordre, aspirantes.)

Solution.

Valeur de 1 gramme argent pur
(sans tenir compte des frais) . . . . $0^f,222$.

Valeur de 1 gramme or pur
(sans tenir compte des frais) . . . . $\underline{3^f,444.}$

Valeur d'un lingot pesant 2 grammes. . $3^f,666$.

D'où :

Pour une valeur de $3^f,666$, on a poids. . . . 2 grammes.

Et pour une valeur de 3 200 fr. on aura poids. $\dfrac{2 \times 3\,200}{3,666}$;

ou plus simplement :

$$\frac{2 \times 3\,200}{3\frac{2}{3}} = \frac{2 \times 3\,200 \times 3}{11} = 1\,745^g\,\frac{5}{11}.$$

107. — Un lingot d'or de 1 348 grammes contient 145 grammes de cuivre. On demande combien de grammes d'or pur il faut y ajouter pour le mettre au titre légal des monnaies françaises, et combien de pièces de 20 fr. l'on pourra fabriquer avec ce nouveau lingot. On demande aussi de trouver le titre du lingot primtif.

(Brevet du 1er ordre, aspirants.)

Solutions.

1re *Solution.* — Après l'addition de l'or pur, la quantité de cuivre n'ayant pas changé se trouve être le $\dfrac{1}{10}$ du poids total du lingot :

D'où le $\dfrac{1}{10}$ de ce poids égale. . . . . 145 grammes.

Et poids du lingot. . . . . . $145 \times 10 = 1\,450$ grammes.

D'où on a ajouté $1\,450 - 1\,348 = 102$ grammes or pur.

2e *Solution.* — On peut encore dire :

Soit A la quantité d'or ajoutée, on aura (définition du titre) :

$$1\,348 - 145 + A = (1\,348 + A) \times \tfrac{9}{10};$$

d'où : $\qquad 10\,(1\,203 + A) = (1\,348 + A) \times 9$

d'où : $\qquad (10 - 9)\,A = 1\,348 \times 9 - 12\,030;$

d'où : $\quad A = 12\,132 - 12\,030 = 102$ grammes or ajouté.

Poids de 20 fr. argent. . . . . . $20 \times 5 = 100$ grammes ;

Poids de 20 fr. en or . . . . . . $\dfrac{100 \times 2}{31} = \dfrac{200}{31}.$

D'où nombre de pièces de 20 fr. $1\,450 : \dfrac{200}{31} = 244$ pièces.

Et enfin titre du lingot primitif $= \dfrac{1\,203}{1\,348}.$

$$Réponses\dots \begin{cases} 1^{\circ}\ \text{A ajouter 102 grammes or pur.} \\ 2^{\circ}\ \text{Nombre de pièces de 20 fr.\dots\ 244.} \\ 3^{\circ}\ \text{Titre primitif.\ .\ .\ .}\quad \dfrac{1\,203}{1\,348} \end{cases}$$

108. — Un lingot est composé d'argent et de cuivre dans la proportion de 1 de cuivre et 9 d'argent. On ajoute à cet alliage $1^{\text{Kg}},30$ de cuivre et le poids de l'argent devient les $\frac{835}{1000}$ de celui du cuivre. On demande le poids du premier lingot.

(Aspirants au brevet complet, 1873.)

Solutions.

1re *Solution.* — L'unité en poids du lingot contient :

$$\frac{165 - 100}{1\,000} = \frac{65}{1{,}000}$$

de cuivre en moins ; puisqu'on ajoute du cuivre pur, chaque unité en poids contiendra en plus :

$$\frac{1\,000 - 165}{1\,000} = 0{,}835.$$

Et $1^{\text{Kg}},30$ contiendront en plus $0{,}835 \times 1{,}3 = 1^{\text{Kg}},0855.$

Puisqu'il doit y avoir compensation, le poids du premier lingot $\times\ 0{,}065$ devra égaler $1^{\text{Kg}},0855$; d'où :

Poids cherché $= \dfrac{1{,}0855}{0{,}065} = 16^{\text{Kg}},7.$

2ᵉ *Solution.* — Soit x le poids cherché du premier lingot.

On aura poids total après l'addition du cuivre :

$$= x + 1^{Kg},3.$$

On a encore quantité de cuivre

$$= \frac{x}{10} + 1^{Kg},3 = \frac{x + 13}{10}.$$

D'où (définition titre) :

$$\frac{x + 13}{10} : x + 1,3 = 0,165 ;$$

d'où : $x + 13 : 10x + 13 = 0,165 ;$

d'où : $x + 13 = 0,165 \times 10\,x + 0,165 \times 13 ;$

d'où : $(x + 13)\,1\,000 = 1\,650 \times x + 165 \times 13 ;$

d'où : $(1\,000 - 165)\,13 = (1\,650 - 1\,000)\,x :$

d'où : $x = \dfrac{835 \times 13}{650} = \dfrac{835}{50} = 16^{Kg},7.$

---

109. — On a un mélange d'eau et de sel qui contient $\frac{3}{40}$ de sel; le tout pèse 348 kilogrammes. On veut y ajouter de l'eau de façon à obtenir un nouveau mélange qui ne contienne plus que ses $\frac{5}{100}$ de sel. On demande le nombre de litres d'eau qu'on a dû ajouter au mélange primitif.

(Périgueux. — Aspirantes, mars 1871.)

Solutions.

1ʳᵉ *Solution.* — On a quantité de sel

$$= 348 \times \frac{3}{40} = 26^{Kg},1.$$

Puisqu'on n'ajoute que de l'eau, la quantité de sel ne variant pas et étant les $\dfrac{5}{100}$ ou le 20ᵉ du nouveau poids total, on a : poids total, après addition d'eau :

$$26^{Kg},1 \times 20 = 522 \text{ kilogrammes.}$$

D'où on a ajouté $522^{Kg} - 348 = 174$ kilogrammes d'eau, ou 174 litres d'eau.

2e *Solution.* — Soit A la quantité d'eau ajoutée; on aura : poids total $=$ A $+$ 348; donc, puisque la quantité de sel ne varie pas, on peut poser :

$$A + 348 = 20 \times 26^{Kg},1 ;$$

d'où :
$$A = 522 - 348 = 174^{Kg},$$

ou 174 litres d'eau.

110. — La moutarde blanche rend 32 p. % d'huile et la moutarde noire 16 p. % seulement. Dans une fabrique, on a obtenu avec 3 220 kilogrammes de grain des deux espèces $755^{Kg},2$ d'huile. Combien a-t-on employé de kilogrammes de graine de chaque espèce, et combien y avait-il de kilogrammes d'huile de l'une et de l'autre ?

(Brevet simple.)

Solutions.

1re *Solution.* — Si on avait employé 3 220 kilogrammes de moutarde blanche, on aurait obtenu :

$$32,20 \times 32 = 1\,030^{Kg},4 \text{ d'huile,}$$

c'est-à-dire $1\,030,4 - 755,2 = 275^{Kg},2$ en plus. Or, chaque fois qu'on remplacera 100 kilogrammes de moutarde blanche par 100 kilogrammes de moutarde noire, le rendement d'huile sera diminué de $32 - 16 = 16$ kilogrammes.

Donc, si le premier excédant était 16 kilogrammes, on aurait moutarde noire . . . . 100 kilogrammes.

Et s'il est de 275,2 . . . . on aura :

$$\text{moutarde noire.} \quad . \quad . \quad . \quad . \quad \frac{100 \times 275,2}{16} = 1\,720.$$

D'où moutarde noire. . . . . . . $1\,720^{\text{ Kg}}.$ }
Et moutarde blanche. . . . . . . $1\,500^{\text{ Kg}}.$ } $3\,220.$

2e *Solution.* — Soit x quantité de moutarde noire, on aura moutarde blanche : $3\,220 - x$; d'où :

$$(3\,220 - x) \times \frac{32}{100} + x \times \frac{16}{100} = 755,2 ;$$

ou :
$$(3\,220 - x) \times 32 + x \times 16 = 75\,520 ;$$

d'où : $$3\,220 \times 52 - 75\,520 = 16 \times x;$$

$$x = \frac{27\,520}{17} = 1\,720 \text{ kilogrammes.}$$

111. — On a trois tonneaux. Dans le 1er, il y a 360 litres dont les $\frac{2}{3}$ sont à $0^f,45$, et le reste à $0^f,30$. Dans le 2e, il y a 600 litres dont les $\frac{5}{6}$ sont à $0^f,45$ et le reste à $0^f,70$. Dans le 3e, il y a 400 litres dont les $\frac{3}{4}$ sont à $0^f,75$ et le reste à $0^f,55$. On veut faire un mélange de 520 litres à $0^f,50$. On demande la quantité qu'il faut prendre dans chaque tonneau, avec cette condition qu'on prendra 4 fois plus dans le 2e tonneau que dans le 1er ? (Aspirants, brevet complet.)

Solutions.

1e *Solution*...   Valeur de 360 lit. (1er tonneau) $\begin{cases} 360 \times \frac{2}{3} \times 0{,}45 = 108^f \\ 360 \times \frac{1}{3} \times 0{,}70 = 36^f \end{cases} \Big\} 144 \text{ fr.}$

Valeur de 600 lit. (2e tonneau) $\begin{cases} 600 \times \frac{5}{6} \times 0{,}45 = 225^f \\ 600 \times \frac{1}{6} \times 0{,}70 = 70^f \end{cases} \Big\} 295 \text{ fr.}$

Valeur de 400 lit. (3e tonneau) $\begin{cases} 400 \times \frac{3}{4} \times 0{,}75 = 225^f \\ 400 \times \frac{1}{4} \times 0{,}55 = 55^f \end{cases} \Big\} 280 \text{ fr.}$

D'où :   Prix du lit. (1er tonneau) $= \dfrac{144}{360} = \dfrac{48}{120}$.

Prix du lit. (2e tonneau) $= \dfrac{295}{600} = \dfrac{59}{120}$.

Prix du lit. (3e tonneau) $= \dfrac{280}{400} = \dfrac{84}{120}$.

Le prix moyen étant $\dfrac{50}{100}$ ou $\dfrac{1}{2}$ sera égal à $0^f,50$ ou $\dfrac{60}{120}$.

En vendant $\dfrac{60}{120}$ fr. un litre de vin qui ne coûte que $\dfrac{48}{120}$ fr., on gagne $\dfrac{12}{120}$ fr.

En vendant $\dfrac{60}{120}$ fr. un litre de vin qui coûte $\dfrac{84}{120}$ fr., on perd $\dfrac{24}{120}$.

Et comme le gain doit égaler la perte on prendra, au 1er prix, $\dfrac{24}{120} : \dfrac{12}{120}$, ou 2 litres pour 1 litre au 3e prix.

En vendant $\dfrac{60}{120}$, fr. 1 litre de vin qui ne coûte que $\dfrac{59}{120}$ fr., ou gagne $\dfrac{1}{120}$ fr.

En vendant $\dfrac{60}{120}$ fr. 1 litre de vin qui coûte $\dfrac{84}{120}$ fr., on perd $\dfrac{24}{120}$ fr.

Et comme le gain doit égaler la perte, on prendra $\dfrac{24}{120} : \dfrac{1}{120}$ ou 24 litres du 2e prix pour 1 litre du 3e.

Mais on veut avoir au 2e prix 4 fois plus qu'au 1er ou 2×4; par conséquent, on prendra au 3e prix $\dfrac{1}{3}$.

D'où :

1er prix. . . . . . . 2 lit.
2e prix. . . . . . . 8 lit.
3e prix. . . . . $1 + \dfrac{1}{3} = \dfrac{4}{3}$

1er prix. 6;
2e prix. 24;
3e prix. 4;

ou enfin :

1er prix. 3;
2e prix. 12;
3e prix. 2;

Donc pour 17 litres on aurait 1er prix : 3; 2^e prix : 12; 3^e prix : 2.

Et pour 520 litres on aura

$$1^{er}\ \dfrac{3 \times 520}{17}; \quad 2^e\ \dfrac{12 \times 520}{17}; \quad 3^e\ \dfrac{2 \times 520}{17}.$$

Calculs faits :

$$\text{1}^{er}\ \text{prix} \ldots \ldots \quad 91\frac{13}{17};$$

$$\text{2}^{e}\ \text{prix} \ldots \ldots \quad 367\frac{1}{17};$$

$$\text{3}^{e}\ \text{prix} \ldots \ldots \quad 61\frac{3}{17}.$$

$$\text{Total égal} \ldots \ldots \quad \overline{520\ \text{litres.}}$$

2° *Solution.* — Soit A la quantité de litres qu'on prend du 1er tonneau ; A $\times$ 4 sera celle qu'on prend du 2e et 520 — A $\times$ 5 sera le nombre de litres pris dans le 3e tonneau.

D'après cela, on aura :

$$\text{A} \times \frac{48}{120}\ (\text{voir solution précédente, même problème})$$

$$+ 4\,\text{A} \times \frac{59}{120} + (520 - \text{A} \times 5) \times \frac{84}{120} = 520 \times \frac{60}{120},$$

ou bien, multipliant le tout par 120 :

$$\text{A} \times 48 + \text{A} \times 4 \times 59 + (520 - \text{A} \times 5) \times 84 = 520 \times 60;$$

d'où : $\text{A} \times (5 \times 84 - 48 + 4 \times 59) = 520 \times (84 - 60);$

d'où : $\text{A} \times 136 = 520 \times 24;$

d'où : $\text{A} = \dfrac{520 \times 24}{136} = \dfrac{520 \times 3}{17} = 91\frac{13}{17}.$

$$
\textit{Réponses...} \left\{
\begin{array}{l}
\text{1}^{er}\ \text{tonneau} \ldots \quad 91\ \text{lit.}\ \frac{13}{17} \\[2ex]
\text{On prendra 2}^{e}\ \text{tonneau} \ldots \quad 367\ \text{lit.}\ \frac{1}{17} \\[2ex]
\text{3}^{e}\ \text{tonneau} \ldots \quad 61\ \text{lit.}\ \frac{3}{17}
\end{array}
\right.
$$

112. — Quel est le poids de l'or fin contenu dans une somme de 3450 fr., et quel est le volume de cet or (en centimètres cubes) ? On sait que 15 pièces de 20 fr. pèsent 1 kilogramme et que le rapport du poids de l'or fin au poids d'un égal volume d'eau est 19,26.

5.

Solution.

Poids de 3100 fr. (or). . . . 1000 grammes.

Poids de 3450 fr. (or). . . . $\dfrac{1000 \times 3450}{3100}$.

Poids or pur . . . . $\dfrac{1000 \times 3450 \times 9}{3100 \times 10} = 1001^{g},612$.

D'où volume de $1001^{g},612$ (or) $= \dfrac{1001,612}{19,26} = 52^{cmc},018$.

---

113. — Un objet en or, au titre de 0,750, pèse 150 grammes ; quel serait le prix de cet objet au change des monnaies ? On sait qu'au change des monnaies on ne paye que l'or pur contenu dans l'objet vendu. L'or monnayé vaut, à poids égal, les $\frac{31}{2}$ de la valeur de l'argent monnayé, et le prix de fabrication de 1 kilogramme d'or monnayé est de $6^{f},70$.

(Brevet complet, aspirants.)

Solution.

Cet objet contient : $150^{g} \times 0,75 = 112^{g},50$ d'or pur.

Valeur de 900^{g} or pur au change des monnaies :
$$3100^{f} - 6^{f},70 = 3093^{f},30.$$

Valeur de $112^{g},50$ or pur au change des monnaies :

$$\dfrac{3093^{f},30 \times 112,5}{900} = 386^{f},66.$$

---

114. — On fond ensemble 3 lingots d'argent :

le 1er au titre de 0,887 pèse $2^{Kg},826$,
le 2e   —   0,920   — $1^{Kg},812$;
le 3e   —   0,842   — $3^{Kg},248$.

On demande quel sera le titre ou la proportion d'argent pur de l'alliage obtenu.

(Brevet simple, aspirants.)

Solution.

1er lingot 2^{Kg},826 contient 2^{Kg},826 $\times$ 0,887 $=$ 2^{Kg},506 662 (argent pur.)
2e — 1^{Kg},812 — 1^{Kg},812 $\times$ 0,92 $=$ 1^{Kg},667 040 —
3e — 3^{Kg},248 — 3^{Kg},248 $\times$ 0,842 $=$ 2^{Kg},734 816 —
Total. 7 ^{Kg},886 contiennent. . . . . . . 6^{Kg},908 518 —

$$\text{D'où titre} = \frac{6,908\,518}{7,886} = 0,876.$$

115. — On a du vin à 0^f,90 et à 0^f,40 le litre. Combien faut-il en prendre de chaque espèce pour en faire 2 hectol. de mélange qu'on puisse revendre 0^f,50 le litre ?

(Aspirants, brevet simple.)

Solutions.

1re *Solution*. — En vendant 0^f,50 un litre de vin qui coûte 0^f,90, on perd évidemment 0^f,40.

En vendant 0^f,50 un litre de vin qui ne coûte que 0^f,40, on gagne évidemment 0^f,10.

Mais, pour qu'il y ait compensation, on doit gagner 0^f,40 ; donc, pour 1 litre à 0^f,90, on prendra $\dfrac{0,40}{0,10} = 4$ litres à 0^f,40.

D'où :

Pour 5 litres de mélange, on aura 1 litre à 0^f,90 et 4 litres à 0^f,40.

Et pour 200 litres de mélange on aura :

$$\frac{1 \times 200}{5} \text{ à } 0^f\text{,90 et } \frac{4 \times 200}{5}.$$

Calculs faits. . . . . . 40 litres. . . . 160 litres.

On peut encore dire : Si on vendait à 0^f,50 le litre les 200 litres qui coûteraient chacun 0^f,90, on perdrait évidemment :

$$0,40 \times 200 = 80 \text{ fr.} ;$$

Mais, chaque fois qu'on remplacera 1 litre à 0^f,90 par 1 litre à 0^f,40, on gagnera 0^f,90 $-$ 0,40 $=$ 0,50, et puisqu'on doit gagner 80 fr., il y aura lieu de remplacer $\dfrac{80}{0,5} = 160$ lit. à 0^f,90 par 160 litres à 0^f,40.

2e *Solution.* — Soit A la quantité de litres qu'on prend à 0^f,90, on prendra 200 — A à 0^f,40, et l'on aura :

$$0,90 \times A + 0,40 \times (200 - A) = 0^f,50 \times 200 ;$$

d'où : $(0^f,90 - 0^f,40) \times A = (0^f,50 - 0^f,40)\,200 ;$

d'où : $A = \dfrac{20}{0,5} = 40$ litres;

et $200 - A = \ldots\ 160$ litres.

116. — Avec 1 kilogramme d'or au titre de 0,9, on peut fabriquer 155 pièces de 20 fr. Sachant que l'or pur pèse 19 fois plus que l'eau à volume égal, on demande de calculer le volume de l'or pur qu'il faudrait employer pour fabriquer des pièces de 20 fr., représentant une valeur de 5 milliards.

(Brevet du 1er ordre, aspirantes.)

Solution.

Nombre de pièces de 20 fr. dans 5 milliards :

$$\frac{5\,000\,000\,000}{20} = 250\,000\,000.$$

155 pièces de 20 fr. contiennent 900 grammes d'or pur;

250 000 000 de pièces de 20 fr. contiendront :

$$\frac{900 \times 250\,000\,000}{155} = 1\,451\,612^{Kg},903.$$

D'où :

volume de $1\,451\,612^{Kg},903$ $\dfrac{1\,451\,612,903}{19} = 76^{mc},400\,679.$

Réponse... $76^{mc},400\,679\ldots$

117. — On a 120 hectolitres de vin à 60 fr. l'hectolitre. On demande combien il faudra y ajouter de vin à 44 fr. pour faire un mélange valant 50 fr. l'hectolitre ?

(Aspirantes, brevet 1er ordre.)

Solutions.

1re *Solution.* — En vendant 5o fr. un hectolitre de vin qui coûte 6o fr., on perd évidemment 1o fr., et en en vendant 12o, on perdra 1o $\times$ 12o $=$ 1 2oo fr.

En vendant 5o fr. un hectolitre de vin qui ne coûte que 44 fr., on gagne évidemment 6 fr. ; or, pour qu'il y ait compensation, on doit gagner 1 2oo fr. ; donc on ajoutera :

$$\frac{1\,2oo}{6} = 2oo \text{ hectolitres de vin à } 44 \text{ fr.}$$

2e *Solution.* — Soit A la quantité de vin à 44 fr. que l'on désire ajouter, on aura un mélange de 12o $+$ A hectolitres ;

d'où :
$$6o^{\text{f}} \times 12o + 44^{\text{f}} \times A = (12o + A) ;$$

ou :
$$(6o - 5o) \times 12o = (5o - 44) \times A ;$$

d'où :
$$A = \frac{1\,2oo}{6} = 2oo.$$

$$\text{Réponses...} \begin{cases} \text{Au 1}^{\text{er}} \text{ prix.} \ldots \ldots & 120 \text{ hectolitres.} \\ \text{Au 2}^{\text{e}} \text{ prix.} \ldots \ldots & \underline{200 \qquad —} \\ \text{Total} \ldots \ldots & 32o \qquad — \end{cases}$$

118. — Combien faut-il ajouter d'or pur à 136 grammes d'un alliage d'or et de cuivre dont le titre est 0,845 pour porter l'alliage au titre de 0,900 ?

(Dijon. — Brevet complet, aspirants.)

Solutions.

1re *Solution.* — L'unité en poids, 1 gramme par exemple, d'un lingot d'or pur contient en plus 1 ooo — 9oo $=$ 1oo milligrammes ; un gramme d'un lingot d'or au titre de o,845 contient en moins o,9oo — o,845 $=$ 55 milligrammes, et 136 grammes de ce dernier lingot contiendront en moins :

$$55 \times 136 = 7^{\text{g}},48o.$$

Or, comme il doit y avoir compensation, on ajoutera :

$$\frac{748o}{1oo} = 74^{\text{g}},8 \text{ d'or pur.}$$

2ᵉ Solution. — Soit A la quantité d'or pur que l'on doit ajouter, le poids total de l'alliage sera 136 + A, et l'on aura :

$$A + 136 \times 0{,}845 = (136 + A) \times 0{,}900 ;$$

$$A \times (1 - 0{,}9) = (0{,}900 - 0{,}845) \times 136 ;$$

$$\text{d'où} : A = \frac{136 \times 0{,}055}{0{,}1} = 74^{g}, 8$$

119. — Un négociant veut composer un mélange de 3 sortes de café qu'il vendra 2ᶠ,75 le kilog. en faisant sur le prix de revient un bénéfice de 25 p. %. Il a en magasin 350 kilog. d'une espèce qu'il a payée, il y a plus d'un an, 175 fr. les 100 kilog. et qu'il estime avoir acquis 12 p. % de plus de valeur par suite du déchet de la marchandise et de l'intérêt de ses avances; il les emploiera concurremment avec des poids inconnus de deux autres qualités, valant l'une 2ᶠ,80 et l'autre 2ᶠ,20 le kilog., et entrant dans le mélange, la 1ʳᵉ pour une part et la 2ᵉ pour deux. On propose de trouver ces poids.

(Brevet du 1ᵉʳ ordre, aspirantes. — Perpignan.)

Solutions.

Valeur d'un kilog. café :

(prix de vente avec bénéfice de 25 p. %) . . . .   2ᶠ,75.

(prix de vente sans bénéfice). . . . $\dfrac{2{,}75 \times 4}{5} = 2^{f}{,}20.$

Valeur de 350 kilog. de café à 1ᶠ,75 :

(prix d'achat). . . . . . . $1{,}75 \times 350 = 612^{f}{,}5.$

Valeur, un an après . . $\dfrac{112 \times 612{,}5}{100} = 686 \text{ fr.}$

D'où valeur de 1 kilog. (même espèce) $\dfrac{686}{350} = $ . . .   1ᶠ,96.

1ʳᵉ Solution. — En vendant 2ᶠ,20, 1 kilog. de café qui ne coûte que 1ᶠ,96, on gagne 2,20 − 1,96 = 0ᶠ,24; en en vendant 350, on gagnera 0ᶠ,24 × 350 = 84 fr.

En vendant 2ᶠ,20, 1 kilog. café qui coûte 2ᶠ,80, on perd :

$$2{,}80 - 2{,}20 = 0{,}60.$$

En vendant 2^f,20, 2 kilog. café qui coûtent 2^f,20, il n'y a ni perte ni gain.

Donc on prendra au prix précédent $\dfrac{84}{0,6} = 140$ kilog.

Donc on aura :

Au 1er prix . . . . 350 kilog. à 1^f,96, ci . . . . . 686 fr.
Au 2e prix . . . . 140 kilog. à 2^f,80, ci . . . . . 392 fr.
Au 3e prix . . . . 280 kilog. à 2^f,20, ci . . . . . 616 fr.

Total au prix moyen 770 kilog. à 2^f,20, ci . . . . . 1694 fr.

2e *Solution.* — Soit A la quantité qu'on prend au 2e prix,
on aura A $\times$ 2 — au 3e prix.

d'où :

$1,96 \times 350 + 2^f,80 \times A + 2^f,20 \times A \times 2 = (350 + A \times 3) \times 2^f,20;$

d'où : $(2^f,80 + 4^f,40 - 6,60) \times A = (2,20 - 1,96) \times 350;$

d'où : $0,60 \times A = 0^f,24 \times 350;$

d'où : $A = \dfrac{84}{0,6} = 140$ kilog.

$$\textit{Réponses...}\begin{cases} \text{Au 1}^{er}\text{ prix. . . . . . . 350 kilog.} \\ \text{Au 2}^{e}\text{ prix. . . . . . . 140 kilog.} \\ \text{Au 3}^{c}\text{ prix. . . . . . . 280 kilog.} \end{cases}$$

RÈGLE DE L'ÉCHÉANCE COMMUNE.

120. — Le détenteur de 2 billets à ordre du même souscripteur échange ces deux effets contre un seul de 980 fr. à 115 jours de date. La somme des valeurs nominales des deux premiers billets est égale à la valeur nominale du dernier; il en est de même pour les valeurs actuelles. On demande les valeurs nominales des deux premiers billets, sachant que l'un était à 91 jours et l'autre à 147.

(Brevet complet. — Dordogne.)

Solutions.

1re *Solution.* — Le 1er billet est payé 115 — 91 = 24 jours avant l'échéance ;

Le 2e billet est payé $147 - 115 = 32$ jours après l'échéance ;

Donc l'intérêt du 1er billet pendant 24 jours est égal à celui du 2e pendant 32 jours; ou l'intérêt du 1er pendant 3 jours est égal à celui du 2e pendant 4 jours; donc le 1er billet est les $\frac{4}{3}$ du second.

D'où :

Si la somme était 7 fr., on aurait 1er 4 fr. et 2e 3 fr.

— 1 fr., — 1er $\frac{4}{7}$ fr. et 2^e $\frac{3}{7}$ fr.

Et si elle est 980 fr., on aura : $\dfrac{4 \times 980}{7}$ et $\dfrac{3 \times 980}{7}$.

Calculs faits. . . . . . . 560 fr.   420 fr.

2e *Solution*. — Soit A le 1er billet ; $980 - A$ sera le 2e, et l'on aura :

$$980 \times 115 = A \times 91 + (980 - A)\,147;$$

d'où : $\quad 980 \times (147 - 115) = A \times (147 - 91);$

d'où : $\quad A \times 56 = 980 \times 32; \text{ et } A = \dfrac{980 \times 32}{56} = 560 \text{ fr.}$

121. — Une personne a souscrit 3 billets à un même créancier ; le 1er qui est de 450 fr. est payable dans 50 jours; le 2e de 785 fr. est payable dans 120 jours et le 3e de 10 065 fr. est payable dans 60 jours. Cette personne convient avec son créancier de remplacer ces billets par un seul, payable dans un certain temps. On demande quelle devra être cette échéance, sachant que la valeur nominale de ce billet est égale à la somme des valeurs nominales des 3 billets remplacés.

(Brevet du 1er ordre.)

Solution.

Le 1er billet de 450 fr. produit dans 50 j.	le même intérêt que $450 \times 50 =$	22 500 fr. dans 1 j.
Le 2e billet de 785 fr. produit dans 120 j.	le même intérêt que $785 \times 120 =$	94 200 fr. dans 1 j.
Le 3e billet de 10 065 fr. produit dans 60 j.	le même intérêt que $10 065 \times 60 =$	603 900 fr. dans 1 j.
Total. . . . 11 300 fr.	Total.	720 600 fr.

Donc, pour rapporter un certain intérêt, 720 600 fr. doivent rester placés pendant 1 jour.

Donc, pour rapporter le même intérêt, 11 300 fr. devront rester placés pendant $\dfrac{1 \times 720\,600}{11\,300}$.

Calculs faits, on a :

$$\textit{Réponse...} \ 63 \ \text{jours} \frac{87}{113}.$$

122. — Une personne achète 1 350 kilog. de pétrole épuré à 105^f,40 les 100 kilog. payables dans 6 mois. Il a la faculté de faire des avances de payement à raison de 7 p. %₀ d'escompte par an. Quinze jours après cet achat, il donne 800 fr., puis 580 fr. pour solde quelque temps après. Quel temps s'est-il écoulé entre les deux payements ?

(Brevet complet.)

Solution.

Valeur de 1 350 kilog. à 105^f,40 les 100 kilog. :

$$1,054 \times 1\,350 = 1\,422^f,90.$$

Si cette personne avait tout payé au moment où elle donne le 1er à-compte, c'est-à-dire 5 mois $\frac{1}{2}$ avant l'échéance, la somme à débourser aurait été déterminée ainsi qu'il suit (l'escompte étant en dehors) :

100 fr. rapportent pendant 5 mois $\frac{1}{2}$ . . . $\dfrac{7 \times 5,5}{12}$;

100 fr. sont donc réduits à $100 - \dfrac{7 \times 5,5}{12} = \dfrac{1\,161,5}{12}$.

Et 1 422^f,90 seront réduits à : $\dfrac{1\,161,5 \times 1\,422^f,90}{1\,200} = 1\,377^f,24.$

Elle aurait donc donné. . . . . 1 377^f,24.

Elle fait un à-compte de . . . . 800^f, ».

Resterait à payer tout de suite. . . . . 577^f,24.

Donc 580 — 577^f,24 = 2^f,76 représentent l'intérêt de 580 fr. (escompte en dehors) pendant le temps cherché :

114   SOLUTIONS RAISONNÉES.

Nous aurons (voir *Intérêts simples*, pages 17 et 18) :

$$\text{temps cherché} = \frac{100 \times 2,76 \times 360}{580 \times 7} = 24 \text{ jours.}$$

123. — Une personne a souscrit un billet de 3 000 fr. payable dans 1 mois, et un autre payable dans 2 mois $\frac{1}{2}$ de 2 500 fr. Elle voudrait les remplacer par un billet unique payable dans 2 mois. Quelle doit être la somme énoncée sur ce billet, l'escompte étant de 6 p. % ?

(Brevet complet, aspirants.)

Solution.

Le 1er billet étant payable dans 1 mois, et n'étant payé que 1 mois plus tard, portera intérêt pendant 1 mois et augmentera par conséquent de ses $\frac{6 \times 1}{100 \times 12}$ ou de son $\frac{1}{200}$;

sa valeur sera donc : $3\,000 + \frac{3\,000}{200} = 3\,015$ fr.

Le 2e billet étant payable dans 2 mois $\frac{1}{2}$, et étant payé 15 jours avant son échéance, sera donc diminué de ses :
$\frac{6 \times \frac{1}{2}}{100 \times 12}$ ou de son $\frac{1}{400}$; sa valeur sera donc :

$$2\,500 - \frac{2\,500}{400} = 2\,493^{\text{f}},75.$$

Total. . .$(3\,015 + 5\,493^{\text{f}},75) = $ . . . . . $5\,508^{\text{f}},75.$

Réponse.

La somme énoncée sur ce billet sera égale à $5\,508^{\text{f}},75.$

124. — On a loué un appartement au prix annuel de 900 fr. payables par trimestres échus. Le propriétaire laisse en outre à son locataire la faculté de s'acquitter en une seule fois, soit au commencement de l'année, soit à la fin, soit à une tout autre époque de l'année, en retenant l'intérêt de la partie déjà due, et en prélevant l'escompte commercial 5 p. % de la partie qui ne l'est pas encore. On demande, d'après cela : 1° la somme que le locataire devra payer au commencement de l'année ; 2° la somme qu'il devrait payer à la fin, et 3° la date du jour de l'année où il devrait payer 900 fr. juste ?

(Aspirants au brevet complet.)

·Solution.

1° La somme qu'il devrait payer au commencement de l'année sera déterminée ainsi qu'il suit :

Part trimestrielle $\dfrac{900}{4} = 225$ fr.

Le locataire payant au commencement de l'année bénéficiera :

Pour le 1er trimestre, de l'intérêt de 225 fr. pendant 3 mois, intérêt égal aux $\dfrac{5 \times 3}{100 \times 12}$ de 225 fr., ci . . . . . $5 \times 3 \times \dfrac{1}{1\,200}$;

Pour le 2e trimestre, de l'intérêt de 225 fr. pendant 6 mois, intérêt égal aux $\dfrac{5 \times 6}{100 \times 12}$ de 225 fr., ci . . . . . $5 \times 6 \times \dfrac{1}{1\,200}$;

Pour le 3e trimestre, de l'intérêt de 225 fr. pendant 9 mois, intérêt égal aux $\dfrac{5 \times 9}{100 \times 12}$ de 225 fr., ci . . . . . $5 \times 9 \times \dfrac{1}{1\,200}$;

Pour le 4e trimestre, de l'intérêt de 225 fr. pendant 12 mois, intérêt égal aux $\dfrac{5 \times 12}{100 \times 12}$ de 225 fr., ci . . . . $5 \times 12 \times \dfrac{1}{1\,200}$.

Il bénéficiera donc en tout des $(3 + 6 + 9 + 12) \times \dfrac{5}{1\,200}$

le 225 fr. ou du $\dfrac{1}{8}$ de 225 fr., ou enfin de $\dfrac{225}{8} = 28^f,125$.

Donc il payera au commencement de l'année :

$$900^f - 28^f,125 = 871^f,875.$$

2° La somme qu'il devra payer à la fin de l'année sera déterminée ainsi qu'il suit :

payant à la fin de l'année perdra :

Pour le 1er trimestre, l'intérêt de 225 fr. pendant 9 mois égal aux $\dfrac{5 \times 9}{100 \times 12}$ de 225 fr., ci . . . . $5 \times 9 \times \dfrac{1}{1\,200}$;

Pour le 2e trimestre, l'intérêt de 225 fr. pendant 6 mois égal aux $\dfrac{5 \times 6}{100 \times 12}$ de 225 fr., ci . . . . $5 \times 6 \times \dfrac{1}{1\,200}$;

Pour le 3e trimestre, l'intérêt de 225 fr. pendant 3 mois égal aux $\dfrac{5 \times 3}{100 \times 12}$ de 225 fr., ci . . . . $5 \times 3 \times \dfrac{1}{1\,200}$;

Pour le 4e trimestre, payable à la fin de l'année, un intérêt nul.

Il perdra donc en tout les $(9 + 6 + 3) \times \dfrac{5}{1\,200}$ de 225 fr.,

u les $\dfrac{3}{40}$ de 225 fr., ou $\dfrac{675}{40} = 16^f,875$.

Donc il payera à la fin de l'année :

$$900^f + 16^f,875 = 916^f,875.$$

3°   225 fr. dans   3 mois $\left\{ \begin{array}{l} \text{produisent le même intérêt} \\ \text{que celui de } 225 \times 3 = \end{array} \right.$ ...   675 fr. dans 1 mois.

     225 fr. dans   6 mois $\left\{ \begin{array}{l} \text{produisent le même intérêt} \\ \text{que celui de } 225 \times 6 = \end{array} \right.$ ... 1 350 fr.   —

     225 fr. dans   9 mois $\left\{ \begin{array}{l} \text{produisent le même intérêt} \\ \text{que celui de } 225 \times 9 = \end{array} \right.$ ... 2 025 fr.   —

     225 fr. dans 12 mois $\left\{ \begin{array}{l} \text{produisent le même intérêt} \\ \text{que celui de } 225 \times 12 = \end{array} \right.$ ... 2 700 fr.   —

Tot. $\overline{900}$ fr.   Total. . . $\overline{6\,750}$ fr.

Donc, pour rapporter un certain intérêt, 6 750 fr. doivent rester placés pendant 1 mois.

Donc, pour rapporter le même intérêt, 900 fr. devront rester placés pendant $\dfrac{6\,750}{900} = 7^m \dfrac{1}{2}$.

Donc le locataire devra payer 900 fr. juste au bout de 7 mois $\dfrac{1}{2}$, c'est-à-dire le 15 août.

$$\text{Réponses...} \left\{ \begin{array}{ll} 1° & 871^f,875 ; \\ 2° & 916^f,875 ; \\ 3° & \text{Le 15 août de la même année.} \end{array} \right.$$

125. — Un marchand a acheté des marchandises pour 3 000 fr. payables dans 15 mois : 3 mois après, il propose à son créancier de lui faire immédiatement une avance de 800 fr. Cette proposition étant acceptée, le marchand désire savoir pendant combien de temps, au delà des 15 mois convenus, il pourra garder le reste sans payer d'intérêt.

Solutions.

1re *Solution*. — Le marchand, payant 800 fr. 12 mois avant l'échéance, perd évidemment l'intérêt de 800 fr. pendant 12 mois, intérêt égal à celui de 3 000 — 800 = 2 200 fr. pendant un certain temps au delà des 15 mois. Si 800 fr. doivent rester placés pendant 12 mois pour rapporter cet intérêt, 1 fr. restera placé pendant 12×800 et 2 200 fr. produiront le même intérêt dans :

$$\frac{12 \times 800}{2\,200} = \frac{6 \times 8}{11} = 4 \text{ mois } \frac{4}{11}.$$

2° *Solution.* — Ce marchand, ne devant payer la somme totale 3 000 fr. que dans 15 mois, jouira donc de l'intérêt de 3 000 francs pendant 15 mois, intérêt égal à celui de $3\,000 \times 15 = 45\,000$ fr. pendant 1 mois.

Puisqu'il paye 800 fr. dans 3 mois, il a donc joui de l'intérêt de 800 fr. pendant 3 mois, intérêt égal à celui de $800 \times 3 = 2\,400$ fr. pendant 1 mois ; donc il doit bénéficier encore de l'intérêt de 2 200 fr. pendant un certain temps, intérêt égal à celui de $45\,000^{\text{f}} - 2\,400^{\text{f}} = 42\,600$ fr. pendant 1 mois.

Pour produire ce intérêt, 42 600 fr. restent placés pendant 1 mois.

Pour produire cet intérêt, 2 200 fr. resteront placés pendant :

$$\frac{42\,600 \times 1}{2\,200} = 19 \text{ mois } \frac{4}{11}.$$

Donc le marchand pourra garder le reste, après les 15 mois, pendant :

$$19 \text{ mois } \frac{4}{11} - 15 = 4 \text{ mois } \frac{4}{11}.$$

126. — Un négociant qui se trouve détenteur de deux billets, l'un de 400 fr. payable dans 6 mois, l'autre de 600 fr. payable dans 8 mois, achète pour 1 500 fr. de marchandises payables dans 5 mois. Pour se libérer, il donne à son créancier les 2 billets dont il est porteur et solde le reste en souscrivant un billet de 500 fr. Quelle sera l'échéance de ce dernier billet ?

(Brevet complet, aspirants. — Metz.)

Solution.

Si le négociant paye dans 5 mois le 1er billet, qui n'est payable que dans 6 mois, il perd l'intérêt de 400 fr. pendant 1 mois.

Le 2ᵉ billet étant également payé dans 5 mois produira pour le négociant une perte de l'intérêt de 600 fr. pendant 3 mois, intérêt égal à celui de $600 \times 3 = 1\,800$ fr. pendant 1 mois.

Donc le négociant perdra en tout l'intérêt de :

$$1\,800^f + 400^f = 2\,200^f$$

pendant 1 mois. Afin qu'il y ait compensation, l'échéance du reste 500 fr. sera telle que l'intérêt de cette somme pendant le temps cherché soit égal à celui de 2 200 fr. pendant 1 mois.

D'où 2 200 fr. doivent rester placés pendant 1 mois pour rapporter cet intérêt.

Et 500 fr. devront restés placés pendant :

$$\frac{2\,200 \times 1}{500} = 4 \text{ mois } \frac{2}{5} \text{ pour rapporter cet intérêt.}$$

127. — On a acheté pour 8 400 fr. de marchandises à 14 mois de crédit : on veut se libérer en souscrivant 3 billets égaux entre eux et payables à des termes équidistants. Déterminer chacune des échéances, sachant que la somme des 3 billets est égale à 8 400 fr.

Solution.

Puisque les billets sont égaux entre eux, pour qu'ils soient payables à des termes équidistants, il faut évidemment que l'un d'eux soit payable dans 14 mois, c'est-à-dire à l'échéance ; chacun des deux autres sera donc payable avant et après l'échéance à des termes équidistants.

Ainsi $\dfrac{8\,400}{3} = 2\,600$ fr. sera payable dans 14 mois.

Et 2 600 fr. dans $14 - 1 - 2 - 3 \ldots$ mois, si l'on veut.

Et par conséquent 2 600 fr. (3ᵉ billet) sera également payable dans $14 + 1 + 2 + 3 \ldots$ mois.

D'où l'on voit que le problème admettra un nombre quelconque de solutions.

RENTES SUR L'ÉTAT, ACTIONS ET OBLIGATIONS.

128. — Les obligations 4 p. % au porteur de la ville de Paris, emprunt 1865, produisant 20 fr. de revenu annuel, ont été émises au prix de 450 fr. Elles ont valu à la Bourse à une certaine époque 522 fr. ; aujourd'hui elles ne valent plus que 470 fr. On demande : 1° à quel taux réel a placé son argent une personne qui a souscrit à cet emprunt ; 2° ce qu'elle gagnerait p. %, en revendant ses titres aujourd'hui; 3° ce qu'elle aurait gagné si elle avait vendu lorsque les obligations valaient 522 fr.

(École normale de la Seine, admission.)

Solution.

1° 450 fr. rapportent 20 fr. par an.

Et 100 fr. rapporteront $\dfrac{20 \times 100}{450} = \dfrac{40}{9} = 4^{\text{f}}\dfrac{4}{9}$.

2° Cette personne gagne aujourd'hui en revendant ses titres :

$$470^{\text{f}} - 450^{\text{f}} = 20 \text{ fr. par obligation.}$$

3° Elle aurait gagné en les revendant au cours de 522 fr. :

$$522^{\text{f}} - 450 = 72 \text{ fr. par obligation.}$$

129. — Un terrain de la contenance de 16 hectares 80 centiares a été vendu à raison de 1^{f},75 le mètre carré, et le prix en a été placé en rentes 5 p. % au cours de 98^{f},50. Sachant que ce terrain était loué 11 000 fr., trouver le taux de l'augmentation de revenu que le propriétaire s'est procuré par son opération.

(Brevet du 2e ordre, aspirantes.)

Solution.

Valeur de 16^{Ha},0080 à 1^{f},75 le mètre carré :

$$1,75 \times 160\,080 = 280\,140 \text{ fr.}$$

Achat rente :

98^f,5 rappo rtent :

      5 fr. (nous ne tenons pas compte du courtage).

Et 280 140 fr. rapporteront :

$$\frac{5 \times 280\,140}{98,5} = 14\,220^f,30, \text{ci.} \ldots\ldots\ldots 14\,220^f,30.$$

Ce terrain était loué. . . . . 11 000^f

     Augmentation du revenu . . . . . . 3 220^f,30.

Taux de l'augmentation :

Sur 280 140 fr. on a, augmentation : 3 220^f,30.

Et sur 100 fr. on aura, augmentation : $\dfrac{3\,220,30 \times 100}{280\,140} = 1^f,14.$

Réponse... Taux de l'augmentation : 1^f,14 p. %.

130. — Deux personnes se sont partagé un héritage, il y a 1 an$\frac{1}{2}$. L'une, qui a reçu les $\frac{2}{9}$ de l'héritage de plus que l'autre, a immédiatement placé sa part à intérêt à 6 p. % et elle a obtenu ainsi en tout une somme qui lui permet d'acheter une incription de rente de 500 fr. 3 p. % au cours de 58^f,25.

Solution.

Valeur de 500 fr. de rente (courtage non compris) :

$$\frac{58^f,25 \times 500}{3} = 9\,708^f,66.$$

Cette somme ayant été augmentée de ses intérêts à 6 p. % pendant 1 an $\frac{1}{2}$, on aura :

100 fr. rapportent pendant 1 an $\frac{1}{2}$ 6^f + $\dfrac{6}{2}$ = 9 fr.

D'où 109 fr. sont réduits à 100 fr.

Et 9 708^f,66 seront réduits à $\dfrac{100 \times 9\,708^f,66}{109} = 8\,907^f,02.$

L'une des personnes ayant reçu les $\frac{2}{9}$ de l'héritage de plus

que l'autre a donc d'abord $\frac{2}{9}$ ou $\frac{4}{18}$, ci . . . . $\frac{4}{18}$.

Elle a encore $\frac{18-4}{18} : 2 = \frac{7}{18}$, ci . . . . $\frac{7}{18}$.

$$\text{Total} \dots \dots \dots \dots \frac{11}{18}.$$

D'où les $\frac{11}{18}$ de l'héritage égalent $8\,907^{\text{f}},02$.

Et l'héritage total égalera : $\dfrac{8\,907^{\text{f}},02 \times 18}{11} = 14\,575^{\text{f}},12$.

131. — En souscrivant au 1er avril une obligation de la ville de Paris au prix de 440 fr., on paye immédiatement 140 fr. et le reste tous les 6 mois par sommes de 100 fr. dont l'escompte sera évalué à 6 p. %. A quel taux se trouve acquise cette obligation si elle rapporte tous les 6 mois une somme de 10 fr. ?

(Caen. — Brevet complet, aspirants.)

Solution.

On paye d'abord :

le 1er avril . . . . 140 fr.

le 1er octobre (même année), $100^{\text{f}} + \frac{6}{2}$ (escompte) $=$ 103 fr.

le 1er avril (année suivante) $100^{\text{f}} + 6^{\text{f}}$ (escompte) $=$ 106 fr.

le 1er octobre . . . . . $100^{\text{f}} + 6 + \frac{6}{2}$ (escompte) $=$ 109 fr.

Somme payée . . . . $\overline{458}$ fr.

Cette obligation rapporte 10 fr. tous les 6 mois, ou 30 fr. dans 18 mois, d'où 458 fr. dans 18 mois rapportent 30 fr.

Et 100 fr. dans 12 mois rapporteront :

$$\frac{30 \times 100 \times 12}{458 \times 18} = 4^{\text{f}},36 \text{ p. } \%.$$

6

132. — Une personne vend de la rente 5 p. %, au pair pour payer un pré qu'elle a acheté 19 500 fr.; elle loue ce pré à raison de 600 fr. par an. Les contributions à sa charge sont de 57^f,50. Quel est, dans ces conditions, le revenu net pour 100 fr. de capital ?

(Brevet simple, aspirantes. — Seine.)

Solution.

Revenu net : 600^f — 57^f,50 = 542^f,50.

19 500 fr. rapportent. . . . .   542^f,50.

Et 100 fr. rapporteront : $\dfrac{542,50 \times 100}{19\,500} = \dfrac{542,5}{195} = 2^f,76$.

Revenu net p. % ... 2^f,76.

133. — Une personne qui veut placer 30 000 fr. hésite entre les 3 partis suivants : 1° acheter une maison qui lui rapportera 4 $\frac{1}{2}$ p. %,de sa valeur, mais pour laquelle il faudra faire tous les ans des réparations qui s'élèveront à 10 p. %, du revenu ; 2° acheter une terre qui rapportera 4 p. %, net de tous frais ; 3° acheter de la rente 3 p. %, au cours de 70^f,50. Quel est le mode de placement le plus avantageux ?

(Aspirantes, brevet complet. — Bordeaux.)

Solution.

1° Revenu de la maison :

100 fr. rapportent 4^f,50 — 0^f,45 = 4^f,05.

Et 30 000 fr. rapporteront $\dfrac{4,05 \times 30\,000}{100} = 1\,215$ fr.

2° Revenu de la terre :

$30\,000 \times \dfrac{4}{100} =$ . . . . 1 200 fr.

3° Revenu de la rente (courtage non compris) :

$\dfrac{3 \times 30\,000}{70,5} =$ . . . . 1 276^f,60 (par excès).

Réponse... { Le mode de placement le plus avantageux consiste à acheter de la rente 3 p. %.

134. — On possède 2 120 fr. de rente 4 $\frac{1}{2}$ p. % qu'on veut convertir en rente 5 p. %. Sachant que, le jour de l'opération, le 4 $\frac{1}{2}$ p. % est coté 92^f,50 et le 5 p. % 102^f,80, on veut savoir la quantité de rente ainsi obtenue. Les frais de courtage ne seront comptés qu'une fois, et on aura en plus 1^f,60 de timbre.

Solution.

Vente de 2 120 fr. de rente 4 $\frac{1}{2}$ p. % :

4^f,50 de rente valent 92^f,50 — 0^f,125 (voir *courtage, Arithmétique,* page 67, note 1) = 92^f,375.

Et 2 120 fr. de rente vaudront : $\dfrac{92,375 \times 2\,120^f}{4,5} = 43\,518^f,88.$

A déduire pour frais de timbre. . . . .   1^f,60.

Reste. . . . .   43 517^f,28

102^f,80 rapportent 5 fr. de rente :

et 43 517^f,28 rapporteront $\dfrac{5 \times 43\,517,28}{102,80} = 2\,116^f,59.$

Réponse… On se fera 2 116^f,59 de rente 5 p. %.

135. — Une personne vend à raison de 120 fr. l'are un jardin de forme carrée de 25 mètres de côté qui était affermé 30 fr. Le montant de la vente est employé à acheter de la rente 5 p. % au cours de 93^f,75, courtage compris. On demande quel est le produit de la vente, à quel taux le vendeur a placé son argent, et quel bénéfice il a réalisé sur le prix du loyer.

(Brevet du 1er ordre, aspirantes.)

Solution.

Surface du jardin : 25 $\times$ 25 = 6^a,25.
Prix de vente : 120 $\times$ 6,25 = 750 fr.

Achat rente :

5 fr. de rente coûtent $93^{f},75 + 0,125$ (courtage) $= 93^{f},875$.

Donc on aura revenu :

$$\frac{5 \times 750}{93,875} = \ldots \ldots 39^{f},94;$$

d'où : 750 fr. rapportent $39^{f},94$;

et 100 fr. rapporteront $\dfrac{39,94 \times 100}{750} = 5^{f},32$.

Et enfin augmentation du revenu ou bénéfice réalisé sur le prix du loyer :

$$39^{f},94 - 30^{f} = 9^{f},94.$$

Réponses : $\begin{cases} 1° \text{ Produit de la vente, 750 fr.} \\ 2° \text{ Le vendeur place son argent à } 5^{f},32 \text{ p. °/o.} \\ 3° \text{ Et il réalise un bénéfice de } 9^{f},94. \end{cases}$

136. — Quel capital représente une rente de 250 fr. 5 p. °/o au cours de $91^{f},50$. Quel bénéfice réaliserait le prêteur s'il revendait ses titres au cours de 97 fr. ?

(Pau, 1872, aspirantes.)

Solution.

1° **Courtage non compris :**
5 fr. de rente valent $91^{f},50$.

Et 250 fr. de rente vaudront $\dfrac{91,50 \times 250}{5} = 4575$ fr.

Sur 5 fr. de rente, le prêteur réaliserait un bénéfice de $97^{f} - 91,50 = 5^{f},50$.

Et sur 250 fr. de rente, le prêteur réalisera un bénéfice de :

$$\frac{5,50 \times 250}{5} = 275 \text{ fr.}$$

2° **Courtage compris :**
5 fr. de rente valent $91^{f},50 - 0,125 = 91^{f},375$.

Et 250 fr. valent $\dfrac{91,375 \times 250}{5} = 4568^{f},75$.

Sur 5 fr. de rente, le prêteur réaliserait un bénéfice de :

$$97 - 0^f,125 - 91^f,50 = 5^f,375.$$

Et sur 250 fr. le prêteur réalisera un bénéfice de :

$$\frac{5,375 \times 250}{5} = 268^f,75.$$

$$Réponses...\begin{cases} 1^o \begin{cases} \text{Cette rente représente un capital de } 4\,575^f; \\ \quad - \quad \text{(courtage compris)}.. \ 4\,568^f,75. \end{cases} \\ 2^o \begin{cases} \text{Bénéfice réalisé}. \ . \ . \ . \ . \ . \ . \ 275^f \\ \quad - \quad \text{(courtage compris) } 268^f,75. \end{cases} \end{cases}$$

137. — L'emprunt de 2 milliards 5 p. % a été émis au cours de 82^f,50. On demande : 1° à quel taux on avait placé son argent en souscrivant à cet emprunt; 2° de combien on aurait augmenté son revenu en empruntant à 5 p. % la somme nécessaire pour souscrire 10 000 fr. de rentes au même emprunt.

(Brevet complet, aspirants.)

Solution.

1° 82^f,5 rapportent 5 fr. par an;

100 fr. rapporteront $\dfrac{5 \times 100}{82,5} = 6^f,06$ p. %.

2° Augmentation du revenu sur 5 fr. de rente :

$$6,06 - 5 = 1^f,06.$$

Augmentation du revenu sur 10 000 fr. de rente :

$$\frac{1,06 \times 10\,000}{5} = 2\,120 \text{ fr.}$$

$$Réponses...\begin{cases} 1^o \text{ Taux}. \ . \ . \ . \ . \ . \ . \ . \ . \ 6,06 \text{ p. \%.} \\ 2^o \text{ Augmentation du revenu : } 2\,120 \text{ fr.} \end{cases}$$

138. — Une personne qui possède un capital en consacre le $\frac{1}{3}$ à acheter de la rente 5 p. % au cours de 98^f,50, ce qui lui procure un revenu de 2 500 fr. Elle place le reste à 6 p. %. Quel est le montant de son capital et de son revenu ?

(Brevet du 1er ordre, aspirantes.)

Solutions.

1re *Solution.* — Si toute la somme avait été consacrée à acheter de la rente, le revenu serait évidemment égal à :

$$2\,500 \times 3 = 7\,500 \text{ fr.}$$

D'où on aurait, recherche du capital :

5 fr. de rente valent $98^f,50$;

et $7\,500$ fr. de rente valent $\dfrac{98,5 \times 7\,500}{5} = 147\,750$ fr.

D'où $\dfrac{147\,750}{3} = 49\,250$ pour achat de rente.

Revenu. 2 500 fr.

Et $49\,250 \times 2 = 98\,500$ fr. placés à 6 p. %.

Revenu. . . . . $\dfrac{98\,500 \times 6}{100} = 5\,910$ fr.

Total. . . . . 8 410 fr.

2e *Solution.* . . . Soit x le capital cherché ; on aura :

Partie du capital consacrée pour acheter de la rente $= \dfrac{x}{3}$.

D'où : $98^f,50$ rapportent. . . . . . . 5 fr.

Et $\dfrac{x}{3}$ rapporteront. . . . . $\dfrac{5}{98,57} \times \dfrac{x}{3}$.

Ce revenu étant égal à $2\,500$ fr., on peut poser :

$$\frac{5}{98,50} \times \frac{x}{3} = 2\,500 \text{ fr.} \quad \text{et} \quad \frac{x}{3} = \frac{2\,500 \times 5}{98,50} ;$$

et enfin $x = \dfrac{2\,500 \times 5 \times 3}{98,5} = 147\,750$ fr.

$$\textit{Réponses...} \begin{cases} 1^o \text{ Capital.} \ldots \ldots \ldots 147\,750 \text{ fr.} \\ 2^o \text{ Revenu.} \ldots \ldots \ldots 8\,410 \text{ fr.} \end{cases}$$

139. — Une personne possède 1 500 fr. de rente 5 p. % qu'elle vend au cours de $103^f,50$ pour se livrer à des spéculations sur les opérations à terme. Elle achète donc la même quotité de rente 3 p. % fin courant au cours de 69^f,80 et se propose de vendre plus tard avec bénéfice. Le moment de la liquidation étant arrivé, le cours de la rente est de 69^f,50, et, plutôt que de vendre avec perte, cette personne se fait reporter : elle vend donc ses titres au cours de 69^f,50 et les rachète fin courant en acceptant un report de 0^f,60. La fin du mois étant arrivée de nouveau, et le cours n'étant que de 69^f,10, cette personne vend définitivement et renonce à de semblables opérations. On demande le montant de la perte qu'elle a éprouvée. (On tiendra compte des courtages.)

Solution.

Vente de la rente 5 p. % :
5 fr. de rente valent. . . . 103^f,50 — 0,125 =   103^f,375.

Et 1 500 fr. de rente vaudront $\dfrac{103^f,375 \times 1\,500}{5} = 31\,612^f,50$.

Achats à terme :

1° 3 fr. de rente coûtent 69^f,80 + $\dfrac{1}{20}$ (voir *Arithmé-*

tique, page 71). . . . . =   69^f,85.

2° 3 fr. de rente coûtent 69^f,50 + $\dfrac{1}{20}$ + 0^f,60 (voir

Arithmétique, pages 70, 71). . . . =   70^f,15.
Total des deux achats . . . .   140 fr.

Ventes au comptant :
1° 3 fr. de rente sont vendus 69^f,50 — 0,125 =   69^f,375.
2° 3 fr. de rente sont vendus 69^f,10 — 0,125 =   68^f,975.
Total des deux ventes . . . . . .   138^f,350.

Perte sur un capital de 69^f,80 :
$$140^f - 138^f,35 = 1^f,65.$$

Et sur un capital de 31 612^f,50 :
$$\frac{1,65 \times 31\,612,5}{69,8} = 747^f,28.$$

Réponse. . . . Perte éprouvée : 747^f,28.

140. — Calculer (problème précédent) quel aurait dû être le cours de la rente à la dernière liquidation pour que la personne n'eût ni gagné ni perdu.

Solution.

Le total des deux achats étant 140 fr., pour qu'il n'y ait ni gain ni perte, le total des deux ventes devrait être également 140 fr.;

D'où on aura :

$$140^f - 69,375 = 70^f,625 ;$$

D'où enfin cours $= 70^f,625 + 0^f,125 = 70^f,75.$

Réponse. . . Le cours aurait dû être $70^f,75.$

141. — Quel aurait dû être (problème précédent) le cours de la rente en dernière liquidation pour qu'on eût réalisé un bénéfice de 850 fr. ? (Voir report, 1re partie.)

Solution.

Puisqu'on veut gagner 850 fr. sur $31612^f,50$, on gagnera sur $69^f,80$. . . . . $\dfrac{850^f \times 69,8}{31612,5} = 1^f,87.$

D'où le total des deux ventes serait de :

$$140^f + 1^f,87 = 141^f,87 ;$$

d'où : $\qquad 141^f,87 - 69^f,375 = 72^f,495 ;$

d'où enfin cours $= 72^f,495 + 0,125 = 72^f,62.$

Réponse. . . . Le cours aurait dû être $72^f,62.$

142. — Un spéculateur vend fin courant 1 800 fr. de rente $4\frac{1}{2}$ p. % au cours de $92^f,50$, espérant les racheter plus tard avec bénéfice; à la fin du mois, il se trouve que le $4\frac{1}{4}$ p. % est coté $92^f,80$; ce spéculateur ne pouvant racheter ses titres qu'à perte continue l'opération, mais est obligé de subir un déport de 0^f,70. Il achète donc au comptant au cours de 92^f,80 et vend immédiatement pour la liquidation suivante. A cette époque, le cours de la rente étant coté 93^f,10, ce spéculateur rachète définitivement au comptant et renonce à de semblables opérations. On demande le montant de la perte qu'il a éprouvée. (On tiendra compte des courtages.)

Solution.

Ventes à terme :

1° 4^f,5 de rente sont vendus :

$$92^f,50 - \frac{1}{20} = 92^f,45.$$

2° 4^f,5 de rente sont vendus :

$$92^f,80 - \frac{1}{20} - 0,70 = 92^f,05.$$

Total des deux ventes. . . . $\overline{184^f,50.}$

Achats au comptant :

1° 4^f,5 de rente coûtent 92^f,80 + 0^f,125 = 92^f,925.
2° 4^f,5 de rente coûtent 93^f,10 + 0,125 = 93^f,225.
                Total des deux achats. . . . . 186^f,15.

D'où perte sur 4^f,50 de rente : 186^f,15 — 184^f,50 =   1^f,65.

Et sur 1 700 fr. de rente . . . . $\dfrac{1,65 \times 1\,800}{4,5} = 660$ fr.

Réponse. . . Perte éprouvée, 660 fr.

143. — Calculer (problème précédent) quel aurait dû être le cours de la rente en dernière liquidation pour que ce spéculateur n'eût ni gagné ni perdu dans ses opérations.

Solution.

Le total des deux ventes étant de 184^f,50, pour qu'il n'y ait ni perte ni gain, le total des deux achats sera également 184^f,50.

D'où :   184^f,50 — 92^f,925 = 91^f,575 ;
d'où cours de la rente = 91^f,575 — 0,125 = 91^f,45.

Réponse. . . Le cours aurait dû être 91^f,45.

6.

144. — Quel aurait dû être le cours de la rente $4\frac{1}{2}$ p. %, en dernière liquidation, pour que ce spéculateur eût gagné 580 fr. ? (Problème précédent.)

Solution.

Puisqu'on veut gagner 58o fr. sur 1 8oo fr. de rente, on gagnera sur $4^f,5o$. . . . . . $\dfrac{58o \times 4,5}{1\,8oo} = 1^f,45.$

D'où le cours devrait être (voir problème précédent n° 143):
$$91^f,45 - 1^f,45 = 9o \text{ fr.}$$

Réponse. . . Le cours de la rente sera 9o fr.

La Compagnie des tramways de Paris vient d'émettre 26 000 obligations de 5oo fr. 6 p. % rapportant 30 fr. chacune et remboursables au pair en 32 ans, par tirages semestriels, à partir du 1er juillet 1876.

Jouissance du 1er *juillet* 1875.

Prix d'émission : 440 fr.

Payable :

Fr.   5o en souscrivant ;

— 75 à la répartition ;

— 100 du 1er au 6 décembre 1875 ;

— 115 du 1er au 6 janvier 1876 ⎰ Le coupon échéant à cette date sera reçu en payement, ce qui réduira le versement à 100 fr.

— 100 du 1er au 6 février 1876 ;

Fr. 440

Les anticipations de versements donneront droit à un escompte de 5 p. %. (Souscription ouverte le 23 octobre 1875.)

145. — Une personne a acheté, le 23 décembre 1875, 10 obligations de la Compagnie des tramways de Paris, et au moment de la répartition, 1er novembre 1875, elle a effectué, par anticipation, tous les versements qui lui res-

taient à faire, en bénéficiant ainsi d'un escompte de 5 p. %.
On demande quel est le revenu qu'elle s'est assuré annuellement et le taux auquel elle a placé son argent.

Solution.

Achat de 10 obligations (23 octobre 1875.)
Valeur de 10 obligations . . . . . $440^f \times 10 = 4400$ fr.
Payables :

500 fr. en souscrivant ;
750 fr. à la répartition (1ᵉʳ novembre 1875.)

Paiements anticipés.

1 000 fr. donnant jouissance de l'escompte pendant 1 mois $\dfrac{1\,000 \times 5}{100 \times 12}$;

1 150 fr. — — 2 mois $\dfrac{1\,150 \times 2 \times 5}{100 \times 12}$;

1 000 fr. — — 3 mois $\dfrac{1\,000 \times 3 \times 5}{100 \times 12}$;

Tot. 4 400 fr.

Par suite des versements anticipés, cette personne béné-
ficie d'un escompte total égal à :

$$(1\,000 + 2\,300 + 3\,000) \times \frac{5}{100 \times 12} = (10 + 25 + 30) \times \frac{5}{12}$$

$$= \frac{315}{12} = 26^f,25,$$

et ne verse en définitive que $4400 - 26^f,25 = 4373^f,75$.

Donc $4373^f,75$ rapportent annuellement un revenu de

$$30^f \times 10 = 300 \text{ fr.}$$

Et 100 fr. rapporteront $\dfrac{300 \times 100}{4\,373,75} = 6^f,85$.

$$Réponses.. \begin{cases} \text{Revenu annuel} & 300 \text{ fr.} \\ \text{Taux . . .} & 6^f,85 \text{ p. \%.} \end{cases}$$

146. — On sait que pour toute acquisition d'un titre de
rente, action ou obligation, on a à supporter des frais de
timbre qui s'élèvent à $0^f,60$ (et $1^f,60$ quand la somme, valeur
du titre, dépasse 10 000 fr. — Loi du 23 août 1871).

On sait encore que l'État perçoit un impôt sur les actions et les obligations de : 1° 3 p. % sur le revenu d'un titre ; 2° 4 centimes pour chaque 20ᵉ du cours et pour le reste. D'après cela, calculer le nombre d'obligations de la Compagnie des tramways de Paris (voir problème précédent) que l'on pourra acheter au cours de 440 fr., si on dispose d'une somme de 24 600 fr. que l'on veut consacrer à cet achat, et quel sera le revenu annuel ? On tiendra compte des frais de courtage.

Solution.

On a capital dont on dispose. . . . . 24 600 fr.

A déduire frais de timbre et courtage.
$\left.\begin{array}{l} 1° \text{ Timbre.} \ldots \ldots \ldots 1^f,60 \\ 2° \dfrac{24\,600^f}{800}(\text{courtage}) = 30^f,74 \end{array}\right\}$ ci.   32^f,34.

Reste. . . . . 24 567^f,66.

Nombre d'obligations : $\dfrac{24\,567^f,66}{440} = 55.$

Valeur de 55 obligations : $440 \times 55 =$ ci. . . 24 200 fr.

Somme remise . . . . . . 367^f,66.

Revenu de 55 obligations : $30^f \times 55 = $ . . . 1 650 fr.

A déduire frais impôts
$\left.\begin{array}{l} 1° \dfrac{1\,650}{300} = \quad 5^f,50 \\ 2° \dfrac{440 \times 0,04}{20} = 0,88 \end{array}\right\}$ ci . . . . . 6^f,38.

Revenu annuel net. . . . . 1 643^f,62.

147. — Un propriétaire a acheté 8 obligations de la Compagnie des tramways au cours de 440 fr. Si on suppose que 3 d'entre elles seront désignées dans le 1ᵉʳ tirage (1ᵉʳ juillet 1876), et remboursées au pair, et que les 5 autres soient vendues au cours de 460 fr., quel sera le bénéfice total réalisé par ce propriétaire ?

Solution.

Valeur de 3 obligations au pair :

$$500 \times 3 = 1\,500 \text{ fr.}$$

Valeur de 5 obligations au cours de

$$460^f\ldots\ldots 460 \times 5 = 2\,300 \text{ fr.}$$

Total. . . . . 3 800 fr.;   ci . . . . 3 800 fr.

Revenu pendant 1 an de 8 obligations : 30×8. .   240 fr.

Total. . . . . 4 040 fr.

Achat de 8 obligations au cours de 440 fr... $440^f \times 8 =$ 3 520 fr.

Revenu total réalisé . . . . 520 fr.

148. — Quelqu'un veut se faire 1 200 fr. de rente en achetant des obligations des Tramways au cours de 450 fr. Quel sera le nombre d'obligations qu'on devra acheter et quelle sera la somme totale déboursée ? (On tiendra compte de tous frais : timbre, impôt et courtage.)

Solution.

Impôt perçu par l'État par obligation sur un revenu
                                de. . . . . 30 fr.

$1°$ $\dfrac{30}{300}$ (voir problème 146) $= 0^f,10$

$2°$ $\dfrac{450 \times 0,04}{20}$ (—   ) $= 0^f,90$ $\Big\}$ ci . . . . 1 fr.

Revenu net par obligation . . . . . . 29 fr.

1 obligation coûte 450^f + timbre + courtage, ou :

$$450^f + 0^f,60 + \frac{450}{800} \ldots \ldots = 451^f,16.$$

Pour se faire un revenu net de 29 fr., il faut acheter 1 obligation.

Et pour un revenu net de 1200 fr. il faudra :

$$\frac{1 \times 1200}{29} = 41.$$

41 obligations coûtent $451^f,16 \times 41 = 18497^f,56.$

$$\textit{Réponses.} \dots \begin{cases} \text{Nombre d'obligations. .} & 41. \\ \text{Somme à débourser. . .} & 18497^f,56. \end{cases}$$

149. — Une compagnie entreprend un ouvrage qui doit coûter 6 millions; elle convertit ce capital en 12000 actions de 500 fr., produisant chacune 25 fr. d'intérêt et part aux bénéfices; sachant que cette entreprise a donné la première année un bénéfice net de tous frais (intérêt dû aux actionnaires, fonds de réserve, etc.) de 60000 fr., on désire savoir à quel taux on place son argent en achetant des actions de cette compagnie au cours de 500 fr.

Solution.

12000 actions produisent un bénéfice de 60000 fr.

1 action produira un bénéfice de $\dfrac{60000}{12000} =$ 5 fr.

A ajouter intérêt . . . . 25 fr.

Revenu net par action. . . . . 3o fr.

5oo fr. rapportent 3o fr. par an.

Et 100 fr. rapporteront $\dfrac{3o \times 100}{5oo}$ par an = 6 fr. p. %.

150. — Un capitaliste a consacré une somme de 15800 fr. à acheter des actions de 500 fr. au cours de 680 fr. produisant 25 fr. d'intérêt annuel et part aux bénéfices. Sachant que le dividende a été de 58 fr. pour l'année, on désire savoir : 1° le nombre d'actions que ce capitaliste a achetées, et 2° le revenu annuel dont il a joui. On tiendra compte de tous frais. (Voir *Obligations, Timbre, Impôts et Courtage.*)

Solution.

Capital disponible. . . . . 15 800^f » .

$$\text{A déduire.}\begin{cases} 1^o \text{ Timbre} \dots \dots \quad 1,60 \\ 2^o \text{ Courtage } \dfrac{15\,800}{800} = 19,75 \end{cases} \text{ci} \dots \quad 21^f,35.$$

Reste. . . . . 15 778^f,65.

Nombre d'actions : $\dfrac{15\,778^f,65}{680} = 23.$

Revenu par action 25 fr. (intérêt) $+$ 58 fr. (dividende) $= 83^f$ » .

$$\begin{array}{l}\text{A déduire}\\ \text{impôt perçu}\\ \text{(voir n}^o\text{ 146)}\end{array}\begin{cases} 1^o \ \dfrac{83}{300} \dots \dots \dots = 0,27 \\ 2^o \ \dfrac{480 \times 0,04}{20} \dots \dots = 0,96 \end{cases} \text{ci} \dots \quad 1^f,23.$$

Revenu net par action. . . . . 81^f,77.

23 actions rapportent un revenu annuel égal à :

$$81^f,77 \times 23 = 1\,880^f,71.$$

$$\text{Réponses.} \dots \begin{cases} \text{Nombre d'actions : } \quad 23^f \quad . \\ \text{Revenu annuel : } \ 1\,880^f,71. \end{cases}$$

PROGRESSIONS.

151. — 1° Un ouvrier sage et intelligent est parvenu au bout d'un certain nombre d'années à économiser une somme de 14 500 fr. Sachant que la 1re année il a mis de côté 250 fr. et la dernière 1 200 fr., sachant encore que, chaque année, le chiffre des économies s'est accru de la même somme, on désire savoir après combien de temps le chiffre s'est élevé à 14 500 fr., et quelle a été l'augmentation par année ?

Solution.

On a (voir *Arithmétique*, page 97) :

$$n = \frac{2S}{a + l} = \frac{14\,500 \times 2}{250 + 1\,200} = \frac{29\,000}{2\,450} = 20 \text{ ans;}$$

et $r = \dfrac{(l-a)(l+a)}{2S-(a+l)} = \dfrac{(1\,200-250)\times(1\,200+250)}{14\,500\times 2-(1\,200+250)} = 50$ fr.

En effet :

On a la progression $\div$ 250 . . . . 1 200.

Et l'on sait que $S = \dfrac{(a+l)n}{2}$;

d'où $14\,500 = \dfrac{250+1\,200}{2} \times$ nombre de termes ;

d'où nombre de termes ou d'années $\dfrac{14\,500\times 2}{250+1\,200} = 20$ ans.

Et l'on sait encore que $l = a + r \times (n-1)$;

d'où :　　　　　1 200 = 250 + 19 fois la raison.

D'où raison ou augmentation par année :

$$= \frac{1\,200-250}{19} = 50 \text{ fr.}$$

Réponses. . . $\begin{cases} \text{Nombre d'années :} & 20 \quad . \\ \text{Augmentation par année : 50 fr.} \end{cases}$

2° Si cet ouvrier avait pu économiser 300 fr. la première année et 2 200 fr. la dernière, en supposant que les économies se soient accrues de la même somme pendant 20 ans, quel sera le capital qu'il se sera ainsi procuré et quelle sera l'augmentation par année ?

Solution.

On aura (voir *Arithmétique*, page 97) :

$$S = \frac{(a+l)\times n}{2} \quad \text{et} \quad r = \frac{l-a}{n-1},$$

ou :　　　　$S = \dfrac{(300+2\,200)\,20}{2} \quad \text{et} \quad r = \dfrac{2\,200-300}{20-1}$;

d'où :　　　　$S = 25\,000$ fr.　　et　　$r = 100$ fr.

En effet, on a la progression :

$\div$ 300 . . . . 2 200.

Or on sait que $S = \dfrac{(a + l)\,n}{2}$;

d'où : $\qquad S = \dfrac{(300 + 2\,200)\,20}{2} = 25\,000 \text{ fr.}$;

on sait encore que : $l = a + r\,(n - 1)$;

d'où : $\qquad 2\,200 = 300 + 19 \times \text{la raison}$;

d'où raison $= \dfrac{2\,200 - 300}{19} = 100 \text{ fr.}$

3° Un jardinier parcourt 6 525 mètres pour arroser 50 arbres également distants l'un de l'autre. Sachant que le 1er se trouve à 4 mètres du réservoir plein d'eau, que le jardinier est obligé de faire un voyage pour chaque arbre, et que la source se trouve sur la ligne des arbres, on désire connaître la distance du dernier arbre à la source, et l'intervalle qui existe entre chaque arbre.

Solution.

On aura (voir *Arithmétique*, page 97) :

$$l = \frac{2S}{n} - a \quad \text{et} \quad r = \frac{2\,(S - an)}{n\,(n - 1)} \text{ ;}$$

d'où $l = \dfrac{6\,525 \times 2}{50} - 8$ et $r = \dfrac{2\,(6\,525 - 8 \times 50)}{50 \times 49}$;

d'où $\qquad l = 253 \qquad$ et $r = 5.$

En effet, on a la progression :

$\div 8 . 8 + r . 8 + 2r \ldots\ldots 8 + 49\,r$ (r étant la raison).

Or on sait que la somme des termes est égale à $\dfrac{(a + l)\,n}{2}$,

ou à : $\qquad \dfrac{(8 + 8 + 49r)\,50}{2}$;

d'où : $\qquad 16 \times 25 + 49r \times 25 = 6\,525$;

d'où : $\qquad \dfrac{6\,525 - 16 \times 25}{49 \times 25} = r$;

d'où enfin : $\qquad r = 5$;

d'où dernier terme :

$$(l) = 8 + 49 \times 5 = 253.$$

4° Si ce jardinier n'avait parcouru que 5500 mètres, on demande à quelle distance de la source se trouve le 1er arbre et quel est l'intervalle entre chacun d'eux, sachant que le 50ᵉ arbre se trouve à une distance de 208 mètres du 1er.

Solution.

On aura (voir *Arithmétique*, page 97) :

$$a = \frac{2S}{n} - l \quad \text{et} \quad r = \frac{(ln - S)\,2}{n\,(n - 1)};$$

d'où :

$$a = \frac{2 \times 5500}{50} - 208 \quad \text{et} \quad r = \frac{(208 \times 50 - 5500)\,2}{49 \times 50};$$

d'où :

$$a = 12 \qquad \text{et} \quad r = 4.$$

En effet, on a la progression :

$$\div a \cdot a + r \cdot a + 2r \ldots\ldots\ldots\ldots 208.$$

Mais on sait que : $5500 = \dfrac{(a + 208)\,50}{2};$

d'où : $\dfrac{5500}{25} - 208 = a;$

d'où : $a = 12.$

On sait aussi que :

$$208 = 12 + 49r;$$

d'où : $r = \dfrac{208 - 12}{49} = 4.$

5° Une personne emprunte une certaine somme qu'elle convient avec son créancier de rembourser en 20 paiements effectués à la fin de chaque mois de 400 fr. chacun, mais chaque paiement comprendra en outre ses intérêts calculés à 6 p. % par an, pendant 1 mois pour le 1er paiement, pendant 2 mois pour le 2ᵉ, et ainsi de suite jusqu'à parfaite libération. On demande combien cette personne a payé en tout.

Solution.

On aura ainsi : 1er paiement $= 400 + \dfrac{6 \times 400}{1\,200} = 402$ fr.

$$- \qquad 2^e \qquad - \quad = 400 + \dfrac{6 \times 400 \times 2}{1\,200} = 404 \text{ fr.}$$

. . . .

$$\text{Et dernier} \ldots \quad = 400 + \dfrac{6 \times 400 \times 20}{1\,200} = 440 \text{ fr.}$$

D'où la progression :

$$\div 402 \cdot 404 \ldots \ldots \ldots \ldots 440;$$

d'où $$S = \dfrac{(440 + 402)\,20}{2} = 8\,420 \text{ fr.}$$

6° Une personne emprunte une certaine somme qu'elle convient avec son créancier de rembourser en un certain nombre de paiements effectués à la fin de chaque mois ; mais chaque paiement devra comprendre en outre l'intérêt calculé à 6 p. % par an, pendant 1 mois pour le 1er paiement, pendant 2 mois pour le 2e, et ainsi de suite jusqu'à parfaite libération ; sachant que le 1er paiement est de 603 fr., le dernier de 654 fr., on demande le nombre de paiements effectués et la valeur totale due au créancier ?

Solution.

On aura (voir *Arithmétique*, page 97, exercice VI) :

$$S = \dfrac{(l - a + r)(a + l)}{2r} \quad \text{et} \quad n = \dfrac{l - a}{r} + 1.$$

$$\text{Et } S = \dfrac{(654 - 603 + r)(603 + 654)}{2r} \quad \text{et} \quad n = \dfrac{654 - 603}{r} + 1.$$

Mais 603 fr. comprenant l'intérêt d'une certaine somme pendant 1 mois, on a :

Intérêt de 100 fr. pendant 1 mois $= \dfrac{6}{12} = 0^f,50.$

D'où intérêt compris dans $100^f,50 = 0^f,50.$

Et intérêt compris dans 103 fr. $= \dfrac{0,5 \times 603}{100,5} = 3$ fr.

D'où : $$r = 3 \text{ fr.}$$

Mais on sait que : $l = a + r(n-1)$:

d'où :
$$654 = 603 + 3(n-1);$$

d'où :
$$\frac{654-603}{5} + 1 = n; \quad \text{et} \quad n = 18.$$

Mais
$$S = \frac{(a+l)n}{2};$$

d'où :
$$S = \frac{(603+654)\,18}{2} = 11\,313 \text{ fr.}$$

7° On sait que tout corps qui tombe librement dans le vide, en partant de l'état de repos, a acquis au bout d'une seconde une vitesse égale à $9^m,80$; sachant que cette vitesse est proportionnelle au temps et qu'à la 20° seconde cette vitesse est de $190^m,40$, on demande : 1° quel est l'espace parcouru au bout de la 1re vitesse, et 2° quel est l'espace total parcouru par ce corps pendant les 20 secondes de sa chute?

Solution.

On aura (voir Arithmétique, page 97, exercice VII) :

$$S = \frac{[2l - r(n-1)]\,n}{2}; \quad \text{et} \quad a = l - r(n-1);$$

d'où :
$$S = \frac{(2 \times 190,4 - 9,80 \times 19)\,20}{2}; \quad \text{et} \quad a = 190,4 - 9.8 \times 19;$$

d'où : $S = 1946$ mètres;   et $a = 4^m,20.$

En effet, on a la progression :

$$\div\, a \,.\, a + 9,80 \,.\, a + 2 \times 9,80 \ldots\ldots\ldots 190,4.$$

Mais on sait que $a = l - r(n-1);$

d'où : $a = 190,4 - 9,8 \times 19 = 4^m,20.$

On sait aussi que $S = \dfrac{(a+l)\,n}{2};$

d'où :
$$S = \frac{(4,20 + 190,4) \times 20}{2};$$

d'où : $S = 1946$ mètres.

8° Si ce corps (exercice précédent) avait mis un quart d'heure pour atteindre la surface de la terre, il aurait parcouru un espace égal à $3\,968^{Km},370$; d'après cela, on désire savoir quelle était la vitesse au bout de la 900° seconde (un quart d'heure).

Solution.

On aura (voir *Arithmétique*, page 97, exercice VIII) :

$$l = \frac{(2S + nr)(n - 1)}{2n}; \quad \text{et} \quad a = \frac{(2S - nr)(n - 1)}{2n};$$

d'où :

$$l = \frac{(3\,968,370 \times 2 + 9,8 \times 900) \times 899}{900 \times 2}; \quad a = \frac{(3\,968,370 \times 2 - 9,8 \times 900)\,899}{900 \times 2};$$

d'où : $l = 8\,814^m,4$; $a = \quad 4^m,20.$

En effet, on a la progression :

$\div a \cdot a + 9,80 \cdot a + 2 \times 9,80 \cdot\ldots\ldots\ldots\quad a + 9,8 \times 899.$

Mais on sait que

$$S = \frac{(a + l)\,n}{2};$$

donc $3\,968\,570 = \dfrac{(a + a + 9.8 \times 899)\,900}{2},$

d'où :

$$\frac{3\,968\,570 \times 2}{900} = 2a + 9,8 \times 899;$$

d'où :

$$\frac{3\,968\,570 \times 2}{2 \times 900} - \frac{9,8 \times 899}{2} = a;$$

d'où : $a = 4^m,20;$

et : $l = 4^m,20 + 899 \times 9,80 = 8\,814^m,4.$

9° Un père de famille voulant encourager son enfant à suivre le plus assidûment possible les exercices de l'école, lui promet d'ajouter 10 centimes toutes les semaines à la petite pièce qu'il recevra tous les dimanches. Sachant que l'enfant a reçu 20 centimes après la 1re semaine, qu'il a répondu de son mieux aux encouragements de son père, on demande ce que l'enfant a reçu à la fin de la dernière semaine et après combien de temps il se trouve possesseur d'une somme totale de 143 fr.

Solution.

On aura (voir **Arithmétique**, pages 98, 110 et 111) :

Somme reçue à la fin de la dernière semaine, soit l,

$$l = \frac{- r \pm \sqrt{8rS + (2a - r)^2}}{2}$$

$$= \frac{- 0,10 \pm \sqrt{8 \times 0,10 \times 143 + (2 \times 0,20 - 10)^2}}{2}$$

$$= \frac{- 0,10 \pm \sqrt{114,49}}{2} = \begin{cases} 1° \ \dfrac{- 0,10 + 10,7}{2} = \dfrac{10,6}{2} = 5^f,30. \\[2mm] 2° \ \dfrac{- 0,10 - 10,7}{2} = \quad\quad - 5^f,40. \end{cases}$$

On a aussi (voir **Arithmétique**, page 98, exercice IX) :

Nombre de termes, soit n,

$$n = \frac{- (2a - r) \pm \sqrt{8rS + (2a - r)^2}}{2r}$$

$$= - (2 \times 0,20 - 0,10) \pm \sqrt{114,49}$$

$$= \begin{cases} 1° \ - 0,30 + 10,7 = \quad\ 52 \\ 2° \ - 0,30 - 10,7 = - 55. \end{cases}$$

Nota. — Il est clair que les deux réponses positives $5^f,30$ et 52 semaines répondent seules aux conditions du problème.

Remarque. — Cette solution ayant été donnée (voir *Arithmétique*, page 110, exercice IV), nous nous abstiendrons de la reproduire.

10° Si cet enfant s'était trouvé possesseur d'une somme totale égale à $145^f,6$, et sachant qu'il a reçu $5^f,35$ après la dernière semaine, on demande ce qu'il a reçu après la 1re semaine, et après combien de temps ce chiffre s'est élevé à $145^f,60$.

Solution.

On aura (voir *Arithmétique*, page 98, 112, exercice V):

$$a = \frac{r \pm \sqrt{(2l + r)^2 - 8rS}}{2},$$

ou :

$$a = \frac{0,10 \pm \sqrt{(5,35 \times 2 + 0,10)^2 - 8 \times 0,10 \times 145,6}}{2}$$

$$= \frac{0,10 \pm \sqrt{0,16}}{2}$$

$$= 1° \begin{cases} \dfrac{0,10 + 0,4}{2} = \dfrac{0,50}{2} = 0^f,25 \cdot \\[2ex] \dfrac{0,10 - 0,4}{2} = \dfrac{0,30}{2} = -0^f,15. \end{cases}$$
$$= 2°$$

On a encore (voir *Arithmétique*, pages 98 et 112, exercice V):

$$n = \frac{2l + r \pm \sqrt{(2l + r)^2 - 8Sr}}{2r}$$

$$= \frac{10,8 \mp \sqrt{0,16}}{2 \times 0,10}.$$

$$= 1° \begin{cases} \dfrac{10,8 - 0,4}{0,2} = 52. \\[2ex] \dfrac{10,8 + 0,4}{0,2} = 56. \end{cases}$$
$$= 2°$$

Nota. — Les deux premières réponses : $0^f,25$ et 52 semaines, répondent seules aux conditions du problème.

Remarque. — Cette solution ayant déjà été donnée (voir *Arithmétique*, page 112) ne sera point reproduite.

152. — Donner 4 exercices qui servent d'applications aux 4 problèmes déjà traités. (Voir *Progressions géométriques*, pages 101 et 102.)

1° Soit la progression $\div 4 : 8 : 16 \ldots\ldots\ldots l$; trouver le dernier terme et la somme de tous les termes, sachant que l est le 20° terme.

Solution.

Nous avons :

$$l = 4 \times 2^{19} = 4 \times 524\,288 = 2\,097\,152;$$

nous aurons encore :

$$S = \frac{lq - a}{q - 1} = \frac{2\,097\,152 \times 2 - 4}{2 - 1} = 4\,194\,304 - 4 = 4\,194\,300.$$

2° On a une progression géométrique composée de 8 termes. Sachant que la raison est 3 et la somme de tous les termes 16400, on demande de construire la progression.

Solution.

On a (voir *Arithmétique*, page 101, exercice II) :

Premier terme :

$$a = \frac{S\,(q - 1)}{q^n - 1}, \quad \text{et} \quad l = \frac{Sq^{n-1}\,(q - 1)}{q^n - 1};$$

ou :

$$a = \frac{16\,400 \times 2}{3^8 - 1}, \quad \text{et} \quad l = \frac{16\,400 \times 3^7 \times 2}{3^8 - 1};$$

Effectuant : $a = \dfrac{32\,800}{3^8 - 1} \quad = \dfrac{32\,800}{6\,560} = 5.$

Effectuant : $l = \dfrac{71\,755\,600}{6\,560} = 10\,935.$

Et on pourra écrire :

$$\therefore 5 : 15 : 45 \ldots\ldots\ldots\ldots\ldots\ldots\ 10\,935.$$

3° Dans une progression géométrique dont la raison est 4, on a le dernier terme égale 2 621 440. Sachant que cette progression a 10 termes en tout, on demande de déterminer le 1ᵉʳ terme de la progression et la somme de tous les termes.

Solution.

On aura (voir *Arithmétique*, page 101, exercice III) :

$$a = \frac{l}{q^{n-1}}, \quad \text{et} \quad S = \frac{l\,(q^n - 1)}{q^{n-1}\,(q - 1)} \, ;$$

ou :

$$a = \frac{2\,621\,440}{4^9}, \quad \text{et} \quad S = \frac{2\,621\,440 \times (4^{10} - 1)}{4^9 \times 3}.$$

Effectuant, on trouve :

$$a = \frac{2\,621\,440}{262\,144} = 10 \, ;$$

$$S = \frac{2\,621\,440 \times 1\,048\,575}{786\,432} = 3\,495\,250.$$

Et on peut écrire :

$$\div 10 : 40 : 160. \ldots\ldots\ldots\ldots\ldots\ldots \quad 2\,621\,440.$$

4° Dans une progression géométrique, on connaît le 1er terme 8, le dernier 157 464, et le nombre de termes 10. D'après cela, on désire connaître la raison de la progression et la somme de tous les termes.

Solution.

On aura (voir *Arithmétique*, page 101, exercice IV) :

$$q = \sqrt[n-1]{\frac{l}{a}} \quad \text{et} \quad S = \frac{\sqrt[n-1]{l^n} - \sqrt[n-1]{a^n}}{\sqrt[n-1]{l} - \sqrt[n-1]{a}} \, ;$$

ou :

$$q = \sqrt{\frac{157\,464}{8}} \quad \text{et} \quad S = \frac{\sqrt[9]{157\,464^{10}} - \sqrt{8^{10}}}{\sqrt{157\,464} - \sqrt[9]{8}} \, ;$$

Effectuant :

$$q = 3 \qquad \text{et} \quad S = 236\,192.$$

Remarque. — La solution de ces quatre exercices étant déjà donnée (voir *Arithmétique*, 101 et 102) nous nous dispensons de la reproduire.

153. — Soit proposé d'insérer 8 moyens proportionnels entre les nombres 7 et 512. (Progression géométrique.)

Solution.

On sait qu'on a (voir *Arithmétique*, page 101, exercice IV):

$$q = \sqrt[n-1]{\frac{l}{a}} \; ; \; \text{or}, \; n = 10;$$

d'où :
$$q = \sqrt[9]{\frac{512}{7}} \; ;$$

et on aura la progression :

$$\div 7 : 7 \times \sqrt[9]{\frac{512}{7}} : 7 \times \sqrt[9]{\left(\frac{512}{7}\right)^2} : 7 \times \sqrt[9]{\left(\frac{512}{7}\right)^3} \ldots 512.$$

La raison peut encore prendre la forme $\dfrac{2}{\sqrt[9]{7}}$,

car $\sqrt[9]{512} = 2$; on pourrait donc écrire si on voulait :

$$\div 7 : 7 \times \frac{2}{\sqrt[9]{7}} : 7 \times \frac{2^2}{\sqrt[9]{7^2}} : \ldots\ldots\ldots\ldots 7 \times \frac{512}{7}.$$

154. — On sait que la table de multiplication contient les produits des 9 premiers nombres entre eux. On propose de trouver la somme de tous ces produits. (Progression arithmétique.)

Solution.

La 1re ligne horizontale contient les produits des 9 premiers nombres par 1 ; la somme de tous ces produits est égale à $\dfrac{(1 + 9)\,9}{2}$. (Voir *Progressions arithmétiques*).

On a : $5 \times 9.$

La 2e ligne horizontale contient également les produits des 9 premiers nombres par 2 ; la somme de tous ces produits est donc égale à $\dfrac{(2 + 18)\,9}{2}$, ou à 10×9.

La 3e ligne horizontale contient les produits des 9 premiers nombres par 3; la somme de tous ces produits est égale à $\dfrac{(3 + 27)\,9}{2}$, ou à $15 + 9$.

. . . .

La 9e et dernière ligne horizontale contient les produits des 9 premiers nombres par 9; la somme de tous ces produits est égale à $\dfrac{(9 + 81)\,9}{2}$, ou à 45×9.

La somme de tous ces divers produits sera donc égale à :

$$(5 + 10 + 15 + \ldots \ldots \ldots 45)\,9 ;$$

ou à :

$$\frac{(5 + 45) \times 9}{2} \times 9 = 2\,025.$$

155. — On a la fraction périodique : $0{,}323232\ldots$

Déterminer la fraction ordinaire génératrice. (Progression géométrique.)

Solution.

Cette fraction est égale à la somme de tous les termes de la progression géométrique décroissante suivant :

$$\ldots \frac{32}{10^2} : \frac{32}{10^4} : \frac{32}{10^6}.$$

On aura donc (voir *Arithmétique*, page 100) :

$$S = \frac{a}{1 - q} \quad \text{ou} \quad S = \frac{32}{10^2} : 1 - \frac{1}{10^2}$$

$$= \frac{32}{10^2} : \frac{99}{10^2} = \frac{32 \times 10^2}{99 \times 10^2}.$$

Réponse. . . . Fraction ordinaire génératrice $= \dfrac{32}{99}$

156. — On a une pièce de vin qui contient 224 litres; on enlève 1 litre de vin et on le remplace par 1 litre d'eau; le lendemain, on enlève 1 litre de mélange et on le remplace par un nouveau litre d'eau. On demande : 1° le nombre de litres de vin qui reste après 50 opérations de ce genre

2° après combien d'opérations la quantité de vin ne sera plus que de la moitié, 112 litres.

Solution.

Après la 1re opération, il reste 223 litres de vin.

A la 2e opération, on retire $\dfrac{223}{224}$ litres de vin, c'est-à-dire la 224e partie de ce qui restait; donc, après la 2e opération, il reste :

$$223 - \frac{223}{224} = \frac{223 \times 224 - 223}{224} = \frac{(224 - 1)\,223}{224} = \frac{223^2}{224}.$$

A la 3e opération, on retire $\dfrac{223^2}{224} : 224$; donc, après la 3e opération, il reste :

$$\frac{\dfrac{223^3}{224} - \dfrac{223^2}{224}}{224}$$

$$= \frac{223^2 \times 224 - 223^2}{224^2} = \frac{(224 - 1)\,223^2}{224^2} = \frac{223^3}{224^2}.$$

$$\cdots\cdots\cdots\cdots\cdots\cdots\cdots\cdots$$

Donc, après la 50e opération, il restera $\dfrac{223^{50}}{224^{49}}$.

1° Effectuant par logarithmes, on a :
$$50 \times \log 223 = 117,41500$$
$$49 \times \log 224 = \underline{115,16225}$$

d'où
$$50 \times \log 223 - 49 \times \log 224 = \quad 2,25275 = 179 \text{ lit. } \tfrac{1}{2} \text{ (ap-}$$
proximatif).

2° Soit x le nombre d'opérations, on aura :
$$\frac{223^x}{224^{x-1}} = \frac{224}{2} = 112,$$

d'où :
$$\frac{223^x \times 224}{224^x} = 112,$$

et

$$\frac{224}{223^x} = \frac{224}{112} = 2;$$

d'où

$$x \log 224 - x \log 223 = \log 2;$$

d'où

$$x (\log 224 - \log 223) = \log 2;$$

d'où

$$x = \frac{30103}{195} = 154 \text{ (par défaut)}.$$

157. — Si on joint les milieux : 1º des côtés adjacents d'un carré, puis les milieux des côtés adjacents du nouveau carré, et ainsi de suite indéfiniment; 2º des côtés d'un triangle, puis par les milieux des côtés du nouveau triangle, et ainsi de suite indéfiniment, trouver à la limite : 1º la somme des surfaces de tous les carrés ; 2º celle des surfaces de tous les triangles. (Le lecteur est prié de faire la figure.)

Solutions.

1º Représentons la surface du carré ABCD par 1; le 2º carré inscrit *abcd* ne comprenant pas les triangles isocèles extérieurs, tous égaux entre eux, et égaux chacun au $\frac{1}{4}$ du carré *abcd*, n'égalera donc que la $\frac{1}{2}$ du carré ABCD; nous en dirons de même du 3º et du 4º carré $a'b'c'd'$ et $a''b''c''d''$, égaux respectivement à la $\frac{1}{2}$ de *abcd* ou au $\frac{1}{4}$ de ABCD, à la $\frac{1}{2}$ de $a'b'c'd'$ ou au $\frac{1}{8}$ de ABCD. Nous avons donc surfaces de tous les carrés $= 1 + \frac{1}{2} + \frac{1}{4} + \frac{1}{8} + \ldots\ldots + o$ (à la limite) ; cette série de termes n'étant autre chose qu'une progression géométrique décroissante, dont la raison est $\frac{1}{2}$, on pourra écrire (voir *Arithmétique*, page 100) :

$$S = \frac{a}{1 - q} = \frac{1}{1 - \frac{1}{2}} = 1 \times 2 = 2.$$

Plus généralement, si on désigne la surface du grand carré par a, on aura :

$$S = \frac{a}{1 - \frac{1}{2}} = a \times 2.$$

Ce qui fait voir qu'à la limite toutes les surfaces réunies des carrés intérieurs égalent celle du grand carré dans lequel elles sont inscrites.

2° On démontre que la ligne droite qui joint les milieux de deux côtés d'un triangle est parallèle et égale à la moitié du 3e côté; donc les 4 triangles Bcb, Aca, abC, cab son égaux entre eux puisqu'ils ont les côtés égaux chacun à chacun; donc le triangle abc est égal au $\frac{1}{4}$ de ABC; nous en dirons de même du 3e triangle $c'b'a'$, qui est égal au $\frac{1}{4}$ de abc ou au $\frac{1}{16}$ de ABC. Nous aurons donc, en représentant par 1 la surface du triangle ABC, surfaces de tous les triangles (le lecteur est prié de faire la là figure) :

$$1 + \frac{1}{4} + \frac{1}{16} + \ldots\ldots + 0 \text{ (à la limite).}$$

Cette série de termes n'étant autre chose qu'une progression géométrique, dont la raison est $\frac{1}{4}$, on pourra écrire (*Arithmétique*, page 100) :

$$S = \frac{a}{1-q} = \frac{1}{1-\frac{1}{4}} = 1 \times \frac{4}{3} = \frac{4}{3}.$$

Plus généralement, si on désigne la surface du grand triangle par a, on aura :

$$S = \frac{a}{1-\frac{1}{4}} = a \times \frac{4}{3}.$$

Ce qui nous fait voir que les surfaces réunies de tous les triangles intérieurs sont égales au $\frac{1}{3}$ du triangle dans lequel elles sont inscrites.

158. — Trouver la loi de la raréfaction de l'air sous le récipient de la machine pneumatique; déterminer la pression du gaz qui reste après le 20e coup de piston.
Généraliser la question. (Application de physique.)

Solution.

Soit V le volume du récipient et celui du tube abducteur;
Soit v le volume du corps de pompe;
Soit P la pression primitive.

Le piston étant supposé au bas de sa course, lorsque, après la 1re opération, il est amené à la partie supérieure du piston, l'air qui occupait le volume V occupe maintenant l'espace V + v; si la pression actuelle est désignée par x, nous aurons en vertu de la loi de Mariotte :

$$\frac{V}{V+v} = \frac{x}{P};$$

d'où :

$$x = P \times \frac{V}{V \times v}. \quad [\mathbf{I}]$$

Raisonnant de même pour les opérations suivantes, nous aurons :

$$x' = x \times \frac{V}{V + v},$$

et, en remplaçant x par sa valeur [I], on aura :

$$x' = P \times \left(\frac{V}{V + v}\right)^2,$$

et
$$x'' = x' \times \frac{V}{V + v} = P \times \left(\frac{V}{V + v}\right)^3;$$

d'où enfin :

$$x^{20} = P \times \left(\frac{V}{V + v}\right)^{20}.$$

D'où l'on voit qu'à l'aide des machines pneumatiques les plus rigoureusement construites on n'arrivera jamais au vide absolu.

159. — Démontrer qu'à mesure qu'on monte dans l'atmosphère, les hauteurs des couches d'air suivant une progression arithmétique croissante, les densités de ces couches suivent une progression géométrique décroissante. (Exercice de physique.)

Solution.

Désignons par P la pression exercée par l'atmosphère su la surface de la terre ;

Par P' la pression exercée sur la 1re couche ;
Par P''   —   — 2e .

On aura évidemment : poids de la 1re couche $= P - P'$.
Et poids de la 2e couche $= P' - P''$.

Désignons également par D et D' les densités respectives de la 1re et de la 2e couche ; d'après un principe de physique, on sait que les densités des gaz sont proportionnelles aux pressions supportées par ces gaz. (Loi de Mariotte.)

D'où l'on peut écrire :

$$\frac{D}{D'} = \frac{P'}{P''}. \qquad [1]$$

Mais on sait aussi que les densités sont proportionnelles aux poids, et on aura encore :

$$\frac{D}{D'} = \frac{P - P'}{P' - P''}. \qquad [2]$$

Les proportions [1] et [2] nous donnent :

$$\frac{P'}{P''} = \frac{P - P'}{P' - P''};$$

d'où l'on tire :

$$P'^2 - P'P'' = PP'' - P'P'';$$

et

$$P'^2 = PP'';$$

ou :

$$P' : P :: P'' : P'.$$

La 3ᵉ et la 4ᵉ couche nous donneraient par un raisonnement semblable :

$$P'' : P' :: P''' : P'';$$

et ainsi de suite. D'où l'on a la progression géométrique décroissante

$$\div P : P' : P'' : P''' : P^{IV} \ldots \ldots$$

En vertu du principe énoncé plus haut et puisqu'on a :

$$\frac{D}{D'} = \frac{P'}{P''},$$

on aura encore la progression géométrique décroissante suivante :

$$\div D : D' : D'' : D''' \ldots \ldots$$

Or les hauteurs de ces couches d'air représentées par

$$H, H', H'' \ldots \ldots$$

suivent évidemment une progression arithmétique croissante, et l'on aura les deux progressions suivantes :

$$\div H . H' . H'' . H''' \ldots \ldots$$
$$\div D : D' : D'' : D''' \ldots \ldots$$

C. Q. F. D.

Remarque. — Les hauteurs des couches d'air horizontales d'une épaisseur infiniment petite peuvent donc être considérées comme les logarithmes des densités des couches correspondantes. (Voir *Arithmétique*, page 123.) Le principe que nous venons de démontrer a donné à Halley et à Newton l'idée de l'appliquer à la mesure des hauteurs par le baromètre. Laplace a modifié les calculs de ses devanciers en tenant compte de toutes les corrections nécessitées par les causes diverses qui modifient les densités des couches d'air, ce qui l'a conduit à la formule suivante :

$$x = 18393^m \times \left(1 \times 2 \cdot \frac{T + t}{1000}\right) \log \frac{H}{h}.$$

Dans cette formule, x représente la différence des hauteurs de deux endroits; 18393 est un nombre constant représentant le rapport des densités de l'air et du mercure pour la latitude de 45°; T et t les températures à la station inférieure et supérieure; H et h les hauteurs aux mêmes stations (inférieure et supérieure).

PUISSANCES ET RACINES.

EXERCICES.

160. — Donner la théorie générale de la racine carrée sur l'exemple suivant : 1 234 567.

(Aspirants, brevet complet.)

Solution.

On aura : $\sqrt{1\,234\,567} = 1111$ à une unité près.

Nota. — Pour la théorie générale, voir *Arithmétique*, pages 105 et 106.

161. — 162. — Extraire la racine carrée :

$$1° \text{ de } \frac{173}{6\,760}.$$

Démontrer que le dénominateur n'est pas un carré parfait; démontrer en attendant que $6760 \times 2 \times 5$ sera bien un carré exact, et opérer sur ce nombre.

$$2° \text{ de } \frac{451}{100\,000}.$$

On aura également pour carré parfait : $100\,000 \times 2 \times 5$. (Même démonstration.)

Solutions.

1° On peut poser :

$$\sqrt{\frac{173}{6760}} = \frac{\sqrt{173}}{\sqrt{6760}} = \frac{\sqrt{173}}{\sqrt{13^2 \times 2^3 \times 5}}$$

$$= \frac{\sqrt{173}}{13 \times 2 \sqrt{2 \times 5}};$$

d'où :

$$\sqrt{\frac{173}{6760}} = \frac{\sqrt{173 \times 2 \times 5}}{13 \times 2^2 \times 5} = \frac{41}{260} \text{ à } \frac{1}{260} \text{ près.}$$

En effet, le dénominateur 6760 décomposé en ses facteurs premiers égale $13^2 \times 2^3 \times 5$. Or, on sait que, pour multiplier un produit de plusieurs facteurs par un produit de plusieurs facteurs également, on doit multiplier entre eux les facteurs des deux produits, et effectuer le produit des produits obtenus; donc le carré d'un produit de plusieurs facteurs est égal au produit des carrés de chaque facteur; donc la racine carrée d'un produit de plusieurs facteurs est égale au produit des racines carrées de chaque facteur (voir *Arithmétique*, page 105); d'où il suit que, pour qu'un nombre soit un carré parfait, il *faut* et il *suffit* que les facteurs premiers de ce nombre soient élevés à une puissance marquée par un chiffre pair. (Voir *Arithmétique*, page 121, note.)

2° On aura de même :

$$\sqrt{\frac{451}{100\,000}} = \frac{\sqrt{451}}{\sqrt{100\,000}} = \frac{\sqrt{451}}{\sqrt{2^5 \times 5^5}} = \frac{\sqrt{451}}{2^2 \times 5^2 \times \sqrt{2 \times 5}};$$

d'où :

$$\sqrt{\frac{451}{100\,000}} = \frac{\sqrt{451 \times 2 \times 5}}{2^3 \times 5^3} = \frac{67}{1000} \text{ à } \frac{1}{1000} \text{ près.}$$

(Même démonstration que précédemment.)

Remarque. — L'unité suivie d'un nombre *pair* de zéros, n par exemple, forme un nombre dont la racine carrée est exactement $2^{\frac{n}{2}} \times 5^{\frac{n}{2}}$.

163. — Un pépiniériste a un certain nombre d'arbuste qu'il veut disposer en carré par lignes parallèles. En faisan un premier essai pour arriver à ce résultat, il lui en reste 30 : il recommence son opération, et en ajoute 1 sur chaque côté du carré ; il se trouve alors qu'il lui en manque 15. Trouver le nombre total d'arbustes.

Solutions.

1re *Solution.* — La différence entre le nombre total d'arbustes qui seraient dans les deux carrés est égale évidemment à $30 + 15 = 45$. Cette différence étant égale à celle des carrés de deux nombres consécutifs, nous aurons (voir *Arithmétique*, page 106):

2 fois le premier nombre essayé $\quad + 1 = 45.$

D'où 1er nombre essayé $\qquad = \dfrac{44}{2} = 22.$

D'où nombre total d'arbustes $= 22^2 + 30 = 514.$

Ou : $\qquad\qquad 23^2 - 15 = 514.$

2° *Solution.* — Soit x le 1er nombre essayé, le $2^o = x + 1$. L'énoncé du problème nous donne :

$$x^2 + 30 = (x + 1)^2 - 15;$$

d'où :

$$(x + 1)^2 - x^2 = 30 + 15.$$

Or l'on sait que la différence de deux carrés est égale au produit de la somme des racines par la différence de ces mêmes racines.

Donc $\qquad (x + 1 + x) \times (x + 1 - x) = 45;$

d'où $\qquad\qquad 2x = 45 - 1$

et $\qquad\qquad x = 22;$

d'où nombre d'arbustes : $= 22^2 + 30 = 514$

164. — La différence de deux nombres est 4, et celle de leurs carrés 72. Déterminer ces deux nombres.

Généralement, si la différence de deux nombres est :

$$1, 2, 3. \ldots . n,$$

à quoi sera égale la différence de leurs carrés ?

Solution.

Soit x le plus petit de ces nombres, le plus grand sera égal à $x + 4$, et on aura :

$$(x + 4)^2 - x^2 = 72 ;$$

d'où

$$(x + 4 + x) \times (x + 4 - x) = 72 ; \text{ (voir problème précédent) ;}$$

d'où :

$$(2x + 4) \times 4 = 72 ,$$

et

$$x = \frac{72 - 16}{8} = \frac{56}{8} = 7 ,$$

et

$$x + 4 = 7 + 4 = 11.$$

Si la différence des deux nombres est $1, 2, 3, \ldots . n$, la différence des carrés sera égale (x désignant le plus petit nombre) :

1° à $(x + 1)^2 - x^2 = (x + 1 + x) \times (x + 1 - x) = 2x + 1$;
2° à $(x + 2)^2 - x^2 = (x + 2 + x) \times (x + 2 - x) = 4x + 4$;
3° à $(x + 3)^2 - x^2 = (x + 3 + x) \times (x + 3 - x) = 6x + 9$;

$$\ldots \ldots \ldots \ldots \ldots \ldots \ldots \ldots \ldots \ldots \ldots$$

à $(x + n)^2 - x^2 = (x + n + x) \times (x + n - x) = 2xn + n^2.$

165. — Le produit de deux nombre est 98. Déterminer chacun de ces nombres, sachant que l'un d eux est la $\frac{1}{2}$ de l'autre.

Solution.

Si l'un de ces nombres est désigné par x, le 2ᵉ le sera par $\frac{x}{2}$.

Et l'on aura :

$$x \times \frac{x}{2} = 98 ;$$

d'où $$x^2 = 98 \times 2 = 196 ;$$

d'où $$x = \pm \sqrt{196} = \pm 14 ,$$

et $$\frac{x}{2} = \pm 7 .$$

166. — Le produit de deux nombres est 360. Déterminer chacun de ces nombres, sachant que l'un d'eux est les $\frac{2}{5}$ de l'autre.

Plus généralement, connaissant le produit P de deux nombres et leur rapport $\frac{a}{6}$ (rapport par quotient) démontrer qu'on aura : $x = \pm \sqrt{P \times \frac{b}{a}}$ et $x' = \pm \sqrt{P \times \frac{a}{b}}$ (x et x' désignant chacun de ces nombres).

Solution.

Si l'un de ces nombres est désigné par x, le second le sera par $\frac{2x}{5}$.

Et l'on aura : $$x + \frac{2x}{5} = 360 ;$$

d'où : $$x^2 = 360 \times \frac{5}{2} ;$$

d'où : $$x = \pm \sqrt{900} = \pm 30 ;$$

et $$\frac{2x}{5} = \pm 12 .$$

Plus généralement, si x est l'un de ces nombres, le second x' égalera $x \times \frac{a}{b}$.

Et l'on aura : $$x \times x \times \frac{p}{q} = P ;$$

d'où : $$x^2 = P \times \frac{v}{q} ;$$

d'où : $$x = \pm \sqrt{P \times \frac{b}{a}} ,$$

et
$$x' = \pm\sqrt{P \times \frac{b}{a} \times \frac{a}{a}}$$

ou
$$x' = \pm\sqrt{P \times \frac{6}{a} \times \frac{a^2}{5^2}}$$

$$= \pm\sqrt{P \times \frac{a}{b}}.$$

C. Q. F. D.

167. *Remarque.* — Les problèmes suivants : trouver deux nombres, connaissant : 1° leur somme et leur produit ; 2° leur différence et leur produit, conduisent à une équation du 2ᵉ degré.

En effet :

1° Soit S la somme de deux nombres, P leur produit.

Si x désigne l'un de ces nombres, T — x sera l'autre ; et l'on aura :
$$x \times (S - x) = P ;$$
d'où
$$Sx - x^2 = P,$$
et
$$x^2 - Sx = - P.$$

Complétant le carré (voir *Arithmétique*, pages 108 et suivantes), on aura :
$$x^2 - Sx + \left(\frac{S}{2}\right)^2 = \left(\frac{S}{2}\right)^2 - P ;$$
d'où
$$\sqrt{x^2 - Sx + \left(\frac{S}{2}\right)^2} = \pm\sqrt{\left(\frac{S}{2}\right)^2 - P} ;$$
d'où
$$x - \frac{S}{2} = \pm\sqrt{\left(\frac{S}{2}\right)^2 - P},$$
et
$$x = \frac{S}{2} \pm\sqrt{\left(\frac{S}{2}\right)^2 - P}.$$

Nota. — Si les deux nombres sont égaux, la valeur du radical est évidemment égale à 0, et l'on a : $x = \dfrac{S}{2}$.

Si les deux nombres sont inégaux, on aura :
$$x \text{ (1}^{\text{er}}\text{ nombre)} = \frac{S}{2} + \sqrt{\left(\frac{S}{2}\right)^2 - P} ;$$
$$\frac{S}{2} - \sqrt{\left(\frac{S}{2}\right)^2 - P}.$$

2° Soit D la différence de deux nombres, P leur produit.

Si x désigne l'un de ces nombres, $x + D$, sera l'autre;

et l'on aura : $x \times (x + D) = P$;

d'où : $x^2 + xD = P$.

Complétant le carré, on aura :

$$x^2 + xD + \left(\frac{D}{2}\right)^2 = P + \left(\frac{D}{2}\right)^2;$$

d'où $$\sqrt{x^2 + xD + \left(\frac{D}{2}\right)^2} = \sqrt{P + \left(\frac{D}{2}\right)^2};$$

d'où $$x + \frac{D}{2} = \pm\sqrt{P + \left(\frac{D}{2}\right)^2};$$

et $$x = -\frac{D}{2} \pm\sqrt{P + \left(\frac{D}{2}\right)^2}.$$

Nota. — Si les deux nombres sont égaux, la différence

$$D = 0;$$

et l'on a : $$x = \pm\sqrt{P}.$$

Si les deux nombres sont inégaux, on aura :

$$x \text{ (1}^{\text{er}}\text{ nombre)} = -\frac{D}{2} + \sqrt{P + \left(\frac{D}{2}\right)^2};$$

$$x' \text{ (2}^{\text{e}}\text{ nombre)} = -\frac{D}{2} - \sqrt{P + \left(\frac{D}{2}\right)^2}.$$

168. — On sait que nos pièces de monnaie sont cylindriques, que le volume du cylindre a pour formule $\pi R^2 H$. Trouver, d'après cela, le rayon R d'une pièce de 5 fr. en argent, sachant que la densité de notre monnaie d'argent est 9,2 et que l'épaisseur H d'une pièce de 5 fr. est de $2^{\text{mm}},5$.

Solution.

On a poids d'une pièce de 5 fr. en argent :

$$5^{\text{g}} \times 5 = 25 \text{ grammes.}$$

D'où volume $= \dfrac{25}{9,2}$ centim. cubes $= \dfrac{125}{46}$ centim. cubes.

On peut donc poser :

$$\pi R^2 \times 0^{cm},25 = \frac{125}{46};$$

d'où :

$$R^2 = \frac{125 \times 7}{46 \times 0,25 \times 22}.$$

(On sait que $\pi = \dfrac{22}{7}$);

d'où

$$R^2 = \frac{5^3 \times 7}{2^2 \times 23 \times 0,5^2 \times 11} = \frac{5^3 \times 7 \times 23 \times 11}{2^2 \times 23^2 \times 0,5^2 \times 11^2};$$

d'où

$$R = \sqrt{\frac{5^3 \times 7 \times 23 \times 11}{2^2 \times 23^2 \times 0,5^2 \times 11^2}} = \frac{\sqrt{5^3 \times 7 \times 23 \times 11}}{\sqrt{2^2 \times 23^2 \times 0,5^2 \times 11^2}};$$

d'où

$$R = \frac{5 \times \sqrt{5 \times 7 \times 23 \times 11}}{2 \times 23 \times 0,5 \times 11} = \frac{\sqrt{5 \times 7 \times 23 \times 11}}{2 \times 23 \times 0,1 \times 12}$$

$$= \frac{\sqrt{8855}}{50,6} = \frac{941}{506} = 18^{mm},5 \text{ (approximatif)}.$$

169. — On a une progression arithmétique formée de la suite naturelle des nombres impairs ; sachant que le 1er terme est l'unité et que la somme des termes est 676, trouver le nombre de termes.

Solution.

On sait qu'on a (voir *Progressions arithmétiques*) :

$$S = (a + l) \times \frac{n}{2}.$$

On sait aussi que le dernier terme $(l) =$ le 1er terme $+$ autant de fois la raison qu'il y a de termes avant lui, c'est-à-dire qu'on a :

$$l = a + r\,(n - 1);$$

on peut donc écrire :

$$S = [a + a + r\,(n - 1)]\,\frac{n}{2} = [2a + r\,(n - 1)]\,\frac{n}{2}.$$

Mais la raison $(r) = 2$;

d'où :

$$S = [2a + 2(n-1)]\frac{n}{2} = (2a + 2n - 2)\frac{n}{2},$$

ou

$$S = \frac{2an + 2n^2 - 2}{2};$$

le 1er terme (a) étant égal à l'unité, on a :

$$S = \frac{2n + 2n^2 - 2}{2};$$

et enfin

$$S = n^2;$$

d'où

$$n^2 = 676,$$

et

$$n = \sqrt{676} = 26.$$

170. — Soit à extraire la racine carrée de $57\,328$:

1° à $\frac{1}{10}$ près ; 2° à $\frac{1}{100}$ près ; 3° à $\frac{1}{7}$ près .

Solution.

1° La racine carrée devant exprimer des $\frac{1}{10}$, le carré exprimera des $\frac{1}{100}$.

Mais

$$57\,328 = \frac{57\,328 \times 100}{100};$$

et l'on aura :

$$\sqrt{\frac{57\,328 \times 100}{100}} = \frac{\sqrt{5\,732\,800}}{10}$$

$$= 239,8 \text{ à } \frac{1}{10} \text{ près.}$$

2° La racine carrée devant exprimer des $\frac{1}{100}$, le carré exprimera des $\left(\frac{1}{100}\right)^2$ ou des $\frac{1}{10\,000}$.

Mais

$$57\,328 = \frac{573\,280\,000}{10\,000};$$

et l'on aura :

$$\sqrt{\dfrac{573\,280\,000}{10\,000}}$$

$$= \dfrac{\sqrt{573\,280\,000}}{100} = 239{,}84 \text{ à } \dfrac{1}{100} \text{ près.}$$

$3°$ La racine carrée devant exprimer des $\dfrac{1}{7}$, le carré exprimera des $\left(\dfrac{1}{7}\right)^2$ ou des $\dfrac{1}{49}$;

mais
$$57\,328 = \dfrac{57\,328 \times 49}{49}$$

et l'on aura :

$$\sqrt{\dfrac{57\,328 \times 49}{49}} = \dfrac{\sqrt{57\,328 \times 49}}{7} = \dfrac{1\,676}{7} \text{ à } \dfrac{1}{7} \text{ près.}$$

(Voir *Arithmétique*, page 108.)

171. —Extraire la racine cubique d'un nombre $45\,680\,573$. (Donner la théorie générale.)

Solutions.

1re *Solution.* — On aura   (voir *Arithmétique*, page 114) :
$$\sqrt[3]{45\,680\,573} = 357 \text{ à } 1 \text{ unité près.}$$

2e *Solution.* — Calcul par logarithmes.
On sait que (voir *Arithmétique*, page 124)
$$\log \sqrt[3]{45\,680\,573} = \dfrac{\log 45\,680\,573}{3}.$$

Or on a :
$$\log 45\,680 = 4{,}659\,76$$
et
$$\log 45\,680\,000 = 7{,}659\,76$$

dont le $\frac{1}{3}$ est   . . . . . $2{,}553\,25.$

Nombre correspondant à ce log. . . . . $= 357.$

Nota. — Pour la théorie générale, voir *Arithmétique*, pages 104 et suivantes, théorie de la racine carrée.

172 — Extraire la racine cubique :

$$1° \text{ de } \frac{153}{26\,136}.$$

(Démontrer que le dénominateur n'est pas un cube parfait; démontrer, en attendant, que $26\,136 \times 11$ sera bien un cube exact, et opérer sur ce nombre.)

$$2° \text{ de } \frac{423}{100\,000}.$$

(On aura également pour cube parfait $100\,000 \times 2 \times 5$, même démonstration.)

Solutions.

1° On peut poser :

$$\sqrt[3]{\frac{153}{26\,136}} = \frac{\sqrt[3]{153}}{\sqrt[3]{26\,136}} = \frac{\sqrt[3]{153}}{\sqrt[3]{2^3 \times 3^3 \times 11^2}}$$

$$= \frac{\sqrt[3]{153}}{2 \times 5 \times \sqrt[3]{11^2}};$$

d'où

$$\sqrt[3]{\frac{153}{26\,136}} = \frac{\sqrt[3]{153 \times 11}}{2 \times 5 \times 11} = \frac{11}{66} \text{ à } \frac{1}{66} \text{ près.}$$

(Pour la démonstration, voir problèmes 161, 162, *solutions*, page 154.)

Remarque. — Pour qu'un nombre soit un cube parfait, il *faut* et il *suffit* que les facteurs premiers de ce nombre soient élevés à une puissance marquée par le chiffre 3, ou à une puissance divisible par 3. (Voir *Arithmétique*, page 121, note.)

2° On aura de même :

$$\sqrt[3]{\frac{423}{100\,000}} = \frac{\sqrt[3]{423}}{\sqrt[3]{100\,000}} = \frac{\sqrt[3]{423}}{\sqrt[3]{2^5 \times 5^5}};$$

d'où :

$$\sqrt[3]{\frac{423}{100\,000}} = \frac{\sqrt[3]{423 \times 2 \times 5}}{\sqrt[3]{2^6 \times 5^6}}$$

$$= \frac{\sqrt[3]{423 \times 2 \times 5}}{2^2 \times 5^2} = \frac{16}{100} \text{ à } \frac{1}{100} \text{ près.}$$

(Même démonstration. Voir problèmes 161, 162, *solutions*, page 154.)

Remarque. — L'unité suivie d'un nombre de zéros divisible par 3, n par exemple, forme un nombre dont la racine cubique est exactement $2^{\frac{n}{3}} \times 5^{\frac{n}{3}}$.

173. — La différence des cubes de deux nombres consécutifs est 538057. Déterminer chacun de ces deux nombres. Généralement, si la différence de deux nombres est $1, 2, 3, \ldots n$, à quoi sera égale la différence de leurs cubes ?

Solution.

On sait (voir *Arithmétique*, page 115) que la différence des cubes de deux nombres consécutifs est égale à 3 fois le carré du plus petit nombre, plus 3 fois ce même petit nombre plus 1.

Si donc on désigne le plus petit nombre par N, on peut écrire :
$$3N^2 + 3N + 1 = 538057;$$
d'où :
$$N^2 + N = 179352.$$

Complétant le carré (voir *Arithmétique*, pages 109 et suivantes), il vient :
$$N^2 + N + \left(\frac{1}{2}\right)^2 = 179352 + \left(\frac{1}{2}\right)^2;$$
d'où :
$$N + \frac{1}{2} = \sqrt{179352 + \frac{1}{4}};$$
d'où :
$$N = -\frac{1}{2} \pm \sqrt{\frac{708409}{4}}$$
$$= \frac{1}{2} \pm \frac{847}{2} = \left\{ \begin{array}{l} 1^\circ \ + 423. \\ 2^\circ \ - 424. \end{array} \right.$$

Le plus petit nombre est donc 423.

Par la formation des cubes, on voit que la différence de deux nombres étant $1, 2, 3, \ldots, n$, la différence des cubes sera égale à :

1° *Trois* fois le carré du plus petit nombre + *trois* fois ce nombre, plus 1;

2° *Six* fois le carré du plus petit nombre + *douze* fois ce nombre, plus 8;

3° *Neuf* fois le carré du plus petit nombre + *vingt-sept* fois ce nombre, plus 27;

. . . .

Trois fois N^2n + *trois* fois Nn^2 + n^3.

(N désigne le plus petit nombre.)

On peut déduire une règle générale.

174. — On sait que les plus petites mesures pour les liquides autres que le lait et l'huile ont une hauteur intérieure double du diamètre pris aussi à l'intérieur. On demande, d'après cela, de déterminer les dimensions du litre.

Solution.

Soit H la hauteur, $\dfrac{H}{2}$ sera le diamètre et $\dfrac{H}{4}$ le rayon.

On sait que le volume d'un cylindre a pour formule $\pi R^2 H$.

D'où l'on peut poser :

$$\frac{\pi H^2 H}{16} = 1000 \text{ centimètres cubes;}$$

d'où
$$\pi H^3 = 16000,$$

et
$$H^3 = \frac{16000 \times 7}{22} = \frac{8000 \times 7}{11};$$

d'où

$$\sqrt[3]{\frac{8000 \times 7}{11}} = \sqrt[3]{\frac{8000 \times 7 \times 11^2}{11^3}}$$

$$= \frac{\sqrt[3]{8000 \times 7 \times 11^2}}{11} = \frac{\sqrt[3]{6776000}}{11}.$$

Effectuant :

$$\log 6776 = 3,83097;$$
$$\log 6776000 = 6,83097.$$
$$\text{Dont le } \tfrac{1}{3} \ldots = 2,27699.$$

Nombre correspondant 189,23.

D'où :
$$\frac{189,23}{11} = 17,2.$$

Réponse. . . 172 millimètres (hauteur).

175. — Les mesures pour les matières sèches ont la hauteur intérieure égale au diamètre : trouver les dimensions de l'hectolitre.

Solution.

On aura comme précédemment,

$$\frac{\pi H^3}{4} = 100\,000 \text{ centimètres cubes,}$$

et

$$H^3 = \frac{400\,000 \times 7}{22};$$

et

$$H = \frac{10 \times \sqrt[3]{100 \times 7 \times 2 \times 11^2}}{11}.$$

Effectuant, on a :

$$\log 100 = 2,$$
$$\log 7 \times 2 = 1,14613;$$
$$\log 121 = 2,08279;$$
$$\log 169\,400 = 5,22891.$$

Dont le $\frac{1}{3}$ $\qquad = 1,74297.$

A ajouter $\qquad \log 10 = 1.$

Total. . . . . 2,74297.

Nombre correspondant : 553,51.

D'où hauteur $= \dfrac{553,51}{11} = 503 \text{ millimètres.}$

176. — On a gonflé un ballon de gaz (gaz d'éclairage) : ce ballon a un volume de $4^{mc},500$. On demande le rayon de ce ballon, sachant que le volume de la sphère a pour formule $\frac{4}{3}\pi R^3$.

Solution.

On aura, par conséquent :

$$\frac{4}{3}\pi R^3 = 4500 \text{ décimètres cubes;}$$

d'où

$$R^3 = \frac{4500 \times 3 \times 7}{4 \times 22} = \frac{4500 \times 3 \times 7}{2^3 \times 11} = \frac{500 \times 3^3 \times 7}{2^3 \times 11};$$

d'où

$$R = \frac{3 \times \sqrt[3]{500 \times 7}}{2 \times \sqrt[3]{11}} = \frac{3 \times \sqrt[3]{500 \times 7 \times 11^2}}{2 \times 11}.$$

Effectuant, on a :

$$\log 500 = 2{,}698\,97\,;$$
$$\log 847 = 2{,}927\,88\,;$$
$$\log 500 \times 847 = 5{,}626\,85.$$

Dont le $\frac{1}{3}$ $\qquad = 1{,}875\,42\,;$

$$\log 3 \qquad = 0{,}477\,12.$$

D'où $\log 3 \times \sqrt[3]{500 \times 7 \times 11^2} = 2{,}352\,74.$

A déduire $\log 2 \times 11 \qquad = 1{,}342\,42.$

Reste. . . . . $= 1{,}010\,32.$

Nombre correspondant : 10,24 (par défaut).

Réponses. . . Le rayon est égal à $10^{dm}{,}24$ (approximatif).

177. — On a une goutte d'eau de savon de 1 millimètre de diamètre : on gonfle cette bulle, et on obtient une bulle de 1 décimètre de diamètre : calculer l'épaisseur de l'enveloppe ?

Solution.

On a : 1° Volume de la goutte de savon :

$$\frac{4}{3}\pi R^3 = \frac{4}{3}\pi\,\frac{1}{8} \text{ millimètres cubes}$$

2° Volume de la bulle gonflée :

$$\frac{5}{3}\pi R^3 = \frac{4}{3}\pi \times \left(\frac{100}{2}\right)^3 \text{ millimètres cubes.}$$

D'où différence de ces deux volumes égale évidemment le volume de l'air introduit; ce volume égale :

$$\frac{4}{3}\pi \times \left(\frac{100}{2}\right)^3 - \frac{4}{3}\pi \times \frac{1}{8} = \frac{100^3 - 1}{8} \times \frac{4}{3}\pi.$$

Le rayon de cette sphère d'air

$$= \sqrt[3]{\frac{(100)^3 - 1}{8} \times \frac{4}{3}\pi : \frac{4}{3}\pi} = \frac{\sqrt[3]{(100)^3 - 1}}{2} = \frac{\sqrt[3]{999\,999}}{2};$$

d'où enfin épaisseur de l'enveloppe

$$= \frac{100 - \sqrt[3]{999\,999}}{2}.$$

Nota. — Pour que le résultat soit appréciable dans l'expression $\dfrac{100 - \sqrt[3]{999\,999}}{2}$, il est nécessaire que, dans l'extraction de la racine cubique, on pousse les calculs assez loin.

EXERCICES SUR LES QUESTIONS D'ANNUITÉS.

178. *Exercice I.* — Un particulier fait des placements successifs au commencement de chaque année et pendant 25 ans de 350 fr. chacun. On désire savoir quel est le capital qu'il se sera ainsi constitué, sachant que les intérêts se capitalisent tous les ans et sont calculés à raison de $4\frac{1}{2}$ p. %.

Solution.

On aura :

Problème 1, 2ᵉ série (voir *Arithmétique*, page 130):

$$c = \frac{a\,(1 + i)\,[(1 + i)^n - 1]}{i}.$$

Le cas actuel nous donnera : Capital

$$= \frac{350 \times 1,045 \times [(1,045)^{25} - 1)}{0,045}.$$

On a : $\quad\quad\quad \log 1,045 = 0,01912.$

Et $\quad\quad\quad\quad \log (1,045)^{25} = 0,47800;$

nombre correspondant : 3,006;

d'où $\quad\quad\quad . \;(1,045)^{25} - 1 = 2,006;$

d'où enfin

$$\frac{350 \times 1,045 \times 2,006}{0,045} = 16\,304^{\mathrm{f}},32.$$

Réponse. . . $16\,304^{\mathrm{f}},32$ (approximatif).

179. *Exercice II.* — Un père de famille désire faire une dot de 20 000 fr. à sa petite fille qui vient de compléter sa deuxième année. Quelle sera l'annuité qu'il devra verser au commencement de chaque année pour que sa fille jouisse de ce capital à sa majorité (21 ans accomplit) ? Les intérêts se capitalisent à la fin de chaque année et sont calculés à 4 p. %.

Solution.

On aura (problème II, 2ᵉ série. Voir *Arithmétique*, page 130):

$$a = \frac{ci}{(1 + i)\left[(1 + i)^n - 1\right]}.$$

Appliquant au cas actuel :

$$\text{Annuité} = \frac{20\,000 \times 0{,}04}{1{,}04 \times \left[(1{,}04)^{19} - 1\right]}.$$

On a :
$$\log 1{,}04 = 0{,}01703.$$

Et
$$\log (1{,}04)^{19} = 0{,}32337;$$

Nombre correspondant : 2,10645;

d'où
$$(1{,}04)^{19} - 1 = 1{,}10645;$$

d'où

$$\frac{20\,000 \times 0{,}04}{1{,}04 \times 1{,}10645} = 695^{\text{f}}{,}23.$$

Réponse. . . 695^f,23 (appproximatif).

180. *Exercice III.* — Au bout de combien de temps une série de placements successifs de 200 fr. chacun effectués au commencement de chaque année aura-t-elle pour valeur totale 3 800 fr. à 3 ½ p. % et intérêts composés ?
Les intérêts se capitalisent tous les ans.

Solution.

On aura (problème III, 2ᵉ série. Voir *Arithmétique*, page 131) :

$$\log \frac{ci + a(1 + i)}{a(1 + i)} : \log 1 + i = n.$$

Appliquant :

$$\log \frac{3800 \times 0,035 + 200 \times 1,035}{200 \times 1,035} : \log 1,035 = n.$$

Effectuant :

$$\log \frac{340}{207} = \log 340 - \log 207 = 0,21551;$$

$$\log 1,035 = 0,01494;$$

d'où
$$\frac{21551}{1494} = 14.$$

Réponse. . . 14 ans environ.

181. *Exercice IV.* — A quel taux faut-il calculer les intérêts. (*Exercice III*) pour que ces placements aient au bout
du même temps une valeur totale de 4 200 fr. ?

Solution.

Suivant la marche indiquée (voir problème IV, *Arithmétique*, page 131), on aura :

$$\frac{c}{a} = \frac{(1 + i) \times [(1 + i)^n - 1]}{i}.$$

Faisons : $\qquad i = 0,05.$

Si le taux cherché était 5 p. %, on aurait :

$$\frac{4200}{200} = \frac{1,05 \times [(1,05)^{14} - 1]}{0,05},$$

ou $\qquad 21 = \dfrac{1,05 \times [(1,05)^{14} - 1]}{0,05}.$

On a : $\qquad \log 1,05 = 0,02119$

Et $\qquad \log (1,04)^{14} = 0,29666.$

Nombre correspondant : 1,980 ;

d'où $\qquad (1,04)^{14} - 1 = 0,980;$

d'où $\qquad \dfrac{0,980 \times 1,05}{0,05} = 20,5.$

On a donc : $\qquad 21 > 20,5.$

Donc le taux supposé est trop faible.

Faisons : $i = 0,055$.

Si le taux cherché était $5\frac{1}{2}$ p. %, on aurait :

$$2I = \frac{1,055 \times \left[(1,055)^{14} - 1\right]}{0,055}.$$

On a : $\log 1,055 = 0,02325$,

et $\log (1,055)^{14} = 0,32550$,

Nombre correspondant : $2,111$;

d'où $(1,055)^{14} - 1 = 1,111$;

d'où $\dfrac{1,055 \times 1,111}{0,055} = 21,3$.

On a donc : $21 < 21,3$;

d'où il suit que le taux supposé est trop fort. On pourrait continuer ainsi les calculs, en supposant pour le taux deux valeurs différentes comprises entre 5 p. % et $5\frac{1}{2}$ p. %; on obtiendrait ainsi un chiffre qui différerait du chiffre exact d'une quantité plus petite que toute quantité donnée.

On aura si l'on veut taux égale :

$$\frac{5 + 5,5}{2} = 5,25 \text{ p. \%.}$$

Réponse. . . Taux égale $4\frac{1}{4}$ p. % (approximatif.)

INTÉRÊTS COMPOSÉS, ANNUITÉS ET AMORTISSEMENTS.

(EXERCICES.)

182. — Une personne verse d'année en année chez un banquier une somme de 1 000 fr. à 4 reprises différentes. Au milieu de la 3ᵉ année, elle retire 850 fr. et demande qu'on lui donne ce qui lui est dû à l'expiration de cette 4ᵉ année. En supposant l'intérêt à 5 p. % et capitalisé à la fin de chaque année, que recevra cette personne ?

(Brevet complet.)

Solution.

1re somme vaut au bout de la 4e année $1\,000 \times (1,05)^4$;

2e —   —   — $1\,000 \times (1,05)^3$;

3e —   —   — $1\,000 \times (1,05)^2$;

4e —   —   — $1\,000 \times 1,05$.

Somme totale due, si cette personne n'avait rien retiré :

$$1\,000 \times [1,05 + (1,05)^2 + (1,05)^3 + (1,05)^4].$$

Le multiplicateur peut prendre la forme (voir *Arithmétique*, progressions géométriques) :

$$\frac{(1,05)^4 \times 1,05 - 1,05}{0,05} = \frac{1,05\,[(1,05)^4 - 1]}{0,05}.$$

Et l'on aura :

$$1\,000 \times \frac{1,05\,[(1,05)^4 - 1]}{0,05}.$$

Effectuant :

$$\log 1,05 = 0,02119,$$

et

$$\log (1,05)^4 = 0,08476.$$

Nombre correspondant : $1,2155$;

d'où

$$(1,05)^4 - 1 = 0,2155,$$

et

$$0,2155 \times \frac{1,05}{0,05} = 4525^f,50, \text{ ci} \dots \quad 4525^f,50.$$

850 fr. + son intérêt pendant 6 mois $= 871^f,25$;

$871^f,25$ + son intérêt pendant 1 an $= \dots\dots\dots \quad 914^f,81.$

Reste dû. . . . . $3610^f,69.$

Réponse. . . $3610^f,70$ (approximatif).

183. — Une somme de $103\,850$ fr. provient d'un capital qui a été placé pendant 3 ans 7 mois à intérêts à $5\frac{1}{2}$ p. %. Ce capital lui-même représente les $\frac{7}{9}$ du prix de vente d'un champ de forme triangulaire qui a 385 mètres de longueur. Sachant que l'hectare de ce terrain a été vendu 7650 fr., calculer la largeur de ce champ

(Brevet complet.)

Solution.

1° Intérêt simple :

100 fr. donnent pendant 3 ans 7 mois un intérêt égal à :

$$\frac{5,50 \times 43}{12} = \frac{236,5}{12};$$

donc, si la somme totale était :

$$100 + \frac{236,5}{12} = \frac{1\,436,5}{12},$$

le capital primitif serait 100 fr.

Et si la somme totale est 103 850, le capital primitif sera :

$$\frac{100 \times 103\,850}{1\,436,5}.$$

Donc le prix de vente sera égal à :

$$\frac{100 \times 103\,850 \times 9}{1\,436,5 \times 7}.$$

D'où nombre d'hectares :

$$\frac{100 \times 103\,850 \times 9}{1\,436,5 \times 7 \times 7\,650} = 14^{\text{Ha}},5801.$$

D'où largeur du champ :

$$\frac{145\,801^{\text{mq}} \times 2}{385} = 757 \text{ mètres.}$$

2° Intérêt composé :

La formule $c = a \times (1 + i)^{n + \frac{m}{i}}$ (voir *Arith.*, page 121) nous donne ici :

$$103\,850 = a \times (1,055)^{3 + \frac{7}{12}} = a \times (1,055)^{\frac{43}{12}};$$

d'où

$$a = \frac{103\,850}{(1,055)^{\frac{43}{12}}}.$$

Effectuant, on a :

$$\log 1,055 = 0,023\,25;$$

et

$$\log (1,055)^{\frac{43}{12}} = 0,083\,31.$$

Nombre correspondant : 1,2115;

d'où
$$a = \frac{103\,850}{1,2115};$$

d'où prix de vente
$$= \frac{103\,850 \times 9}{1,2115 \times 7},$$

et nombre d'hectares :
$$\frac{103\,850 \times 9}{1,2115 \times 7 \times 7\,650} = 14^{\text{Hn}},4067;$$

d'où largeur du champ :
$$\frac{144\,067 \times 2}{385} = 748 \text{ mètres.}$$

184. — Un capital de 25\,000 fr. placé à intérêts composés pendant 3 ans est devenu avec les intérêts 28\,905 fr. Quel a été le taux de l'intérêt ?

(Brevet complet.)

Solution.

On aura (voir *Arithmétique*, page 129, problème IV) :
$$\frac{\log c - \log a}{n} = \log 1 + i.$$

Appliquant :
$$\frac{\log 28\,905 - \log 25\,000}{3} = \log 1 + i.$$

Effectuant :
$$\log\ 2\,890\ = 3,46090;$$
$$\log\ 2\,890,5 = 3,46097;$$

d'où
$$\log 28\,905\ = \dots\dots\dots 4,46097$$
$$\log 25\,000\ = \dots\dots\dots 4,39794$$

$$\text{Différence.} \dots\dots\dots 0,06303.$$
$$\text{Dont le } \tfrac{1}{3} \dots\dots\dots 0,02101.$$

Donc
$$\log 1 + i = 0,02101.$$

Nombre correspondant : 1,049 ;

donc
$$1 + i = 1,049;$$

d'où
$$i = 0,049;$$

d'où taux
$$= 4,9 \text{ p. \%.}$$

185. — Quelle somme faut-il placer à 5 p. % et à intérêts composés, pendant 3 ans 72 jours, au commencement de chaque année, pour que la somme que l'on aura à recevoir, pour les sommes placées et leurs intérêts, soit égale à celle que l'on aurait à payer si l'on avait emprunté 9 500 fr. pour le même temps à 6 p. % et à intérêt simple ? L'année est composée de 360 jours.

(Brevet complet.)

Solution.

Intérêt de 9 500 fr. pendant 1 an :

$$95 \times 6 = 570 \text{ fr.}$$

Intérêt de 9 500 fr. pendant 3 ans . . . . . . 1 710 fr.

Intérêt de 9 500 fr. pendant 72 jours, ou

pendant $\frac{1}{5}$ d'année $\frac{570}{5} = $ . . . . 114 fr.

Total . . . . 1 824 fr.

A ajouter. . . . . 9 500 fr.

Valeur totale de la dette . . . . 11 324 fr.

Appelons a chaque placement effectué au commencement de chaque année.

Le 1er produira intérêt pendant 3 ans $\frac{1}{5}$ et vaudra au bout de ce temps :

$$a \times (1,05)^{\frac{16}{5}};$$

Le 2e produira intérêt pendant 2 ans $\frac{1}{5}$ et vaudra :

$$a \times (1,05)^{\frac{11}{5}}.$$

Le 3e et dernier produira intérêt pendant 1 an $\frac{1}{5}$ et vaudra :

$$a \times (1,05)^{\frac{6}{5}};$$

d'où

$$a \times [(1,05)^{\frac{6}{5}} + (1,05)^{\frac{11}{5}} + (1,05)^{\frac{16}{5}}] = 11\,324,$$

Le multiplicateur peut prendre la forme :

$$\frac{(1,05)^{\frac{16}{5}} \times 1,05 - (1,05)^{\frac{6}{5}}}{0,05};$$

et l'on peut écrire :

$$a \times \frac{\left[(1,05)^{\frac{21}{5}} - (1,05)^{\frac{6}{5}}\right]}{0,05} = 11324;$$

d'où

$$a = \frac{11324 \times 0,05}{(1,05)^{\frac{21}{5}} - (1,05)^{\frac{6}{5}}}.$$

Effectuant :

$$\log 1,05 = 0,02119$$

et

$$\log (1,05)^{\frac{21}{5}} = 0,08899.$$

Nombre correspondant. 1,227,

$$\log (1,05)^{\frac{6}{5}} = 0,02544.$$

Nombre correspondant. . . . . 1,060.

Différence. 0,167;

d'où $\qquad a = 3390^{f},42$ (approximatif).

186. — Démontrer, à l'aide d'une formule, autant que possible, ce que deviendrait une somme de 1 200 fr. capital et intérêts réunis, si elle était placée pendant 14 ans et 2 mois à intérêts composés à 5 p. %/₀ par an.

(Brevet complet. — Bordeaux, 1872.)

Solution.

On aura somme cherchée

$$= 1200 \times (1,05)^{14+\frac{2}{12}} = 12000 \times (1,05)^{\frac{89}{6}}.$$

(Voir *Arithmétique*, pages 121 et 122.)

D'où, si nous représentons la somme cherchée par x, on pourra écrire :

$$\log x = \log 1200 + \frac{85}{6} \times \log 1,05.$$

On a : $\qquad \log 1200 = $ . . . . 3,07918.

$$\log 1,05 = 0,02119,$$

et $\quad \dfrac{85}{6} \times \log 1,05 = 0,02119 \times \dfrac{85}{6} = $ . . . . 0,30019.

D'où $\qquad \log x = $ . . . . 3,37937.

Nombre correspondant : $2395^{f},34$ (par excès).

Réponse. . . $2395^{f},34$ (approximatif).

187. — Voir problème 182 et la solution qui a été donnée d'une question semblable.

187 bis. — On a placé 18 000 fr. à intérêts composés pendant 2 ans, et la même somme placée au même taux et pendant le même temps à intérêts simples eût produit un capital définitif inférieur de 45 fr. à celui qu'on a obtenu d'après le premier placement. On demande quel est le taux de l'intérêt ?

Solution.

Si nous désignons par r l'intérêt de 1 fr. par an, le 1er placement produira (voir *Intérêts composés*) :

$$18\,000 \times (1 + r)^2.$$

Si r est l'intérêt de 1 fr. par an pendant 2 ans, il sera $2r$ pour 1 fr.

Et pour 18 000 fr. il sera :

$$2r \times 18\,000 \text{ fr.};$$

Le 2e placement produira donc :

$$18\,000^f + 2r \times 18\,000^f = 18\,000^f \times (1 + 2r).$$

D'où l'on peut écrire :

$$18\,000 \times (1 + r)^2 = 18\,000 \times (1 + 2r) + 45 \text{ fr.};$$

d'où
$$(1 + r)^2 - (1 + 2r) = \frac{45}{18\,000} = \frac{1}{400};$$

d'où
$$1 + 2r + r^2 - 1 - 2r,$$

ou
$$r^2 = \frac{1}{400};$$

d'où
$$r = \sqrt{\frac{1}{400}} = \frac{1}{20} = 0^f,05.$$

Si l'intérêt de 1 fr. est égal à 0,05, l'intérêt de 100 fr. sera égal à 5 fr.

Réponse. . . Taux $= 5$ p. %.

Nota. — Les questions semblables à celle qui précède donneraient lieu à une équation supérieure, si on supposait que le temps de placement était plus de 2 ans.

8.

188. — Une personne place 50 000 fr. à intérêts composés. Une partie est placée à 5 p. %, et l'autre à 4 p. %. Au bout de 3 ans, elle retire 7 615 fr. d'intérêt. Quelles sont ces deux parties ?   (Brevet complet, aspirants.)

Solution.

Cette personnne retire en tout :

$$50\,000 + 7\,615^f = 57\,615 \text{ fr.}$$

Soit x la partie placée à 5 p. %, 50 000 — x sera celle placée à 4 p. %.

Or x fr. à intérêts composés à 5 p. %, pendant 3 ans, donnent :

$$x \times (1,05)^3 ;$$

Et 50 000 — x à intérêts composés à 5 p. %, pendant 3 ans, deviennent :

$$(50\,000 - x) \times (1,05)^3.$$

D'où l'on peut poser :

$$x \times (1,05)^3 + (50\,000 - x) \times (1,04)^3 = 57\,615 ;$$

d'où

$$x \times (1,05)^3 - x \times (1,04)^3 + 50\,000 \times (1,04)^3 \times 57\,615 ;$$

d'où :

$$x \times [(1,05)^3 - (1,04)^3] = 57\,615 - 50\,000\,(1,04)^3 ;$$

et

$$x = \frac{57\,615 - 50\,000 \times (1,04)^3}{(1,05)^3 - (1,04)^3}.$$

Effectuant, on a :

$$\log (1,04)^3 = 3 \times 0,017\,03 = 0,051\,09.$$

Nombre correspondant : 1,124 8 ;

$$\log (1,05)^3 = 3 \times 0,021\,19 = 0,063\,57.$$

Nombre correspondant : 1,157 6 ;

d'où

$$x = \frac{57\,615 - 50\,000 \times 1,124\,8}{1,157\,6 - 1,124\,8} = 41\,920 \text{ fr.}$$

Et   50 000 — 41 920 = ...   8 080.

Réponse. . . . $\begin{cases} 1^{re} \text{ partie} : 41\,920 \\ 2^e \text{ partie} : \;\; 8\,080 \end{cases}$ (approximatif).

189. — 1° On emprunte 12 000 fr. remboursables par annuités de 2 000 fr. Combien doit-on encore après avoir payé 5 annuités, l'intérêt étant calculé à 5 p. %? (Employer les logarithmes.)

2° Expliquer la recherche des formules dont on fait usage pour résoudre cette question.

(Brevet complet, aspirants.)

Solution.

1° La somme totale 12 000 fr. vaudra au bout de 5 ans (voir *Arithmétique*, page 120) :

$$12\,000 \times (1,05)^5,$$

On a payé :

1° 2 000 fr. après la 1ʳᵉ année, qui valent au bout de 5 ans :

$$2\,000 \times (1,05)^4 ;$$

2° 2 000 fr. après la 2ᵉ année, qui valent au bout de 5 ans :

$$2\,000 \times (1,05)^3.$$

. . . .

5° 2 000 fr. après la 5ᵉ année, qui valent au bout de 5 ans :

$$2\,000 \times 1.$$

On a donc payé en tout :

$$2\,000 \times [1 + 1,05 + \ldots\ldots (1,05)^4].$$

Ou (voir progressions géométriques) :

$$2\,000 \times \frac{(1,05)^4 \times 1,05 - 1}{0,05} = 2\,000 \times \frac{(1,05)^5 - 1}{0,05}$$

$$\frac{2\,000 \times (1,05)^5 - 2\,000}{0,05} = 40\,000 \times (1,05)^5 - 40\,000.$$

Donc on doit encore :

$$12\,000 \times (1,05)^5 + 40\,000 - 40\,000 \times (1,05)^5 ;$$

ou on doit encore :

$$40\,000^f - 28\,000 \times (1,05)^5.$$

Effectuant, on a :

$$\log (1,05)^5 = 5 \times 0,021\,19 = 0,105\,95.$$

Nombre correspondant $= 1,2763$;
d'où
$$28\,000 \times 1,2763 = 35\,736,4 :$$
d'où somme due encore :
$$40\,000 - 35\,736^f,4 = 4\,263^f,60.$$

2° Pour les formules, voir *Arithmétique*, intérêts composés et annuités, pages 119, 120 et 130.

190. — 1° Établir la formule des intérêts composés.

2° On place 6548 fr. à intérêts composés à 4 p. %; un an après, 6613 fr.; 3 ans après le 2ᵉ placement, les deux sommes ont acquis la même valeur.

Quel est le taux du second placement ?

(Brevet complet, aspirants. — Lille.)

Solution.

Voir *Arithmétique*, intérêts composés, pages 119 et suivantes; 6548 fr. ont acquis après 4 ans une valeur égale à
$$6548^f \times (1,04)^4.$$

Si nous désignons par i l'intérêt de 1 fr. par an pour le 2ᵉ placement, ce placement aura acquis après 3 ans une valeur égale à : $6613 \times (1 + i)^3$.

L'énoncé nous donne :
$$6548^f \times (1,04)^4 = 6613 \times (1 + i)^3 ;$$
d'où
$$\frac{6548 \times (1,04)^4}{6613} = (1 + i)^3.$$

Effectuant, on peut poser d'abord :
$$\log 6548 + 4 \times \log 1,04 - \log 6613 = 3 \times \log 1 + i ;$$
ou
$$3,81611 + 0,06812 - 3,82040 = 3 \times \log 1 + i ;$$
d'où
$$\frac{0,06383}{3} = \log 1 + i ;$$
d'où
$$0,02127 = \log 1 + i.$$

Nombre correspondant : $1,0502 = 1 + i$;
d'où
$$i = 0,0502.$$

Et taux · % d $= 5^f,02$ (approximatif).

191. — Une commune fait un emprunt de 60 000 fr. qu'elle veut payer : 1° soit en 11 annuités; 2° soit en 22 paiements égaux faits tous les 6 mois. Quel sera, en ces deux cas, le montant de chaque paiement, le taux étant $4\frac{1}{2}$ p. % par an? 3° Si la commune consacrait tous les six mois une somme de 3 500 fr. à éteindre cette dette, en combien d'années serait-elle libérée?

(Brevet complet, aspirants. — Pau.)

Solution.

1° Valeur de 60 000 fr. à la fin de la 11e année : (voir intérêts composés). . . . . $60\,000 \times (1{,}045)^{11}$.

Chaque annuité étant payée à la *fin de chaque année* :

La 1re, a, vaudra au bout de la 11e année $\quad a \times (1{,}045)^{10}$.

La 2e . . . . $a \times (1{,}046)^9$.

. . . .

La 11e et dernière. . . . . a.

D'où valeur de tous ces paiements (voir progressions géométriques) :

$$a \times \frac{(1{,}045)^{10} \times 1{,}045 - 1}{0{,}045} = 60\,000 \times (1{,}045)^{11};$$

d'où

$$a = \frac{60\,000 \times 0{,}045 \times (1{,}045)^{11}}{(1{,}045)^{11} - 1}.$$

Effectuant, on a :

$$\log (1{,}045)^{11} = 0{,}019\,12 \times 11 = 0{,}210\,32.$$

Nombre correspondant : 1,623;

d'où $\qquad (1{,}045)^{11} - 1 = 0{,}623;$

d'où

$$a = \frac{60\,000 \times 0{,}045 \times 1{,}623}{0{,}623} = 7\,033^f,86.$$

2° Appelons a' chaque paiement effectué tous les 6 mois; comme les intérêts ne s'ajoutent au capital que tous les ans, il s'ensuit que le 1er paiement portera intérêt pendant 10 ans $\frac{1}{2}$ et vaudra au bout de la 11e année :

$$a' \times (1{,}045)^{\frac{21}{2}}.$$

Le 2e portera intérêt pendant 10 ans, et vaudra :

$$a' \times (1,045)^{\frac{20}{2}}.$$

. . . .

Le 22e et dernier vaudra. . . . . a'.

Tous ces paiements réunis vaudront :

$$a' \times \frac{(1,045)^{\frac{21}{2}} \times (1,045)^{\frac{1}{2}} - 1}{(1,045)^{\frac{1}{2}} - 1}.$$

Et on peut écrire :

$$a' \times \frac{(1,045)^{11} - 1}{(1,045)^{\frac{1}{2}} - 1} = 60\,000 \times (1,045)^{11}.$$

Effectuant, on a d'abord (voir même problème, 1°) :

$$(1,045)^{11} - 1 = 0,623;$$

$$\frac{\log (1,045)^{\frac{1}{2}}}{2} = 0,009\,56.$$

Nombre correspondant : $1,022\,2$;

d'où : $\qquad\qquad (1,045)^{\frac{1}{2}} - 1 = 0,022\,25$;

et l'on a :

$$a' = \frac{60\,000 \times 0,022\,25 \times 1,623}{0,623} = 3\,477^f,85 \text{ (approximatif)}.$$

3° Soit n le nombre d'années, la dette à éteindre sera égale à

$$60\,000 \times (1,045)^n.$$

Le 1er paiement vaudra au bout de la $n^{ième}$ année (voir même problème, n° 2) :

$$3\,500^f \times (1,045)^{n-\frac{1}{2}}, \text{ ci } \ldots \ldots \; 3\,500^f \times (1,045)^{\frac{2n-1}{2}}.$$

Le 2e vaudra . . . . $3\,500^f \times (1,045)^{n-1}$.

. . . .

Le $n^{ième}$ et dernier vaudra :

$$3\,500 \times (1,045)^{n-n} = 3\,500 \times (1,045)^{0\,(a)} = 3\,500 \text{ fr.}$$

(a) Voir *Arithmétique*, page 122, *note*.

Tous ces paiements réunis vaudront :

$$3\,500 \times \frac{3\,500^{f} \times (1,045)^{n} - 1}{(1,045)^{\frac{1}{2}} - 1}.$$

Et l'on peut écrire :

$$3\,500^{f} \times \frac{(1,045)^{n} - 1}{(1,045)^{\frac{1}{2}} - 1} = 60\,000 \times (1,045)^{n}.$$

Effectuant, on a vu que :

$$(1,045)^{\frac{1}{2}} - 1 = 0,022\,25 ;$$

$$\frac{60\,000 \times 0,022\,25}{3\,500} \times (1,045)^{n} = (1,045)^{n} - 1 ;$$

d'où

$$\frac{1\,335}{3\,500} = 1 - \frac{1}{(1,045)^{n}} ;$$

d'où

$$\frac{3\,500 - 1\,335}{3\,500} = \frac{1}{(1,045)^{n}} ,$$

ou

$$\frac{3\,500}{3\,500 - 1\,335} = (1,045) ;$$

d'où

$$\frac{3\,500}{2\,165} = (1,045)^{n} ;$$

d'où

$$\log \frac{3\,500}{2\,165} = n \times \log 1,045.$$

Et enfin

$$\frac{3,544\,07 - 3,335\,46}{0,019\,12} = n.$$

Réponse. . . $n = 10$ ans (par défaut). (approximatif.)

Nota. — Après le 10e paiement, il resterait encore une certaine somme à payer, somme au-dessous de 3 500 fr. et qu'on pourrait bien calculer.

192. — Une personne s'est engagée à payer 4 900 fr. en 8 annuités à raison de 600 fr. par an, le dernier terme étant de 700 fr. et chaque terme étant exigible à la fin de chaque

année sans intérêt. On voudrait s'acquitter immédiatement et en un seul paiement. Quel sera le montant de la somme à verser en tenant compte des intérêts annuels, calculés à 5 p. % par an?

(Brevet complet. — Académie de Bordeaux.)

Solution.

Le dernier terme 700 fr. n'étant exigible qu'à la fin de la 8ᵉ année, et sans intérêt, sera donc réduit, si on le paye tout de suite, à $\dfrac{700^f}{(1,05)^8}$. (Voir intérêts composés.)

Effectuant, on a :

$$\log (1,05)^8 = 0,02119 \times 8 = 0,16952.$$

Nombre correspondant : 1,47745 ;

d'où

$$\frac{700}{1,47745} = \text{ci} \ldots \ldots \ldots \ldots \ldots 473^f,78.$$

Les 7 premiers paiements de 600 fr. seront également, étant payés tout de suite, :

$$7^e \ \frac{600}{(1,05)^7}; \quad 6^e \ \frac{600}{(1,05)^6}; \ \ldots \ldots \quad 1^{er} \ \frac{600}{1,05};$$

Le somme de ces divers paiements sera égale à

$$\frac{600}{(1,05)^7} + \frac{600}{(1,05)^6} + \ldots \ldots + \frac{600}{1,05} \text{ ou à}$$

$$= \frac{600 + 600 \times 1,05 + \ldots \ldots + 600 \times (1,05)^6}{(1,05)^7}$$

$$= \frac{600 \times [1 \times 1,05 + (1,05)^2 + \ldots \ldots + (1,05)^6]}{(1,05)^7}$$

$$= 600 \times \frac{(1,05)^6 \times 1,05 - 1}{0,05} : (1,05)^7$$

$$= 12\,000 \times \frac{(1,05)^7 - 1}{(1,05)^7}.$$

On a

$$\log (1,05)^7 = 0,02119 \times 7 = 0,14833.$$

Nombre correspondant : 1,4071;

d'où $\qquad (1,05)^7 - 1 = 0,4071$;

d'où enfin :

$$\frac{12\,000 \times 0,4071}{1,4071} = 3\,471,82.$$

A ajouter pour le dernier terme $\quad = \quad 473^{f},78.$

Total à débourser immédiatement $3\,945^{f},60.$
(Approximatif.)

193. — Une commune emprunte 20,000 fr. à la Caisse des dépôts et consignations; ce capital est destiné à la construction d'une maison d'école. On désire savoir quelle sera l'annuité que la commune aura à payer pour que la dette soit éteinte en 18 ans. Les intérêts s'ajoutent au capital tous les ans et sont calculés à 4 p. %.

(Brevet complet, aspirants.)

Solution.

On aura d'abord : Valeur acquise de l'emprunt à la fin de la 18e année. . . . . $20\,000 \times (1,04)^{18}$.

Désignons par a chacune des annuités payées à la fin de chaque année, on aura :

Valeur de la 1re à la fin de la 18e année. . . $a \times (1,04)^{17}$.

Valeur de la 2e . . . . $a \times (1,04)^{16}$.

. . . .

Valeur de la 18e et dernière . . . . a.

Total des paiements effectués (voir progressions géométriques) :

$$a \times \frac{(1,04)^{17} \times 1,04 - 1}{0,04}.$$

Et l'on peut poser :

$$a \times \frac{(1,04)^{17} \times 1,04 - 1}{0,04} = 20\,000 \times (1,04)^{18};$$

d'où

$$a = \frac{20\,000 \times 0,04 \times (1,04)^{18}}{(1,04)^{18} - 1}.$$

Effectuant, on aura d'abord :

$$\log (1,04)^{18} = 0,017\,03 \times 18 = 0,306\,54.$$

Nombre correspondant : $2,0258$;

d'où $$(1,04)^{18} - 1 = 1,0258 ;$$

d'où enfin :

$$a = \frac{800 \times 2,0258}{1,0258} = 1\,579^f,87 \text{ (approximatif).}$$

194. — Si cette commune (problème précédent) pouvait payer 3 500 fr. tous les ans, au bout de combien de temps serait-elle libérée ?

Solution.

Soit n le nombre d'années cherché.

On aura valeur acquise de l'emprunt au bout de n années :

$$20\,000^f \times (1,04)^n.$$

On aura également, valeur acquise de la 1re annuité au bout de n années :

$$3\,500 \times (1,04)^{n-1}.$$

On aura encore, valeur acquise de la 2e annuité au bout de n années :

$$3\,500 \times (1,04)^{n-2}.$$

. . . .

Et valeur de la $n^{ième}$ et dernière annuité :

$$3\,500\,(1,04)^{n-n} \ldots \ldots = 3\,500 \text{ fr.} ;$$

d'où l'on aura :

$$3\,500^f \times \frac{(1,04)^{n-1} \times 1,04 - 1}{0,04} = 20\,000 \times (1,04)^n ;$$

d'où

$$\frac{20\,000 \times 0,04}{3\,500} = \frac{(1,04)^{n-1}}{(1,04)^n} = 1 - \frac{1}{(1,04)^n} ;$$

d'où

$$\frac{3\,500 - 800}{3\,500} = \frac{1}{(1,04)^n} ;$$

d'où
$$\frac{3\,500}{2\,700} = (1,04)^{n}.$$

Effectuant :
$$\log \frac{3\,500}{2\,700} = n \times \log 1,04;$$

d'où
$$\frac{3,54\,407 - 3,43\,136}{0,017\,03} = n = 6 \text{ ans (par défaut).}$$

Réponse. . . Dans 6 ans, cette commune devrait encore une certaine somme qu'on pourrait calculer, laquelle serait évidemment au-dessous de 3 500 fr., montant de chaque annuité.

195. — Au bout de combien de temps un capital placé à intérêts composés sera-t-il : 1° doublé ; 2° triplé à 5 p. % par an?

Solution.

1° La formule [3] (voir *Arithmétique*, page 122) nous donne :
$$c = a\,(1 + i)^{n + \frac{m}{i}};$$

et puisque $c = 2a$, on peut écrire :
$$2a = a\,(1 + i)^{n + \frac{m}{i}};$$
$$2 = (1 + i)^{n + \frac{m}{i}}.$$

Appliquant au cas actuel :
$$2 = (1,05)^{n + \frac{m}{i}};$$

d'où
$$\log 2 : \log 1,05 = n + \frac{m}{t};$$

d'où
$$\frac{0,301\,03}{0,021\,19} = n + \frac{m}{t} = 14 \text{ ans 2 mois (approximatif).}$$

2° La formule [3] (même problème) devient :
$$3a = a\,(1 + i)^{n + \frac{m}{i}};$$

d'où
$$\frac{\log 3}{\log 1,05} = n + \frac{m}{t};$$

d'où
$$\frac{0,477\,12}{0,201\,19} = n + \frac{m}{t} = 22 \text{ ans 6 mois.}$$

196. — Quel devrait être le taux (problème précédent) pour que ce capital fût doublé en 20 ans ?

Solution.

La formule [3] (page 122, *Arithmétique*) nous donne :
$$2a = a\,(1 + i)^{20};$$

d'où
$$2 = (1 + i)^{20};$$

d'où
$$\log 2 = 20 \times \log (1 + i);$$

d'où
$$\frac{0,301\,03}{20} = \log 1 + i;$$

d'où
$$0,015\,051 = \log 1 + i.$$

Nombre correspondant : $1,035\,2$;

d'où
$$1,035\,2 = 1 + i;$$

donc
$$i = 0,035\,2;$$

et taux
$$= 3,52 \text{ p. }\%. \text{ (Approximatif.)}$$

197. — On a prêté 2,500 fr. à intérêts composés pendant 2 ans, et au bout de ce temps on a retiré 2 809 fr., capital et intérêts. A quel taux ce placement a-t-il eu lieu ?

Solution.

La formule [3] (page 122, *Arithmétique*) nous donne :
$$2\,809 = 2\,500 \times (1 + i)^2;$$

d'où
$$\log \frac{2\,809 - \log 2\,500}{2} = \log 1 + i;$$

d'où
$$\frac{3,448\,55 - 3,397\,94}{2} = \log 1 + i;$$

d'où
$$0,025\,30 = \log 1 + i.$$

Nombre correspondant : $1,06 = 1 + i$;

d'où
$$i = 0,06;$$

et taux
$$= 6 \text{ p. }\%.$$

EXERCICES DIVERS.

198. — Quand, à la somme de deux nombres, on *ajoute* leur différence, on obtient deux fois le grand nombre ; et si de la somme on *retranche* la différence, on obtient deux fois le plus petit nombre.

Démonstration.

La somme de deux nombres se compose évidemment du plus petit augmenté du plus grand; si à cette somme on ajoute la différence, le plus petit nombre devient égal au plus grand, et on a, en effet, 2 fois le grand nombre ; si, au lieu d'ajouter la différence, on la retranche, le grand nombre devient le plus petit, et on a, en effet, 2 fois le plus petit nombre.

On peut encore dire :

Soient S et d la somme et la différence de deux nombres inconnus. Si nous appelons le grand nombre N, le plus petit sera $N-d$, et l'on peut écrire :

$$[1] \qquad N + N - d = S.$$

Si nous ajoutons d, de part et d'autre, dans l'égalité (1), on aura évidemment :

$$S + d = 2N.$$

Et si nous retranchons d dans l'égalité (1), on aura :
$$S - d = (N - d) \times 2.$$

C. Q. F. D.

199. — La somme de deux nombres est 80 et la différence est 32. Quels sont ces deux nombres ?

Solution.

La question qui précède nous donne :

1° $\quad 80 + 52 = 2$ fois le grand nombre.

D'où le grand nombre $= 56$.

2° $80 - 32 = 2$ fois le plus petit nombre.

D'où le plus petit nombre $= 24$.

On peut encore dire, en désignant les deux nombres par N et n :

$$N + n = 80.$$

Et $\qquad\qquad N - n = 32.$ Faisant la somme de ces deux

égalités, on a : $2N \qquad = 112$; d'où grand nombre

$$= \frac{112}{2} = 56.$$

Si on faisait la différence de ces deux égalités, on aurait :

$$2n = 48;$$

d'où $\qquad\qquad\qquad n = 23.$

200. — Un marchand grainetier a vendu une première fois 12 hectol. de blé d'une qualité et 8 d'une qualité inférieure pour 368 fr; une deuxième fois, il a vendu 9 hectol. de la 1re qualité et 7 de la 2e pour 292 fr. On veut savoir le prix de l'hectol. de chaque espèce.

Solution.

Soient a et b le prix de l'hectolitre de chaque espèce.

On aura :

$$a \times 12 + b \times 8 = 368^f. \qquad (1)$$

Et : $\qquad\qquad a \times 9 + b \times 7 = 292^f. \qquad (2)$

Si nous multiplions les deux membres de la 1re égalité par 7, et les deux membres de la 2e par 8, ou obtiendra :

$$a \times 84 + b \times 56 = 2576 \text{ fr.};$$

$$a \times 72 + b \times 56 = 2336 \text{ fr.}$$ Faisant la différence de

ces égalités : $\qquad a \times 12 + 0 \qquad = 240 \text{ fr.};$

d'où : $\qquad\qquad\qquad a = \frac{240}{12} = 20 \text{ fr.}$

Si on multipliait les deux membres de l'égalité (1) par 9, ou mieux par 3, et ceux de l'égalité (2) par 12, ou mieux par 4, on aurait obtenu :

$$a \times 36 + b \times 24 = 1\,104 \text{ fr.}$$

Et : $$a \times 36 + b \times 38 = 1\,168 \text{ fr.}$$

La différence de ces deux égalités nous donnerait encore :

$$b \times 4 = 64 \text{ fr.} ;$$

d'où : $$b = 16 \text{ fr.}$$

$$\text{Réponse.} \dots \begin{cases} 1^{\text{er}} \text{ prix.} \dots & 20 \text{ fr.} \\ 2^{\text{e}} \text{ prix.} \dots & 16 \text{ fr.} \end{cases}$$

201. — Que devient le produit d'une multiplication lorsqu'on ajoute l'unité à chaque facteur ?

Solution.

Si on ajoutait l'unité au multiplicande seulement, le produit serait augmenté évidemment de 1 fois le multiplicateur; si on ajoute l'unité au multiplicateur en même temps, le produit augmentera encore de $1 \times (\text{multiplicande} + 1)$ ou de 1 fois le multiplicande $+ 1$; donc le produit augmente en tout de 1 fois chaque facteur $+ 1$. L'opération suivante rendra ce raisonnement plus clair.

Soient M et m les deux facteurs :

$$\begin{array}{r} M + 1 \\ m + 1 \\ \hline m M + m \\ M + 1 \\ \hline \end{array}$$

produit .... $Mm + M + m + 1$;
1er produit $\quad Mm$
d'où différence....... $M + m + 1.$

202. — Que devient le produit d'une multiplication lorsqu'on ajoute 1 au multiplicande, et qu'on retranche en même temps 1 du multiplicateur ?

On examinera les 3 cas : 1° multiplicande $=$ multiplicateur; 2° multiplicande $>$ multiplicateur; 3° multiplicande $<$ multiplicateur.

Solution.

Soient M multiplicande et m multiplicateur.
Effectuant la multiplication, selon les données de la question :

$$
\begin{array}{r}
\mathrm{M} + 1 \\
m - 1 \\
\hline
\mathrm{M}m + m \\
- \mathrm{M} - 1 \\
\hline
\mathrm{M}m + m - (\mathrm{M} + 1)
\end{array}
$$

Discussion. — 1ᵉʳ Cas : Multiplicande (M) $=$ multiplicateur (m).

Le produit Mm augmente de m, mais diminue de M $+$ 1 ; puisque $m =$ M, le produit diminue de 1.

2ᵉ Cas : Multiplicande (M $>$ multiplicateur m.

Le produit Mm augmente de m, mais diminue de M $+$ 1 ; donc il diminue de la différence qui existe entre les facteurs, plus 1.

3ᵉ Cas : Multiplicande (M) $<$ multiplicateur (m).

Le produit Mm augmente de m, mais diminue de M $+$ 1, donc il augmente de la différence qui existe entre les facteurs, moins 1.

Nota. — Dans ce 3ᵉ cas, le produit resterait le même si le multiplicateur égalait le multiplicande, plus 1.

203. — On refait une division après avoir pris pour diviseur le quotient obtenu dans la 1ʳᵉ opération ; on demande dans quel cas on aura, dans la 2ᵉ division, pour quotient le diviseur de la 1ʳᵉ et le même reste.

Solution.

On sait que dans toute division le reste ne peut être supérieur ni même égal au diviseur ; mais ce reste peut être $>$ que le quotient, égal au quotient ou $<$ que le quotient.

Donc, si nous avons D, dividende ; d, diviseur ; q, quotient, et R, reste d'une division, on aura, division effectuée : $\frac{D}{d} = q + \frac{R}{d}$; $\frac{R}{d}$ sera toujours une fraction moindre que l'unité.

Mais si dans l'égalité $D = dq + R$ on divise chacun des termes par q, on aura : $\frac{D}{q} = d + \frac{R}{q}$, et, ainsi que nous l'avons dit, $\frac{R}{q}$ peut être supérieur à 1, égal à 1 ou inférieur.

1er Cas : Si $\frac{R}{q}$ est plus grand que l'unité, on aura, dans une 2e division *numérique*, pour quotient, le diviseur d de la 1re opération augmenté d'une ou de plusieurs unités et un nouveau reste.

2e Cas : Si $\frac{R}{q} =$ l'unité, on aura, dans la 2e division, pour quotient le diviseur d de la 1re augmenté de l'unité et un reste nul.

3e Cas : Si $\frac{R}{q}$ est plus petit que l'unité, on aura, dans une 2e division numérique, pour quotient le diviseur d de la 1re opération et le même reste. — Ce 3e cas répond à la question posée sous le n° 203.

204. — La somme des deux chiffres d'un nombre égale 12, et si on intervertit ces deux chiffres le nombre a augmenté de ses $\frac{3}{4}$. Trouver ce nombre.

Solution.

Désignons par d le chiffre des dizaines et par u celui des unités. On aura d'abord :

$$d + u = 12 ;$$

d'où
$$u = 12 - d. \qquad [1]$$

Mais le nombre lui-même égale $10d + u$, et remplaçant u par sa valeur [1] le nombre sera égal à

$$10d + 12 - d = 9d + 12.$$

En intervertissant ces deux chiffres, on obtient $10u + d$; remplaçant $10u$ par la valeur $(12 - d) \times 10$,

on a $$120 - 10d + d$$

pour la valeur de ce deuxième nombre, ou

$$120 - 9d;$$

d'où $$120 - 9d = \frac{7}{4} \times (9d + 12);$$

d'où $$(120 - 9d) \times 4 = (9d + 12)\,7;$$

d'où $$480 - 84 = 63d + 36d;$$

d'où $$\frac{480 - 84}{99} = d = 4.$$

Donc le chiffre des unités

$$= 12 - 4 = 8:$$

d'où nombre $$= 48.$$

205. — Un nombre est formé de deux chiffres différents ; ou intervertit ces deux chiffres, et on obtient un nouveau nombre ; démontrer que la différence de ces nombres est toujours divisible par 9.

Solution.

On sait que tout nombre égale un multiple de 9 + la valeur absolue de ses chiffres. Soit a cette valeur absolue, on aura : nombre = multiple de 9 + a; en intervertissant les chiffres, on a nouveau nombre = multiple de 9 + a : les quantités + a et — a se détruisant, on a différence = multiple de 9.

206. — Un nombre est formé de 3 chiffres différents ; on intervertit ces chiffres, et on obtient un nouveau nombre ; démontrer que la différence de ces nombres est toujours divisible par 11.

Solution.

On sait qu'un nombre est divisible par 11 lorsque la somme des chiffres de rang impair, diminuée de la somme des chiffres de rang pair, égale 0, 11, ou un multiple de 11.

Donc un nombre composé de 3 chiffres (*c*, *d*, *u* ; lisez *centaines, dizaines, unités*) égale multiple de $11 + c + u - d$, et en intervertissant les chiffres on a encore : nombre = multiple de $11 + u + c - d$; la différence de ces nombres nous donnera évidemment un multiple de 11 exactement.

207. — On refait une division après avoir augmenté le diviseur d'une unité. Dans quel cas les deux divisions donneront-elles le même quotient ?

Solution.

Désignons par D le dividende, par *d* le diviseur, par *q* le quotient et par R le reste d'une division. On aura :

$$D = d \times q + R.$$

On a vu (problème 203, voir solutions, page 192) que R peut être supérieur, égal ou inférieur au quotient.

1er Cas : Faisons $R = q + R'$ (nouveau reste), on aura :

$$D = dq + q + R';$$

ou
$$D = (d + 1) q + R'.$$

2e Cas : Faisons $R = q$, on aura :

$$D = dq + q = (d + 1)q.$$

3e Cas : Faisons $R < q$. Dans ce cas, la division de D par $d + 1$ nous donnera forcément un quotient plus petit que q.

Réponse. . . Les deux divisions donneront le même quotient lorsque le reste sera égal ou supérieur au quotient.

208. — On désire payer 114 fr. avec 30 pièces dont les unes sont de 5 fr., les autres de 2 fr. Combien y en a-t-il de chaque espèce ?

Solutions.

1re *Solution.* — Supposons pour un instant que toutes les pièces soient de 5 fr. ; on aurait valeur de 30 pièces de 5^f :

$$5^f \times 30 = 150 \text{ fr.}$$

Différence en plus : $150 - 114 = 36$ fr.

Mais chaque fois qu'on remplace une pièce de 5 fr. par une de 2 fr. on a une différence en moins de 3 fr.

Donc on prendra $\dfrac{36}{3} = 12$ pièces de 8 fr. et 18 pièces de 5 fr.

2e *Solution.* — Soit x le nombre de pièces de 5 fr.; on aura : $3c - x$, nombre de pièces de 2 fr.;

d'où

$$5^f \times x + 2(3o - x) = 114 \text{ fr.};$$

ou

$$5 \times x + 2 \times 3o - 2 \times x = 114;$$

d'où

$$(5 - 2) \times x = 114 - 6o;$$

d'où enfin

$$x = \frac{114 - 6o}{3} = 18,$$

et

$$3o - 18 = 12.$$

$$\textit{Réponses.} \ldots \begin{cases} 1° \ 18 \text{ pièces de 5 fr.} \\ 2° \ 12 \text{ pièces de 2 fr.} \end{cases}$$

209. — Un père a le triple de l'âge de son fils, et il y a 10 ans qu'il en avait le quintuple : quel est l'âge de chacun ?

Solution.

Soit x l'âge du fils, celui du père sera $3x$,

et l'on aura :
$$(x - 10) \times 5 = 3x - 10;$$

d'où
$$5 \times x - 5o = 3 \times x - 10;$$

d'où
$$(5 - 3) \times x = 4o,$$

et
$$x = \frac{4o}{2} = 20.$$

$$\textit{Réponses.} \ldots \begin{cases} 1° \ \text{Age du fils, 20 ans.} \\ 2° \ \text{Age du père, 6o ans.} \end{cases}$$

210. — Une personne dit à une autre : «J'ai deux fois l'âge que vous aviez quand j'avais l'âge que vous avez, et quand

vous aurez l'âge que j'ai, nous aurons à nous deux 63 ans. »
Quel est l'âge de chacune ?

Solution.

Soit x l'âge de la 1re personne, et d la différence de l'âge des deux; la deuxième est donc âgée de $x - d$, et l'on aura :

$$x = (x - 2d) \times 2 = 2x - 4d;$$

d'où

$$d = \frac{x}{4}.$$

L'énoncé nous donne encore :

$$x + \frac{x}{4} + x = 63;$$

d'où

$$9 \times x = 63 \times 4,$$

et

$$x = \frac{252}{9} = 28.$$

$$\text{Réponses.} \ldots \begin{cases} 2^e \text{ personne, } 28 - \dfrac{28}{4} = 21 \text{ ans.} \\ 1^{re} \text{ personne âgée de } 28 \text{ ans.} \end{cases}$$

211. — Soit à effectuer l'addition suivante :

$$\frac{1}{2} + \frac{1}{2 \times 3} + \frac{1}{3 \times 4} + \frac{1}{4 \times 5} + \ldots + \frac{1}{99 \times 100}.$$

Solution.

On fait les remarques suivantes :

$$\frac{1}{2 \times 3} = \frac{1}{6} = \frac{1}{2} - \frac{1}{3} \quad ; \quad \frac{1}{3 \times 4} = \frac{1}{12} = \frac{1}{3} - \frac{1}{4}, \text{ etc}, \ldots$$

L'addition proposée revient donc à la suivante :

$$\frac{1}{2} + \left(\frac{1}{2} - \frac{1}{3} \right) + \left(\frac{1}{3} - \frac{1}{4} \right) + \left(\frac{1}{4} - \frac{1}{5} \right) + \ldots - \frac{1}{99} + \frac{1}{99} - \frac{1}{100}.$$

Effectuant, on aura :

$$1 - \frac{1}{100} = \frac{100 - 1}{100} = \frac{99}{100}.$$

212 — Déterminer 3 nombres, sachant que le 1er et le 3e = 30 ; le 2e et le 3e = 43 ; le 1er et le 3e = 37.

Solution.

On a :

$$1^{er} + 2^e = \; 30 ;$$
$$2^e + 3^e = \; 43 ;$$
$$1^{er} + 3^e = \; 37 ;$$

d'où $\qquad 2 \times (1^{er} + 2^e + 3^e = 110 ;$

donc $\qquad 1^{er} + 2^e + 3^e = 55 ;$

d'où $\qquad 3^e = 55 - 30 = 25 ;$
$$2^e = 43 - 25 = 18 ;$$
$$1^{er} = 37 - 25 = 12 ;$$

$$\textit{Réponses.} \; . \; . \left\{ \begin{array}{l} 1^{er} \; \text{nombre} = 12. \\ 2^e \; \; \text{nombre} = 18. \\ 3^e \; \; \text{nombre} = 25. \end{array} \right.$$

213. — Trois fontaines coulent dans un bassin : la 1re coulant avec la 2e le rempliraient en 8 heures ; la 2e avec la 3e le rempliraient en 10 heures ; le 1re avec la 3e le rempliraient en 12 heures. Déterminer le temps que chacune d'elles mettrait, si elle coulait seule, pour remplir le bassin.

Solution.

La 1re avec la 2e, dans 1 heure, remplissent donc :

$$\frac{1}{8} = \frac{15}{120} = \frac{30}{240} \text{ du bassin, ci } . \; . \; . \qquad \frac{30}{240}.$$

La 2e avec la 3e, dans 1 heure, remplissent donc :

$$\frac{1}{10} = \frac{24}{240} \text{ du bassin, ci } . \; . \; . \; . \qquad \frac{24}{240}.$$

La 1re avec la 3^e, dans 1 heure, remplissent donc :

$$\frac{1}{12} = \frac{20}{240} \text{ du bassin, ci } . \; . \; . \; . \qquad \frac{20}{240}.$$

Donc 2 fois chacune d'elles dans 1 heure, ou plutôt

les 3 ensemble dans 2 heures, remplissent, ci . . . . . $\dfrac{74}{240}.$

Ou les 3 ensemble, dans 1 heure, remplissent $\dfrac{37}{240}$ du bassin.

D'où

La 3ᵉ dans 1 heure remplira : $\dfrac{37-30}{240}=\dfrac{7}{240}$ du bassin.

La 1ʳᵉ — — : $\dfrac{37-24}{240}=\dfrac{13}{240}$ du bassin.

La 2ᵉ — — : $\dfrac{37-20}{240}=\dfrac{17}{240}$ du bassin.

D'où enfin :

La 3ᵉ remplira le bassin dans $\dfrac{240}{7}=34$ heures $\dfrac{2}{7}$.

La 1ʳᵉ — — $\dfrac{240}{13}=18$ heures $\dfrac{6}{13}$.

La 2ᵉ — — $\dfrac{240}{17}=14$ heures $\dfrac{2}{17}$.

214. — Démontrer que les fractions :

$$1° \quad \frac{5}{7}=\frac{55}{77}=\frac{555}{777}=\frac{5\,555}{7\,777}\ldots\ldots\ldots;$$

$$2° \quad \frac{12}{27}=\frac{1\,212}{2\,727}=\frac{121\,212}{272\,727}\ldots\ldots\ldots;$$

$$3° \quad \frac{431}{625}=\frac{431\,431}{625\,625}=\frac{431\,431\,431}{625\,625\,625}\ldots\ldots\ldots;$$

(Règle générale.)

Démonstration.

$$1° \text{ Je dis que : } \frac{5}{7}=\frac{55}{77}=\frac{555}{777}=\frac{5\,555}{7\,777}\ldots\ldots\ldots$$

En effet, les numérateurs 55, 555, 5 555 égalent respectivement :

$5 \times (1$ dizaine $+ 1$ unité$), 5 \times (1$ cent. $+ 1$ dizaine $+ 1$ unité$),$

$5 \times (1$ mille $+ 1$ cent. $+ 1$ dizaine $+ 1$ unité$).$

D'un autre côté, les dénominateurs $77, 777, 7777$, égalent aussi respectivement :

$$7 \times (1 \text{ dizaine} + 1 \text{ unité}), \quad 7 \times (1 \text{ cent.} + 1 \text{ dizaine} + \text{unité}),$$

$$7 \times (1 \text{ mille} + 1 \text{ cent.} + 1 \text{ dizaine} + 1 \text{ unité}).$$

Donc la fraction $\dfrac{5}{7}$, dont les deux termes se trouvent à la fois multipliés par le même nombre, change de forme, mais non de valeur.

2° Nous dirons de même que :

$$\frac{12}{27} = \frac{1212}{2727} = \frac{121212}{272727} \quad \ldots \ldots \ldots$$

En effet, les numérateurs 1212, 121212 égalent respectivement :

$$12 \times (1 \text{ cent.} + 1 \text{ unité}),$$

$$12 \times (1 \text{ dizaine de mille} + 1 \text{ cent.} + 1 \text{ unité}).$$

D'un autre côté, les dénominateurs 2727, 272727 égalent aussi respectivement :

$$27 \times (1 \text{ cent.} + 1 \text{ unité}),$$

$$27 \times (1 \text{ dizaine de mille}, 1 \text{ centaine} + 1 \text{ unité}.$$

Donc :

$$\frac{12}{27} = \frac{1212}{2727} = \frac{121212}{272727}. \quad \ldots \ldots \ldots$$

3° On raisonnera de même sur l'exemple

$$\frac{341}{625} = \frac{341341}{625625} = \frac{341341341}{625625625}.$$

Et l'on aura :

$$\frac{341}{625} = \frac{341 \times (1 \text{ mille} + 1 \text{ unité})}{625 \times (1 \text{ mille} + 1 \text{ unité})}$$

$$= \frac{341 \times (1 \text{ million} + 1 \text{ mille} + 1 \text{ unité})}{625 \times (1 \text{ million} + 1 \text{ mille} + 1 \text{ unité})}.$$

(Donner une règle générale.)

C. Q. F. D.

215. — Démontrer de même que :

$$1°\begin{cases} \dfrac{4}{27} > \dfrac{44}{27} > \dfrac{444}{272\,727} \quad \cdots \cdots \cdots \\[2mm] \text{Et qu'on aura :} \\[2mm] \dfrac{4}{27} = \dfrac{404}{2\,727} = \dfrac{40\,404}{272\,727} \quad \cdots \cdots \cdots \end{cases}$$

$$2°\begin{cases} \dfrac{5}{231} > \dfrac{55}{231\,231} > \dfrac{555}{231\,231\,231} \quad \cdots \cdots \\[2mm] \text{Et qu'on aura :} \\[2mm] \dfrac{5}{231} = \dfrac{5\,005}{231\,231} = \dfrac{5\,005\,005}{231\,231\,231} \quad \cdots \end{cases}$$

(Règle générale.)

Démonstration.

1° Je dis d'abord que :

$$\frac{4}{27} > \frac{44}{2\,727} > \frac{444}{272\,727} \quad \cdots \cdots \cdots$$

En effet les numérateurs

$$44 = 4 \times (1 \text{ dizaine} + 1 \text{ unité}),$$

et $\qquad 444 = 4 \times (1 \text{ cent.} + 1 \text{ dizaine} + 1 \text{ unité}),$
tandis que les dénominateurs

$$2\,727\,272\,727 = 27 \times (1 \text{ cent} + 1 \text{ unité}),$$

Et $\quad 272\,727 \times (1 \text{ dizaine de mille} + 1 \text{ cent.} + 1 \text{ unité}).$

D'où l'on voit que le dénominateur de la fraction $\dfrac{4}{27}$ étant multiplié par un nombre plus grand que celui par lequel on a multiplié en même temps le numérateur, la fraction devient plus petite.

On démontrerait facilement que dans les fractions

$$\frac{404}{2\,727} \quad , \quad \frac{40\,404}{272\,727},$$

chacun des termes de la fraction $\dfrac{4}{27}$ a été multiplié par le même nombre; d'où l'on peut écrire :

$$\frac{4}{27} = \frac{404}{2\,727} = \frac{40\,404}{272\,727} \quad \cdots \cdots$$

La démonstration du n° 2 est à peu près la même.
(Donner une règle générale.)

9.

216. — Partager 18 000 fr. entre trois personnes de manière que la 1re ait 360 fr. de plus que la 2e et la 2e 480 fr. de plus que la 3e.

Solutions.

1re *Solution.* — Si les 3 parts étaient égales, 3 fois la 3e égalerait évidemment 18 000, mais ce résultat est trop fort : 1° de 480 fr. par rapport à la 2e ; 2° de 360 + 480 ou de 840^f par rapport à la 1re, soit de 840 + 480 ou de 1320 fr. par rapport aux deux autres parts ; donc 18 000 — 1320 = trois fois la 3e part = 16 680.

$$\text{D'où 3}^e \text{ part} = \frac{16\,680}{3} = 5\,560 \text{ fr.}$$

D'où $\qquad$ 2e part = 5 560 + 480 = 6 040.

Et $\qquad$ 1ro part = 6 040 + 360 = 6 400.

2^e *Solution.* — Soit x la part de la 1re personne,

on aura : $\qquad$ 1re part $= x$;

— $\qquad$ 2^e $\;$ part $= x - 360$;

— $\qquad$ 3^e $\;$ part $= x - 360 - 480$.

D'où les 3 parts : $\qquad 3x - 720 - 480 = 18\,000$.

D'où 3 fois la part de la 1re = 18 000 + 1 200 fr.

$$\text{Et} \qquad 1^{re} = \frac{19\,200}{3} = 6\,400 \text{ fr.}$$

— $\qquad$ 2e = 6 400 — 360 = 6 040 fr.

— $\qquad$ 3e = 6 040 — 480 = 5 560 fr

Total égal. . . . . . = 18 000 fr.

217. — Un père de famille partage sa fortune entre ses enfants : il donne à l'aîné 100 fr. + $\frac{1}{10}$ du reste ; au 2e 200 fr. + $\frac{1}{10}$ du reste ; au 3e 300 fr. + $\frac{1}{10}$ du nouveau reste, et ainsi de suite jusqu'au dernier qui a le reste. Le partage fait, il se trouve que chaque enfant a la même part. On demande quelle est la fortune totale du père et le nombre d'enfants ?

Solutions.

1re *Solution.* — L'avant-dernier enfant a un certain nombre de fois $100^{\text{f}} + \dfrac{1}{10}$ du reste.

Le dernier enfant a le même nombre de fois $100^{\text{f}} + 100$.

Donc $\dfrac{1}{10}$ du reste par rapport à l'avant-dernier égale 100 fr.

D'où le reste

$$= 100 \times 10 = 1\,000 \text{ fr.}$$

Et comme l'avant dernier en a prélevé $\dfrac{1}{10}$, il reste donc pour le dernier 900 fr.

Mais chaque enfant a reçu la même somme.

Donc le 1er a reçu $100^{\text{f}} + 800^{\text{f}}$; donc le $\dfrac{1}{10}$ du reste après que celui-ci a prélevé $100^{\text{f}} = 800^{\text{f}}$; donc le reste égale 8 000 fr., d'où somme totale

$$8\,000 + 100^{\text{f}} = 8\,100 \text{ fr.}$$

Et nombre d'enfants : $\qquad \dfrac{8\,100}{900} = 9.$

2e *Solution.* — Soit x la fortune totale du père.

On aura donc : part de l'aîné des enfants

$$100 + \frac{x - 100}{10},$$

ou $\qquad \dfrac{900 + x}{10}. \qquad [1]$

Il reste :

$$x - \frac{900 + x}{10} = \frac{10x - 900 - x}{10},$$

ou $\qquad \dfrac{9x - 900}{10}.$

Après que le 2e a prélevé 200 fr., le reste devient :

$$\frac{9x - 900}{10} - 200 = \frac{9x - 900 - 2\,000}{10} = \frac{9x - 2\,900}{10}.$$

Donc la part du 2° est représentée par :

$$200 + \frac{9x - 2\,900^f}{10 \times 10};$$

ou

$$\frac{20\,000 - 2\,900 + 9x}{100} = \frac{17\,100 + 9x}{100}. \qquad [2]$$

Cette part étant égale à toutes les autres, on peut donc poser :

$$\frac{17\,100 + 9x}{100} = \frac{900 + x}{10}; \qquad [1]$$

d'où

$$17\,100 + 9x = 9\,000 + 10x;$$

d'où

$$x = 17\,100 - 9\,000 = 8\,100 \text{ fr.}$$

D'où part du 1ᵉʳ :

$$\frac{900 + 8\,100}{10} = 900 \text{ fr.}$$

$$\textit{Réponses.} \dots \begin{cases} 1° \text{ Fortune du père} : 8\,100 \text{ fr.} \\ 2° \text{ Nombre d'enfants} : \dfrac{8\,100}{900} = 9. \end{cases}$$

218. — On demande de partager 1 200 fr. entre deux parts, de manière que les $\frac{3}{4}$ de la 1ʳᵉ surpassent de 150 fr. les $\frac{2}{3}$ de la 2ᵉ ?

Solutions.

1ʳᵉ *Solution.* — On peut poser : les $\frac{3}{4}$ de la 1ʳᵉ part égalent les $\frac{2}{3}$ de la 2ᵉ + 150 fr.; ou les $\frac{9}{12}$ de la 1ʳᵉ égalent les $\frac{8}{12}$ de la 2ᵉ + 150 fr.

La somme 1 200 fr. se compose de deux parties : si nous en prenons les $\frac{9}{12}$, le résultat $\dfrac{1\,200 \times 9}{12} = 900$ fr. égale évidemment les $\frac{9}{12}$ de la 1ʳᵉ part + les $\frac{9}{12}$ de la 2ᵉ; donc 900ᶠ

— 150 fr. ou 750 fr. égalent (les $\dfrac{9}{12}$ de la 1re part — 150 fr.)

+ les $\dfrac{9}{12}$ de la 2e part.

Mais les $\dfrac{9}{12}$ de la 1re diminués de 150 fr. égalent les $\dfrac{8}{12}$ de la 2e; donc 750 fr. = les $\dfrac{8+9}{12}$ = les $\dfrac{17}{12}$ de la 2e part.

D'où 2e part

$$= \frac{750 \times 12}{17} = \frac{9\,000}{17} = 529^{\text{f}}\frac{7}{17}.$$

Et 1re part

$$= 1\,200 - 529^{\text{f}}\frac{7}{17} \quad = 670^{\text{f}}\frac{10}{17}.$$

2° *Solution*. — Désignons les 2 parts par x et y, on peut poser :

$$x + y = 1\,200; \qquad [1]$$

et
$$x \times \frac{3}{4} - y \times \frac{2}{3} = 150.$$

Cette dernière égalité devient :
$$x \times 9 - y \times 8 = 150 \times 12. \qquad [2]$$

Si nous multiplions les deux membres de l'égalité [1] par 8, par exemple, nous obtiendrons :

$$x \times 8 + y \times 8 = 1\,200 \times 8. \qquad [1]$$

Et nous avons : $\quad x \times 9 - y \times 8 = 150 \times 12. \qquad [2]$

La somme de ces égalités donne $17 \times x = 9\,600 + 1\,800$;

d'où
$$x = \frac{11\,400}{17} = 670^{\text{f}}\frac{10}{17};$$

d'où 2e part égale. . . . . $529^{\text{f}}\dfrac{7}{17}$.

Total égal. . . . . . $1\,200^{\text{f}}$ »

$$\text{Réponses. . .} \begin{cases} 1^{\text{re}} \text{ part} : 670^{\text{f}}\dfrac{10}{17}. \\[2ex] 2^{\text{e}} \text{ part} : 529^{\text{f}}\dfrac{7}{17}. \end{cases}$$

219. — On sait que tout corps plongé dans un liquide est soumis à un effort de bas en haut égal au poids du liquide qu'il déplace, ce qu'on énonce encore en disant que le corps perd une partie de son poids égale au poids du liquide qu'il déplace.

D'après ce principe, on demande quel sera le poids d'un corps dans l'air, s'il pèse 120 grammes dans l'eau et 114 grammes dans l'huile d'olive ; on sait encore que 100 litres d'huile pèsent autant que 88 litres d'eau.

Solutions.

1re *Solution.* — Ce corps pèse dans l'huile 24 grammes de plus que dans l'eau, donc d'après le principe qui précède, son volume est égal à celui d'une certaine quantité d'huile qui pèse 24 grammes de moins que le même volume d'eau. Or un litre d'huile pèse 0^{kg},880, c'est-à-dire :

$$1\,000 - 880 = 120 \text{ grammes}$$

de moins qu'un litre d'eau.

Donc, si le corps pesait 120 grammes de plus dans l'huile que dans l'eau, son volume serait égal à 1 litre ou 1 décimètre cube.

Et s'il pèse 24 grammes de plus, son volume sera égal à

$$\frac{24}{120} = 0^{dmc},200.$$

Donc, même principe, ce corps pesant 120 grammes dans l'eau pèse dans l'air :

$$120 + 200 = 320 \text{ grammes.}$$

2e *Solution.* — Soit P le poids du corps cherché.

Ce corps déplace un poids d'huile égal à :

$$P - 144 \text{ grammes;}$$

plongé dans l'eau, il déplace un poids d'eau égal à

$$P - 120 \text{ grammes;}$$

or le rapport des poids de deux volumes égaux d'huile et

d'eau est, d'après l'énoncé, proportionnel à 0,88 ; d'où l'on peut écrire :

$$\frac{P - 114^{gr}}{P - 120^{gr}} = 0,88 ;$$

d'où

$$P \times 100 - 14\,400 = P \times 88 - 88 \times 120 ;$$

d'où

$$P (100 - 88) = 14\,400 - 10\,560 \text{ grammes} ;$$

d'où

$$P = \frac{3840}{12} = 320 \text{ grammes}.$$

220. — On a un objet d'or qu'on suppose contenir une certaine quantité d'argent. Cet objet pèse 650 grammes ; son poids dans l'eau n'est que de 612 grammes. On veut savoir si le soupçon est fondé et, dans ce cas, quelles sont les quantités d'or et d'argent contenues dans cet objet ; on sait que 1 décimètre cube d'or pèse autant que 19 d'eau et que 1 décimètre cube d'argent pèse autant que 10 d'eau. (Problème d'Archimède posé par Hiéron de Syracuse, 250 ans avant J.-C.)

Solutions.

1re *Solution.* — On a (problème précédent) volume de cet objet :

$$650 - 612 = 38 \text{ centimètres cubes}.$$

Soit x le volume de l'or contenu dans cet objet ; $38 - x$ sera celui de l'argent :

D'où poids de l'or : $x \times 19$;

d'où poids de l'argent : $(38 - x) \times 10$;

d'où $x \times 19 + (38 - x)\,10 = 650 \text{ grammes}$;

d'où $x \times (19 - 10) = 650 - 380 = 270 \text{ grammes}$;

d'où $x = \dfrac{270}{9} = 30 \text{ centimètres cubes}.$

Et $38 - 30 = 8 \text{ centimètres cubes}$;

d'où

Quantité d'or $30 \times 19 = 570 \text{ grammes}.$

Quantité d'argent $8 \times 10 = 80 \text{ grammes}.$

Total égal. . . .   650 grammes

2ᵉ *Solution*. — On peut encore dire :

Soit x volume de l'or.

Et y volume de l'argent.

On aura :

$$x + y = 38 \text{ centimètres cubes.} \qquad [1]$$

Les poids respectifs de ces quantités d'or et d'argent nous donneront : $19x + 10y = 650.$

Multipliant les deux membres de l'égalité [1] par 10, on aura $10x + 10y = 380.$

D'où différence de ces égalités : $9x \qquad = 270.$

D'où

$$x = \frac{270}{9} = 30 \text{ centimètres cubes.}$$

Et

$$y = 38 - 30 = 8 \text{ centimètres cubes.}$$

D'où enfin :

$$30 \times 19 = 570 \text{ grammes d'or.}$$

Et $8 \times 10 = 80 \text{ grammes argent.}$

221. — Un propriétaire veut distribuer une certaine somme à ses ouvriers à titre de gratification : s'il donne 20 fr. à chacun, il lui reste 8 fr.; et s'il donne à chacun 21 fr. il lui manque 7 fr. On demande le nombre d'ouvriers et la somme à distribuer.

Solutions.

1ʳᵉ *Solution*. — La différence entre les produits de 20 fr. et de 21 fr. par le nombre d'ouvriers est égale évidemment à $8 + 7 = 15$; or cette différence est due tout simplement à l'augmentation que subit le multiplicande, et l'on sait que, quand on ajoute l'unité à l'un des facteurs, le produit de la multiplication augmente d'une fois l'autre facteur; donc le multiplicateur égale 15; donc le nombre d'ouvriers = 15.

D'où somme à distribuer $= 20^f \times 15 + 8 = 308$ fr.

Ou — — $21^f \times 15 - 7 = 308$ fr.

2° *Solution.* — Soit x le nombre d'ouvriers, on aura :

$$20 \times x + 8 = 21 \times x - 7 ;$$

d'où
$$x \times (21 - 20) = 15,$$

et
$$x = 15.$$

Réponses. . . $\left\{ \begin{array}{l} 1° \text{ Nombre d'ouvriers, } 15 \text{ fr.} \\ 2° \text{ Somme à distribuer, } 308 \text{ fr.} \end{array} \right.$

222. — Rapprocher la question du n° 121 de la suivante :

1° Que devient un produit de deux facteurs, lorsqu'on ajoute 1 à l'un des facteurs ?

2° Que devient un produit de deux facteurs, lorsqu'on ajoute 2, 3, 4..... n à l'un des facteurs ?

Solution.

1° Quand on ajoute 1 à l'un des facteurs d'une multiplication, le produit augmente évidemment d'*une* fois l'autre facteur.

2° Quand on ajoute 2, 3, 4, ... n à l'un des facteurs d'une multiplication, le produit augmente évidemment de 2, 3, 4. . . . . n fois l'autre facteur. (Définition de la multiplication.)

223. — Reprendre la question du n° 221, avec cette modification : S'il donne 15 fr. à chacun, il lui reste 155 fr., et s'il donne à chacun 20 fr. il lui manque 20 fr. Quel est le nombre d'ouvriers et la somme à distribuer ? (Voir plus haut, n° 222, 2°.)

Solutions.

1ʳᵉ *Solution.* — La différence des produits de 15 fr. et de 20 fr. par le nombre d'ouvriers est égale évidemment à $155 + 20 = 175$ fr. Or cette différence est due tout simplement à l'augmentation faite au multiplicande, et l'on sait que, quand on ajoute 5 au multiplicande, le produit augmente de 5 fois le multiplicateur (voir exercice précédent); donc 5 fois le nombre d'ouvriers $= 175$, d'où nombre d'ouvriers

$$= \frac{175}{5} = 35.$$

Et somme à distribuer $= 15^f \times 35 + 155 = 680$ fr.

Ou   — $= 20^f \times 35 - 20 = 680$ fr.

2ᵉ *Solution.* — Soit x le **nombre** d'ouvriers ; on aura :

$$15 \times x + 155 = 20 \times x - 20 ;$$

d'où $$(20 - 15) \times x = 155 + 20 ;$$

d'où $$5 \times x = 175,$$

et $$x = 35 \text{ ouvriers.}$$

Réponses. . . $\begin{cases} 1° \text{ Nombre d'ouvriers } : 35. \\ 2° \text{ Somme à distribuer } : 680 \text{ fr.} \end{cases}$

(Donner une méthode générale.)

224. — Une caisse cubique a 8 décim. de côté. Combien a-t-elle coûté, si le prix du mètre carré de la planche employée est 0ᶠ,85? Quel est le volume de cette caisse? Combien pourrait-on y loger de morceaux de savon ayant même longueur que la caisse, et ayant 1 décimètre dans chacun des autres sens ?   (Aspirantes, brevet 2ᵉ ordre.)

Solution.

La surface d'une face est égale à

$$0^m,8 \times 0,8 = 0^{mq},64.$$

D'où surface totale $= 0^{mq},64 \times 6 = 3^{mq},84.$

Valeur de 1 mètre carré de planche $= 0^f,85.$

Valeur de 3ᵐ�q,84 $= 0^f,85 \times 3,84 = 3^f,264.$

Volume de cette caisse :

$0^{mq},64 \times 0,8 = 0^{mc},512$ ou 512 décimètres cubes.

Volume de 1 morceau de savon : 8 décimètres cubes.

D'où nombre de morceaux :

$$\frac{512}{8} = 64 \text{ morceaux.}$$

Réponses. . . $\begin{cases} 1° \ 3^f,264. \\ 2° \ 64 \text{ morceaux.} \end{cases}$

225. — On demande de trouver en kilomètres carrés la surface des terres labourables que l'on doit, chaque année, ensemencer en blé pour suffire à l'alimentation de la population entière de la France, évaluée à 35 millions d'habitants, sachant qu'on sème en moyenne 8 doubles-décalitres de blé par hectare et qu'on en récolte 11 pour 1; qu'un hectolitre de blé pèse 75 kilog. et produit à la mouture 74 p. % de farine; que 120 kilog. de farine fournissent 150 kilog. de pain et que chaque groupe de 5 habitants consomme 12 kilog. de pain par semaine.

(Aspirants, brevet simple.)

Solution.

Pour ensemencer 1 hectare, il faut 8 doubles-décalitres ou 16 décalitres = $1^{Hl},6$.

Récolte par hectare. . . . . $1^{Hl},6 \times 11 = 17^{Hl},6.$

Poids de $17^{Hl},6$ de blé. . . . $75^{Kg} \times 17,6 = 1320$ kilog.

Produit en farine, par la mouture de 1320 kilogrammes de blé :

$$\frac{74^{Kg} \times 1320}{100} = 976^{Kg},8 \text{ farine.}$$

Produit en pain de $976^{Kg},8$ de farine :

$$\frac{150 \times 976,8}{120} = \frac{5 \times 976,8}{4} = 5 \times 244,2 = 1221 \text{ kilog. pain.}$$

Un habitant consomme par semaine $\frac{12}{5}$ kilog., ou par année $\frac{12 \times 365}{5 \times 7} = \frac{12 \times 73}{7}$ kilogrammes.

D'où $\frac{1221 \times 7}{12 \times 73}$ ou $\frac{407 \times 7}{4 \times 73}$ représente le nombre d'habitants qui consommeront, par année, le produit converti en pain d'un hectare ensemencé en blé.

Pour 1 habitant, il faudra ensemencer $\frac{4 \times 73}{407 \times 7}$ hectares.

Et pour 35 millions d'habitants il faudra ensemencer :

$$\frac{4 \times 73 \times 35\,000\,000}{407 \times 7} = \frac{4 \times 73 \times 5\,000\,000}{407}$$

Calculs faits : 3587223 hectares;
ou : $35872^{Kmq},23.$ . . . . .

226. — Un marchand a acheté 3 pièces de drap de même qualité, d'une longueur chacune de $125^m,50$. Après en avoir vendu les $\frac{3}{5}$ au prix de $13^f,40$, il a échangé le reste contre du velours sur le pied de 5 mètres de drap contre 3 mètres de velours qu'il a vendu $25^f,50$ le mètre, On demande : 1° le nombre de mètres de velours qu'il a pris en échange ; 2° quel a été le prix d'achat du drap, sachant que cette opération commerciale lui a rapporté un bénéfice de $737^f,94$.

(Brevet du 2e ordre, aspirantes.)

Solution.

Longueur de 3 pièces de drap :

$$125,50 \times 3 = 376^m,50.$$

Valeur des $\frac{3}{5}$ ou de :

$$\frac{376,50 \times 3}{6} = 75,30 \times 3 \; ; \; 13,40 \times 75,50 \times 3 = \quad 3\,035^f,10.$$

Reste $\frac{2}{5} \times 376,5 = 75,3 \times 2 = 150^m,6,$

échangés contre $\dfrac{150,6 \times 3}{5}$ de velours

$$= 30,12 \times 3 = 90^m,36.$$

Valeur de $90^m,36$ de velours…$25^f,5 \times 90,36 = \quad 2\,304^f,18.$

Prix de vente au total . . . . $5\,339^f,28.$

A déduire bénéfice réalisé . . . . $737^f,94.$

Prix d'achat. . . . . $4\,601^f,34.$

D'où prix d'achat du mètre de drap :

$$\frac{4\,601^f,34}{376,50} = 12^f,22\ldots$$

Réponses. . .$\left\{\begin{array}{l} 1° \text{ Il a échangé } 150^m,6 \text{ drap pour } 90^m,36 \text{ velours} \\ 2° \text{ Valeur d'achat de 1 mètre : } 12^f,22. \end{array}\right.$

227. — Un débitant achète 50 fr. une barrique de vin de 2 hectol. Il paye à la régie : droit de circulation, $0^f,80$ par hectol.; droit de détail, 15 p. % sur le prix de vente, plus 1 décime $\frac{1}{2}$ en sus par franc perçu sur ce droit. Les frais du transport sont de 4^f,75. Quel sera son bénéfice s'il vend son vin 0^f,25 le demi-litre ?

(Brevet 2e ordre, aspirantes.)

Solution.

Prix de vente : 0^f,50 × 200 litres . . . . 100 fr.

Prix d'achat. . . . . 50^f.

Frais de régie (circulation) 1° 0^f,80 × 2... 1^f,60,

  (Détail)   2° $\dfrac{15}{100}$ × 100^f... 15^f,

  (1 décime $\frac{1}{2}$)   3° 0,15 × 15... 2^f,25.

    Frais de transport . . . . 4^f,75.

     Total. . . . . 73^f,60, ci 73^f,60.

     D'où bénéfice réalisé. . . . . 26^f,40.

228. — Pour améliorer une terre, on y a répandu 116 250 kilog. de fumier représentant un volume de 152 hectol. On demande combien il a fallu de charretées contenant 1 mètre cube $\frac{1}{2}$ chacune pour tranporter sur une autre terre 39 650 kilog. du même fumier. (Brevet simple. — Périgueux, 1873.)

Solution.

Volume de 116250 kilogrammes . . . 152 hectolitres.

Volume de 39650 kilogrammes :

$$\frac{152 \times 39650}{116250} = \frac{152 \times 753}{2325} \text{ hectolitres.}$$

Chaque charretée contenant 1 mètre cube $\frac{1}{2}$ ou 15 hectolitres, on aura :

nombre de charretées : $\dfrac{152 \times 753}{15 \times 2325} = 3$ charretées 28.

229. — Un commerçant a dépensé pour son loyer personnel les $\frac{3}{11}$ du bénéfice qu'il a fait dans son année ; il a employé en outre les $\frac{5}{13}$ de ce même bénéfice pour ses autres dépenses personnelles ; quelle fraction de son bénéfice a-t-il mise de côté ? (Brevet simple. — Périgueux, 1873.)

Solution.

Bénéfice total : 1, ou. . . . . $\dfrac{143}{143}$

Dépense pour loyer. . . . . $\dfrac{3}{11}$ ou $\dfrac{39}{143}$.

Autres dépenses personnelles : $\dfrac{5}{13}$ ou $\dfrac{55}{143}$.

Total des dépenses. . . . . . $\dfrac{94}{143}$, ci. . . . $\dfrac{94}{143}$.

Il a donc mis de côté la différence, c'est-à-dire. . . . $\dfrac{49}{143}$.

230. — Une fontaine fournit 35 hectolitres d'eau en 4 heures ; une 2ᵉ, 57 hectolitres en 7 heures et demie; une 3ᵉ, 84 hectolitres $\frac{3}{4}$ en 11 heures; une 4ᵉ, 67 hectolitres en 6 heures et demie. Combien ces quatre fontaines mettraient-elles de temps pour remplir un bassin de 217 mètres cubes?

(Agen. — Brevet simple.)

Solution.

1ʳᵉ fontaine fournit dans 1 heure

$$35 : 4 = \frac{35}{4} = \frac{75\,075}{8580} \text{ hectol. d'eau.}$$

2ᵉ fontaine fournit dans 1 heure

$$57 : \frac{15}{2} = \frac{38}{5} = \frac{65\,208}{8580} \quad —$$

3ᵉ fontaine fournit dans 1 heure

$$84,75 : 11 = \frac{84,75}{11} = \frac{66\,105}{8580} \quad —$$

4ᵉ fontaine fournit dans 1 heure

$$\frac{203}{3} : \frac{13}{2} = \frac{406}{39} = \frac{89\,320}{8580} \quad —$$

Donc les 4 fontaines fourniront

ensemble dans 1 heure . . . . . . $\dfrac{290\,708}{8580} = \dfrac{72\,677}{2\,145}$.

D'où, pour fournir $\dfrac{72677}{2145}$ hectolitres, les 4 fontaines mettent 1 heure ;

Et pour fournir 217 mètres cubes ou 2170 hectolitres, elles mettront :

$$\frac{2145 \times 2170}{72677} = 64 \text{ heures environ.}$$

231. — Un domaine est ensemencé successivement de froment et de seigle. Le volume de la 1re récolte n'est que les $\frac{939}{958}$ de celui de la seconde. Le poids de l'hectolitre de froment est de 75 kilogrammes, tandis que celui de l'hectolitre de seigle est de 72 kilogrammes ; enfin 120 kilogrammes de froment coûtent 54 francs et 115 kilogrammes de seigle coûtent 34 francs. On demande quel est le rapport des valeurs des deux récoltes.

(Aspirants. — Académie deToulouse.)

Solution.

Si le volume de la 1re récolte, froment, était 939 hectol. celui de la 2e récolte, seigle, serait 958 hectol.

D'où 939 hectol. froment pèsent $75^{Kg} \times 939$.

Et 958 hectol. seigle pèsent $72^{Kg} \times 958$.

D'où $75^{Kg} \times 939$ froment valent... $\dfrac{54^f \times 75 \times 939}{120}$.

Et $72^{Kg} \times 958$ seigle valent... $\dfrac{34^f \times 72 \times 958}{115}$.

D'où rapport des valeurs :

$$\frac{54 \times 75 \times 939}{120} : \frac{34 \times 72 \times 958}{115},$$

ou

$$\frac{54 \times 75 \times 939 \times 115}{120 \times 34 \times 72 \times 958}.$$

Simplifiant et effectuant, on aura :

$$\frac{1619775}{309435} \text{ (rapport cherché).}$$

232. — Une poutre de chêne pèse 19$^{quint.}$ mét.88477 ;

elle a $0^m,55$ sur $0^m,57$ d'équarrissage et la densité du chêne est $0,93$; quelle est la longueur de cette poutre ?

(Brevet simple, aspirants).

Solution.

On a volume de cette poutre

$$1988^{Kg},477 : 0,93 = 2^{mc},138.$$

D'où

$$0^m,65 \times 0,57 \times \text{longueur} = 2,138.$$

D'où longueur

$$= \frac{2,138}{0,65 \times 0,57} = 5^m,77.$$

233. — On a rempli les $\frac{13}{15}$ d'un tonneau contenant 225 litres et l'on a fait le plein avec de l'eau. On a ensuite tiré 45 litres de ce mélange et le plein a été une seconde fois fait avec de l'eau. Combien de centilitres de vin contient le litre du dernier mélange ?

(Brevet simple, aspirants.)

Solution.

Le tonneau contient donc :

$$225 \times \frac{13}{15} = 15 \times 13 = 195 \text{ litres de vin.}$$

Et

$$225 \times \frac{2}{15} = 17 \times 2 = 30 \text{ litres d'eau.}$$

Si on retire 1 litre de ce mélange, on retirera évidemment

$$\frac{195}{225} = \frac{39}{45} \text{ litres de vin et } \frac{30}{225} = \frac{6}{45} \text{ litres d'eau.}$$

D'où les 45 litres retirés contiendront 39 litres de vin et 6 litres d'eau.

Il restera évidemment $195 - 39 = 156$ litres de vin, et après que le plein a été fait une deuxième fois le tonneau contient :

156 litres de vin et $225 - 165 = 69$ litres d'eau.

D'où 1 litre de ce dernier mélange contient :

$$\frac{156}{225} = 0^l,69 \text{ de vin.}$$

234. — Un marchand a acheté une pièce de drap à raison de 20 fr. le mètre ; il en a vendu la $\frac{1}{2}$ à 24 fr., le $\frac{1}{6}$ à 20 fr., le $\frac{1}{4}$ à 27 fr., et le reste à 30 fr. Il a aussi gagné 165 fr. sur le marché. Combien de mètres a la pièce de drap ?

(Brevet simple, aspirants.)

Solutions.

1ʳᵉ *Solution.* — Il vendra à 3o fr. :

$$1 - \left(\frac{1}{2} + \frac{1}{6} + \frac{1}{4} \right) = \frac{1}{12}.$$

Sur 1 mètre vendu 24 fr., ce marchand gagne 4 fr. et sur la $\frac{1}{2}$ de la pièce il gagnera 4 fois la $\frac{1}{2}$ ou 24 fois le $\frac{1}{12}$.

Sur 1 mètre vendu 27 fr., il gagne 7 fr. et sur le $\frac{1}{4}$ il gagnera 7 fois le $\frac{1}{4}$ ou 21 fois le $\frac{1}{12}$.

Sur 1 mètre vendu 3o fr., il gagne 10 fr., et sur le $\frac{1}{12}$ de la pièce il gagnera 10 fois le $\frac{1}{12}$.

Donc

$$(24 + 21 + 10) \text{ fois le } \frac{1}{12} = 165.$$

Donc nombre de mètres

$$= \frac{165 \times 12}{55} = 36.$$

Soit x le nombre de mètres cherché, on aura :

$$x \times \frac{1}{2} \times 4^f + x \times \frac{1}{4} \times 7^f + x \times \frac{1}{12} \times 10^f = 165 \text{ fr.}$$

D'où

$$x \times \left(\frac{4}{2} + \frac{7}{4} + \frac{10}{12} \right) = 165 \text{ fr.}$$

D'où

$$x = \frac{165 \times 12}{55} = 36.$$

235. — On a acheté, pour 44^f,50, 8 kilog. de sucre, 7 kilog. de chocolat et 2 kilog de thé. On sait que 3 kilog. de chocolat ont la même valeur que 5 kilog. de sucre et que 2 kilog. de thé valent autant que 6 kilog. de chocolat. Combien vaut le kilog. de chacune des trois substances ?

(Brevet simple.)

Solution.

Valeur de 3 kilog. chocolat $= 5$ kilog. de sucre.
Valeur de 6 kilog. chocolat $= 5 \times 2 = 10$ kilog.

Valeur de 7 kilog. chocolat $= \dfrac{10}{6} \times 7 = \dfrac{35}{3}$ kilog.

D'où 2 kilog. thé valent autant que 10 kilog. sucre,

et 7 kilog. chocolat valent autant que $\dfrac{35}{3}$ — ,

et 8 kilog. sucre valent autant que 8   — ;

d'où $10 + 8 + \dfrac{35}{3}$ kilog. sucre valent 44^f,50,

ou $\qquad \dfrac{54 + 35}{3}$ kilog.   —   44^f,50,

et $\qquad$ 1 kilog. sucre $= \dfrac{44^f.50 \times 3}{89} = 1^f,50,$

et $\qquad$ 1 kilog. chocolat $= \dfrac{1^f,50 \times 5}{3} = 2^f,50,$

et $\qquad$ 1 kilog. thé $= \dfrac{2^f,50 \times 6}{2} = 7^f,50.$

236. — 4 kilog. d'eau de mer contiennent 1 hectog. de sel pur; le sel gris du commerce qu'on extrait de l'eau de mer par évaporation ne renferme guère que 96 p. % de son poids de sel pur; enfin 40 centimètres cubes d'eau de mer pèsent 41 grammes. Calculer au moyen de ces données le nombre de litres d'eau de mer qu'il faudrait évaporer pour en retirer 1 500 kilog. de sel gris.   (Brevet simple.)

Solution.

96 kilog. de sel pur représentent 100 kilog. de sel brut.
Et 1 500 kilog. de sel pur représenteront :

$$\dfrac{100 \times 1500}{96} = 1562^{Kg},5.$$

1 hectog. de sel pur est obtenu par l'évaporation de 4 kilog. d'eau de mer.

Et 15 625 hectog. de sel pur seront obtenus par l'évaporation de :

$$4 \times 15\,625 = 62\,500 \text{ kilog. d'eau de mer.}$$

Volume de 41 grammes d'eau de mer. . . 40 cent. cubes.

Volume de 62 500 000 grammes d'eau de mer.

$$\frac{62\,500\,000 \times 40}{41} = 6\,097^{\text{lit}},5. \ldots$$

237. — Un marchand a acheté 357 quintaux métriques de blé, au prix de 22 fr. l'hectol. pesant 78 kilog. Il paie en outre : 1° pour chargement et déchargement, 0^f,15 par hectol ; 2° pour le transport à 127 kilom. de distance. 0^f,07 par kilom. et par tonne. Ce blé, après la mouture, donne 1 820 kilog. de son qu'il vend à 0^f,50 le kilog. et 292 quintaux de farine. Combien doit-il vendre le sac de farine de 100 kilog. pour avoir un bénéfice de 1^f,75 par hectol. de blé ?

(Brevet simple.)

Solution.

Valeur de 357 quintaux métriques de blé :

$$\frac{357 \times 100 \times 22}{78} = 10\,069^f,23.$$

Frais de chargement et de déchargement :

$$\frac{35\,700}{78} \times 0,15 = \quad 68^f,65.$$

Frais de transport. . . . . 0,07 × 127 × 35,7 = 317^f,37.

Valeur totale . . . . 10 455^f,25.

Valeur de 1 820 kilog. son. . . 0,5 × 1 820. . 910^f

Reste. . . . . 9 545^f,25.

A ajouter bénéfice.. . . . . . 1^f,75 × $\dfrac{35\,700}{78}$ = 800^f,96.

Valeur de 292 quintaux farine. . . . . 10 346^f,21.

D'où valeur de 1 quintal (sac de 100 kilog.)

$$= \frac{10\,346,21}{292} = 35^f,43.$$

Réponse. . . 35^f,43.

238. — Un cultivateur a vendu successivement les $\frac{2}{5}$ de sa récolte de pommes de terre, puis les $\frac{3}{4}$ de ce qui lui restait après cette première vente, et enfin les $\frac{5}{7}$ de ce qui lui est resté après cette seconde vente. Il en a encore 3^{mc},054. Combien en avait-il de doubles-décalitres ?

(Brevet simple.)

Solution.

Après la 1re vente, il reste $\dfrac{3}{5}$; il vend donc une 2e fois les

$$\frac{3}{4} \times \frac{3}{5} = \frac{9}{20}.$$

Après la 2e vente, il reste :

$$\frac{3}{5} - \frac{9}{20} = \frac{12-9}{20} = \frac{3}{20} ;$$

il vend donc une 3e fois :

$$\frac{3}{20} \times \frac{5}{7} = \frac{3}{28}.$$

D'où les

$$\frac{3}{28} = 3^{mc},054 ;$$

il avait donc en tout :

$$\frac{3,054 \times 28}{3} = 1,018 \times 28 = 28^{mc},504.$$

ou   5 700 ^{Doubles-D.},8.

239. — La betterave donne environ 6 p. %₀ de son poids de sucre ; l'hectare produit annuellement 32 000 kilog. de betteraves. On demande combien il faudra ensemencer d'hectares, ares et centiares de terre pour fournir des betteraves à une sucrerie qui produit 12 000 kilog. de sucre par an.

(Brevet simple.)

Solution.

Pour avoir 6 kilog. de sucre, il faut 100 kilog. de betteraves.

Pour avoir 12 000 kilog. de sucre, il faudra :

$$\frac{100 \times 12\,000}{6} = 200\,000 \text{ kilog. de betteraves.}$$

Or, pour avoir 32 000 kilog. de betteraves, il faut ensemencer 1 hectare.

Et pour avoir 200 000 kilog. de betteraves il faudra ensemencer :

$$\frac{200\,000}{32\,000} = 6^{\text{Ha}},25.$$

240. — Une montre avance de 5 minutes par jour; elle diffère maintenant de l'heure véritable de 3 heures 40 minutes. Dans combien de jours marquera-t-elle l'heure exacte ? 2° Même problème, en supposant que la montre avance chaque jour de 5 minutes plus $\frac{1}{4}$ de minute.

Solutions.

1° Voir le n° 307 et la solution qui est donnée.

2° Si cette montre avançait de 5 minutes $\frac{1}{4}$ ou 5^{min}.,25 au lieu de 5 minutes par jour, la solution du n° 307 nous donnera encore :

$$1° \quad \frac{500}{5,25} = 95^{\text{j}} \tfrac{5}{21}; \qquad 2° \quad \frac{220}{5,25} = 41 \text{ jours } \tfrac{19}{21}.$$

241. — La lune décrit en un jour un arc de 13° 10′ 35″ sur son orbite supposée circulaire, tandis que le soleil ne décrit qu'un arc de 58′ 59″ sur son orbite supposée aussi circulaire. En supposant que les deux astres se meuvent dans le même plan, on demande quel temps il s'écoulera entre deux passages de ces astres sur une même ligne droite les joignant à la terre.

(Brevet complet. — Bordeaux.)

Solution.

(Le lecteur est prié de faire la figure.)

Supposons que le soleil S, la lune L et la terre T occupent à un moment donné la position S, L, T (nouvelle lune); le lendemain, à la même heure, la lune occupe la position L′ et a décrit un arc de 13 degrés 10 minutes 35 secondes ou 47 435 secondes.

Pendant ce temps, la terre a décrit un arc de 58 minutes 59 secondes ou 3539 secondes, ou, si on admet pour un instant les apparences, le soleil semble occuper la position S′; d'où différence du parcours = l'angle L′TS′ = 47435 − 3539 = 43896 secondes.

Le surlendemain, à la même heure, l'angle ou l'arc sera égal à 43896 × 2 et le jour suivant l'arc égalera 43896 × 3 et ainsi de suite. Donc, quand la lune se retrouvera en *conjonction* (nouvelle lune) avec le soleil, au bout de x jours, l'arc sera égal à :

$$43896 \times x = 360°.$$

D'où

$$x = \frac{360°}{43896} = \frac{129600}{43896} = 29 \text{ jours } 12 \text{ heures,}$$

durée approximative d'une révolution complète de la lune autour de la terre.

242. — Une personne doit verser un arrosoir d'eau sur chacun des arbres qui composent une rangée en ligne droite. Ces arbres sont au nombre de 50; ils sont à 5 mètres l'un de l'autre, et la source est à 25 mètres du premier. On demande le chemin parcouru quand la personne aura fini son travail et qu'elle sera revenue à la source.

(Foix. — Brevet complet, aspirants.)

Solution.

Le chemin parcouru pour le 1er arbre, après que cette personne sera revenue à la source, est égal à

$$25 \times 2 = 50 \text{ mètres.}$$

Pour le 2e arbre, il est égal à

$$50 + 10 = 60 \text{ mètres;}$$

pour le 3e, à

$$60 + 10 = 70 \text{ mètres;}$$

et ainsi de suite; d'où on a la progression arithmétique croissante :

$$\div 50 \cdot 60 \cdot 70 \ldots$$

dans laquelle on a à calculer la somme de tous les termes.

On a (voir *Arithmétique*, page 95) dernier terme

$$= 50 + 49 \times 10 = 50 + 490 = 540.$$

Et enfin (*Arithmétique*, page 96), somme

$$= (50 + 540) \times \frac{50}{2} = 14^{\text{Km}},750.$$

243. — Trouver le plus grand commun diviseur entre 5 266 et 936. Faire connaître les deux manières de l'obtenir, citer le principe sur lequel on s'appuie quand on emploie le procédé ordinaire, montrer enfin quel est l'usage de ces nombres.   (Brevet complet, aspirants.)

Solution.

1er Procédé : Le plus grand commun diviseur entre 5 266 et 936 sera $\leq$ (lisez plus petit ou égal) à 936. La division de 5 266 par 936 donne 5 pour quotient et 586 pour reste ; d'où on a 5 266 $= 936 \times 5 + 586$; or on sait que lorsqu'un nombre divise une somme de deux parties 5 266, et l'une des parties 936×5 (multiple de 936), il divisera forcément l'autre partie ; donc tout diviseur commun à 5 266 et 936 sera commun à 936 et 586 ; le plus grand commun diviseur cherché sera $\leq$ à 586.

La division de 936 par 586 donne pour quotient 1 et pour reste 360. En continuant ainsi, on trouve que le plus grand commun diviseur cherché est 2.

Disposition des calculs.

5266	5	1	1	1	2	14	4
	936	586	350	236	114	8	2
586	350	236	114	008	2	0	

2° Procédé : Décomposons chacun des nombres en ses facteurs premiers :

On aura :

$$1° \quad 5226 = 2 \times 2635\ ^{1}:$$
$$2° \quad 936 = 2^3 \times 3^2 \times 13;$$

le seul facteur commun à 5 266 et à 936 étant 2, j'en conclus que 2 est le plus grand commun diviseur cherché.

1. Le nombre 2 633 n'étant divisible ni par **2**. ni par **3**, ni par **13**, nous pouvons nous dispenser de rechercher s'il n'est point divisible par un autre nombre quelconque qui ne saurait entrer comme facteur dans le nombre 936.

Ce deuxième procédé peut servir à déterminer : 1° tous les diviseurs d'un nombre ; 2° le plus petit multiple commun à plusieurs nombres.

244. — La résolution d'un problème a conduit à faire le produit de deux nombres ; mais au lieu d'opérer sur des nombres exacts on a négligé les décimales de l'ordre inférieur à celui des centièmes et l'on a multiplié 35.84 par 24,95. Quels sont les chiffres du produit sur lesquels on peut compter ? On discutera les deux méthodes qui permettent de résoudre ce problème.

(Brevet complet, aspirants.)

Solution.

Le multiplicande 35,84 est inférieur au multiplicande véritable d'une quantité que nous appellerons a ; on a :

$$a < 0,01.$$

Le multiplicateur 24,95 est inférieur au multiplicateur véritable d'une quantité que nous appellerons b ; on a :

$$b < 0,01.$$

Donc, en opérant sur les nombres donnés, l'erreur commise sera moindre que :

$$(40 + 30)\ ^1 \times 0,01 + 0,01 \times 0,01,$$

ou moindre que 0,7001.

Donc l'erreur est *à fortiori* plus faible que 100 centièmes ou l'unité : donc on peut compter sur le chiffre des unités.

On peut donc écrire :

$$35,84 \ldots \times 24,95 \ldots = 894 \text{ (approximativement).}$$

On peut encore opérer de la manière suivante (la règle que nous allons exposer est le plus généralement suivie dans la multiplication abrégée) : on aura à effectuer l'opération ci-après :

$$35,84 \ldots \times 24,94 \ldots$$

Renversons les chiffres du multiplicateur de façon que le

---

1. $40 > 35,84 \ldots$

     $30 > 24,95 \ldots$

chiffre des unités se trouve sous celui des centièmes, on aura :

$$35,84.\,.\,.\,.\,.$$
$$.\,.\,.\,.\,.5\,942$$

$$71\,680$$
$$14\,336$$
$$3\,222$$
$$175$$

$$89\,413$$

Ce résultat est, comme on le voit, un nombre exact de centièmes et on peut écrire :

$$35,84.\,.\,.\,.\,. \times 24,95.\,.\,.\,.\,. = 894 \text{ (approximatif.)}$$

En effet :

1° L'erreur commise

sur le 1er produit partiel est : $< 0,01 \times 20 < 20$ centièmes.

2° L'erreur commise

sur le 2° produit partiel est : $< 0,01 \times 4 < 4$ —

3° L'erreur commise

sur le 3e produit partiel est : $< 0,1 \times 0,9 < 9$ —

4° L'erreur commise

sur le 4e produit partiel est : $< 1 \times 0,05 < 5$ —

Donc l'erreur sur le produit
par rapport au multiplicande est . . . . < 38 —

Par rapport au multiplicateur, l'erreur commise par suite des chiffres négligés sera évidemment $< 0,01 \times 40$ ou plus petite que 40 centièmes.

Donc l'erreur totale sera plus petite que

$$38 + 40 = 78 \text{ centièmes;}$$

donc, plus faible que 100 centièmes ou l'unité.

245. — On sait que la betterave donne en sucre environ 7 p. % de son poids, qu'un mètre carré de terrain produit approximativement 3^{Kg},125 de betteraves et que les 1 000^{Kg} de betteraves sont évalués 16^f,50. On demande : 1° quelle superficie il faudrait ensemencer pour fournir des betteraves à

une fabrique qui doit produire annuellement 87 500 kilog.
de sucre; 2° quelle serait la valeur des betteraves obtenues.

(Paris. — Aspirantes, 2e ordre.)

Solution.

7 kilog. de sucre sont donnés par 100 kilog. de betteraves.

Et 87 500 kilog. de sucre seront donnés par

$$\frac{100 \times 87\,500}{7} = 1\,250\,000 \text{ kilog.}$$

3^{Kg},125 de betteraves sont récoltés dans 1 mètre carré de terrain.

Et 1 250 000 kilog. de betteraves seront récoltés dans

$$\frac{1\,250\,000}{3,125} = 40 \text{ hectares.}$$

1 000 kilog. betteraves sont évalués 16^f,50.
Et 1 250 000 kilog. betteraves seront évalués

$$16^f,5 \times 125 = 2\,062^f,50.$$

Réponses. . . $\begin{cases} 1° \text{ Superficie : } 40 \text{ hectares.} \\ 2° \text{ Valeur des betteraves obtenues : } 2\,062^f,50. \end{cases}$

246. — Chaque élève d'une pension boit 45 centilit. de
vin par jour; la pension compte 72 élèves. Quelle est la consommation annuelle ? Il y a dans l'année 50 dimanches ou
jours de congé pendant lesquels la moitié des élèves sont
absents; et pendant 58 jours de vacances il ne reste au pensionnat que le $\frac{1}{6}$ des élèves.

(Paris. — Aspirantes, 2e ordre.)

Solution.

Si tous les élèves étaient présents pendant toute l'année,
on aurait consommation annuelle :

$$0^{lit},45 \times 72 \times 365 = \quad 11\,826 \text{ litres.}$$

A déduire :

1° $0^{lit},45 \times 36 \times 50 = 810$ lit. $\Big\}$ En tout.. 1 123,20
2° $0^{lit},45 \times 12 \times 58 = 313^{lit},20.$

La consommation sera donc de 10 702,80

Réponse. . . . Consommation $= 107^{Hl},028.$

247. — Un libraire s'engage à fournir 6 548 fr. de livres moyennant un rabais de 17 p. %, sur le prix courant des ouvrages qu'on lui demande ; il obtient des éditeurs qu'ils lui donneront 13 volumes pour le prix de 12, et qu'ils lui feront en outre sur le prix courant une remise de 24 p. % à condition qu'il se chargera du port et du brochage, pour lesquels sa dépense doit s'élever à 2 ½ p. %. Quel sera le bénéfice du libraire dans cette opération ?

(Paris. — Aspirantes, 2e ordre.)

Solution.

Bénéfice brut réalisé par le libraire :
1° Il paie 12 ouvrages pour 13, donc il gagne :

$$\frac{1}{12} \text{ ou } \frac{6\,548}{12} = \qquad 545^{\text{f}},66.$$

2° Remise de 24 p. %. . . . . .

$$= \frac{6\,548 \times 24}{100} = \quad \text{. . . . .} \quad 1\,571^{\text{f}},52.$$

Total . . . . 2 117^f,18.

Pertes éprouvées :
1° Rabais 17 p. % :

$$\frac{6\,548 \times 17}{100} = 1\,113^{\text{f}},16$$

2° Frais de port et brochage :

$$\frac{6\,548 \times 2,5}{100} = \quad 163^{\text{f}},70$$

ensemble. . . . . 1 276^f,86.

Bénéfice net. . . . . 840^f,32.

248. — Deux trains partent de Marseille, l'un à 8 heures du matin, l'autre à 11 heures (matin) pour aller à Paris ; le 1er fait 36 kilom. à l'heure, le 2e 48. A quelle distance de Paris et à quelle heure se rencontreront-ils ? La distance de Paris à Marseille est de 857 kilom.

(Brevet du 2e ordre, aspirantes.)

Solution.

Le 1er train parti 3 heures avant le 2e a donc déjà fait

$$36 \times 3 = 108 \text{ kilog.}$$

quand celui-ci se met en route. Mais ce dernier fait, par heure, 12 kilom. de plus que le 1er; donc, si à 11 heures la distance qui les sépare n'était que de 12 kilom., ils se rencontreraient au bout d'une heure, ou à midi.

Et si leur distance est de 108 kilom., ils se rencontreront au bout de $\dfrac{108}{12} = 9$ heures, ou à 8 heures du soir. Ils ont donc parcouru avant de se rencontrer 48×9 ou

$$56 \times 12 = 422 \text{ kilom.;}$$

donc la rencontre a lieu à $857 - 452 = 425$ kilom de Paris.

249. — Un navire porte des vivres pour un équipage de 140 hommes et une traversée de 100 jours; après 24 jours de traversée, il recueille l'équipage d'un navire naufragé s'élevant à 30 hommes; pendant combien de temps pourra-t-il encore naviguer en donnant ration complète à tout le monde ?   (Aspirantes, 2e ordre.)

Solution.

Le nombre de rations est donc à $140 \times 100 = 14\,000$.

Pendant 24 jours de traversée, le nombre
de rations consommées $= 140 \times 24 = \underline{3\,360.}$

Il reste donc. . . . . . . $10\,640$ rations.

Mais le nombre de rations par jour étant maintenant de

$$140 + 30$$

ou de 170, le navire pourra encore naviguer pendant

$$\dfrac{10\,640}{170} = 62 \text{ jours } \dfrac{10}{17}.$$

$$\textit{Réponse.} \quad \ldots \quad 62 \text{ jours } \dfrac{10}{17}.$$

250. — Pour confectionner une chemise d'enfant, il faut 1m,90 de toile; la façon revient à 1f,85. Un marchand doit faire confectionner 2 douzaines et demie de chemises en toile à 1f,56 le mètre. Il espère les revendre 8f,20 la pièce. Combien gagnera-t-il ?
                    (Aspirantes, brevet du 2e ordre.)

Solution.

Prix de vente. . . . . . 8^f,20 × 3o . . . . . = 246^f .

Prix d'achat : 1^f,56 × 1,90 × 3o = 88^f,92 ⎫
Façon : 1^f,85 × 3o . . . = 55^f,5o ⎭ ensemble 144^f,42.

Le marchand gagnera le reste. . . . 101^f,58.

251. — Une vigne de 35^a,40 a été achetée au prix de 150 fr. l'are; elle produit en moyenne 65 hectol. de vin par an; ce vin se vend 4^f,50 le décal.; les dépenses annuelles et les contributions s'élèvent à 350 fr. Combien rapporte p. % le prix d'achat de cette vigne?

(Aspirantes, brevet du 2e ordre.)

Solution.

Prix d'achat, vigne : 150^f × 35,4o = 5310 fr.

Valeur de 65 hectol. de vin : 45 × 65 = 2925 fr.

A déduire dépenses diverses. . . . . 35o fr.

Revenu net. . . . . . . 2575 fr.

D'où revenu p. % $\dfrac{257500}{5310} = 48,49$ p. %.

(Données exagérées.)

252. — Si au double d'un nombre on ajoute le $\frac{1}{3}$ de ce nombre et qu'on en retranche le $\frac{1}{7}$, on trouve 15 $\frac{1}{3}$. Quel est ce nombre? (Aspirantes, brevet simple. — Nord.)

Solutions.

1re Solution. — Au double de ce nombre, on ajoute donc le $\frac{1}{3}$ moins le 7e ou les $\dfrac{4}{21}$ de ce nombre.

Donc 15 $\frac{1}{3}$ ou $\dfrac{46}{3}$ égalent le double d'un nombre augmenté des $\dfrac{4}{21}$ du nombre primitif; ou bien $\dfrac{23}{3} =$ le nombre augmenté de ses $\dfrac{2}{21}$; d'où $\dfrac{23}{3}$ égalent donc les $\dfrac{23}{21}$ de ce nombre ;

d'où nombre égale $\dfrac{23 \times 21}{23 \times 3} = \dfrac{21}{3} = 7$.

2e *Solution.* — Soit x le nombre cherché; on peut poser :

$$x \times 2 + \frac{x}{3} - \frac{x}{7} = \frac{46}{3};$$

d'où $\qquad x + \left(2 + \frac{1}{3} - \frac{1}{7}\right) = \frac{46}{3};$

d'où $\qquad x = \dfrac{46 \times 21}{3 \times 46} = 7.$

253. — Un négociant avait acheté un certain nombre d'hectol. de céréales aux conditions suivantes : les $\frac{2}{3}$ à $23^f,50$ l'hectol.; $\frac{1}{9}$ à $16^f,80$; $\frac{1}{6}$ à $12^f,70$ et les 3 hectol. restants à $14^f,50$. Il vend le tout au prix de 23 fr. l'hectol. Combien gagne-t-il? (Aspirantes au brevet simple. — Alger.)

Solution.

$$\frac{2}{5} + \frac{1}{9} + \frac{1}{6} = \frac{12 + 2 + 5}{18} = \frac{17}{18}.$$

Le reste ou $\dfrac{1}{18}$ égalant 3 hectol., il en résulte que le nombre total d'hectol. $= 18 \times 3 = 54$.

On a donc vente à 23 fr. l'un : $\qquad 23 \times 54 = 1242^f$

$$\text{Achat} \begin{cases} 1^o \ 23^f,50 \times \dfrac{54 \times 2}{3} = 846^f \\[2mm] 2^o \ 16^f,80 \times \dfrac{54 \times 1}{9} = 100^f,80. \\[2mm] 3^o \ 12^f,70 \times \dfrac{54 \times 1}{6} = 114^f,30. \\[2mm] 4^o \ 14^f,50 \times \ \ 3 \ \ = 43^f,50. \end{cases} \text{Ensemble } 1104^f,60.$$

Gain. . . . . $137^f,40.$

254. — Sachant que 80 fr. valent 81 livres, on demande à moins de 1 millig. quel devait être le poids d'une pièce d'or de 24 livres au titre de $\frac{9}{10}$. (Aspirants, brevet simple.)

Solution.

Valeur de 24 livres. . . . . $\dfrac{80 \times 24}{81}$.

On sait que 1 gramme d'or monnayé vaut $3^f,10$.

Donc poids de $3^f,10$ (or monnayé). . . . . 1 gramme.

Poids de $\dfrac{80 \times 24}{81}$ . . . . $\dfrac{80 \times 24}{81 \times 3,1} = 7^{gr},646$.

Réponse. . . $7^{gr},646$.

255. — Pour chauffer pendant une année une salle de $6^m,50$ de long sur $5^m,20$ de large et $3^m,18$ de hauteur, on a consumé 4 stères $\frac{1}{4}$ de bois au prix de $13^f,50$ le stère. Quelle est la dépense qu'entraînerait le chauffage pendant le même temps, avec le même combustible employé aux mêmes conditions, d'une salle de $7^m,20$ de long sur $6^m,28$ de large et $3^m,18$ de hauteur? (Aspirants au brevet simple. — Yonne.)

Solution.

Volume de la 1re salle : $6,50 \times 5,2 \times 3,18 = 107^{mc},484$.

Valeur de $4^{st},25$ à $13^f,5$ l'un :

$$13,5 \times 4,25 = 57^f,375.$$

Volume de la 2e salle : $7,2 \times 6,28 \times 3,18 = 143^{mc},78688$.

D'où dépense de chauffage :

$$\frac{57,375 \times 143,78688}{107,484} = 76^f,75.$$

Réponse. . . $76^f,75$.

256. — Un entrepreneur a déboursé une somme de 270 fr. pour payer 56 journées d'ouvriers divisés en deux catégories: aux premiers, il a donné $4^f,50$ par jour; aux autres, $5^f,25$. On

demande combien il y avait de journées de chaque catégorie.   (Brevet complet. — Yonne.)

Solutions.

1re *Solution.* — 56 journées à $4^f,50 = 4,5 \times 56 = 252$ fr.,
c'est-à-dire $270 — 252^f = 18^f$, en moins.

Or, chaque fois qu'on remplace 1 journée à $4^f,50$ par une
à $5^f,25$, on a une différence en plus égale à

$$5^f,25 — 4,50 = 0,75.$$

Donc on aura :

Nombre de journées à $5^f,25$. . . . . . $\dfrac{18}{0,75} = 24.$

—   à $4^f,50$ . . . . $56 — 24 = 32.$

2e *Solution.* — Soit x nombre de journées à $5^f,25$.
On aura $56 — x$ journées, ... à $4^f,50$.
Et l'on peut poser :

$$5,25 \times x + 4,50 \times (56 — x) = 270 \text{ fr.}$$

D'où $(5,25 — 4,50) \times x = 270 — 4,50 \times 56;$

et $x = \dfrac{18}{0,75} = 24.$

Réponses . . $\begin{cases} 1^o \text{ Nombre de journées à } 5^f,25 = 24. \\ 2^o \qquad\quad — \qquad\qquad \text{à } 4^f,50 = 32. \end{cases}$

257. — Les $\frac{2}{5}$ d'un champ sont plantés en froment, les $\frac{3}{9}$
en vignes, le reste en pommes de terre. La 2e partie surpasse
la 3e de 8 ares 4 centiares. On demande l'étendue totale du
champ et l'étendue de chaque partie.

                         (Brevet simple, aspirants.)

Solution.

$$\frac{2}{5} + \frac{5}{9} = \frac{6 + 5}{15} = \frac{11}{15};$$

d'où reste $\dfrac{15 — 11}{15} = \dfrac{4}{15}.$

Donc $\dfrac{5-4}{15}$ ou $\dfrac{1}{15} = 8^a,04$.

Donc

1re partie : $8,04 \times 6 = $	$48^a,24$.
2e — : $8,04 \times 5 = $	$40^a,20$.
3e — : $8,04 \times 4 = $	$32^a,16$.

Contenance totale . . . . $120^a,60$.

258. — Voir problème n° 251 et solutions, page 229.

258 (*bis*). — Une ouvrière a confectionné 3 douzaines de chemises, pour lesquelles elle a fourni la toile. Il faut 5 mèt. pour 2 chemises, et la toile coûte 3^f,20 le mètre. Cet ouvrage l'a occupée pendant 45 jours et lui a été payé 361^f,50. Combien a-t-elle gagné par journée de travail, sachant qu'elle a dépensé 6 fr. pour les fournitures?

(Aspirantes. — Paris.)

Solution.

Ce travail a été payé. . . . . 361^f,50.

1° Prix de la toile : $3^f,20 \times \dfrac{5}{2} \times 36 = 188^f$ $\Big)$ ci. . 194^f

2° Fournitures. . . . . 6^f $\Big)$

Gain total. . . . . 167^f,50.

Gain par jour $\dfrac{167,5}{45} = 3^f,72$.

259. — Deux ballots contiennent chacun 20 pièces de toile de la même qualité de 45^m,20 chacune. Le premier contient, en outre, 9 pièces de calicot de chacune 62^m,40. Le premier ballot vaut 3556 fr. et le 2e 2533^f,44. Quel est le prix du mètre de toile et celui du mètre de calicot ?

(Aspirants, brevet simple.)

Solution.

Valeur de 9 pièces de calicot ou de
$$62^m,40 \times 9 = 561^m,60$$
de calicot. . . . . $3556 - 2555^f,44 = 1000^f,56$.

D'où valeur de 1 mètre calicot : $\dfrac{1\,000.56}{561,60} = 1^f,78$.

Valeur de $45^m,20 \times 20$ de toile . . . . . . $2555^f,44$,
ou :   904 mètres valent $2555^f,44$.

D'où valeur de 1 mètre : $\dfrac{2\,555.44}{904} = 2^f,82$.

260. — Un porte-monnaie contient une somme de 10 fr. qui pèse $192^g,5$. Quelle est la valeur de la monnaie d'argent et de la monnaie de bronze qui s'y trouvent contenues ?

(Aspirants. — Rodez.)

Solutions.

1re *Solution.* — On a poids de 10^f (bronze) $= 1000$ gram., c'est-à-dire $1000 - 192,5 = 807^{gr},5$ en plus. Or, si on remplace une certaine valeur en bronze, 1 fr. par exemple, par la même valeur en argent, on aura une différence de
$$100 - 5 = 95 \text{ grammes} ;$$
donc on aura en argent $\dfrac{807,5}{95} = 8^f,50$.

Et   en bronze. . . . . $1^f,50$.

2e *Solution*. — Soit a le poids (grammes) d'argent et b le poids (grammes également) de bronze contenus dans le porte-monnaie.

On pourra poser :
$$a + b = 192^{gr},5,$$
et
$$\frac{a}{5} + \frac{b}{100} = 10 \text{ fr.}$$

Si nous divisons les deux membres de la 1re égalité par 5,

on aura :
$$\frac{a}{5} + \frac{b}{5} = 38^{gr},5.$$

De ces deux dernières égalités, on tire par soustraction :
$$\frac{b}{5} - \frac{b}{100} = 28,5,$$

ou
$$(20 - 1) \times b = 2\,850;$$

d'où
$$b = 150 \text{ grammes};$$

et
$$a = 192,5 - 150 = 42^{gr},5.$$

D'où enfin

Valeur   bronze : $\dfrac{150}{100} = 1^f,50.$

—   Argent : $\dfrac{42,5}{5} = 8^f,50.$

261. — Il faut 8 mètres cubes d'air par personne pour que la respiration ait lieu dans de bonnes conditions. Quelle devra être la longueur d'une salle destinée à recevoir 135 personnes, si la hauteur doit avoir $3^m,75$ et la largeur $8^m,694$?   (Aspirants. — Lyon.)

Solution.

Le volume de la salle doit donc être :
$$8 \times 135 = 1\,080 \text{ mètres cubes.}$$

On aura donc :
$$\text{Longueur} = \frac{1\,080}{3,75 \times 8,694} = 33^m,126 \text{ (par défaut).}$$

262. — Étant donnée une somme de deux parties $844 = 706 + 138$, on suppose un nombre qui divise exactement 138, l'une de ces parties. Démontrer que, pour que ce nombre divise la somme 844, il est nécessaire et suffisant qu'il divise exactement l'autre partie 706. Déduire de ce théorème les caractères de divisibilité des nombres par 2, par 3, par 5 et par 9.   (Brevet complet.)

Solution.

Soit N le nombre qui divise exactement 138, et supposons que le quotient de la division soit *m*; on peut écrire :

$$138 = N \times m.$$

On aura donc : $844 - 138 = 706,$

ou $844 - N \times m = 706.$

Si N divise exactement la somme 844, et que l'on ait, par exemple, $844 = N \times m'$, on aura encore :

$$N \times m' - N \times m = 706;$$

d'où $706 = N \times (m' - m).$

D'où le principe est démontré. Donc, lorsqu'un nombre divise la somme de deux parties et l'une de ces parties, il divise l'autre partie.

Un nombre est divisible par 2, quand il est terminé par o ou par un chiffre pair.

Un nombre est divisible par 5, quand il est terminé par o ou par 5.

En effet :

On *admet* que l'unité suivie d'un zéro est un multiple de 2 et de 5; donc tout nombre suivi d'un zéro sera un multiple de 2 et de 5, car ce nombre est évidemment un multiple de 10 ou égale un certain nombre de fois 10, et nous avons vu (principe précédent) que lorsqu'un nombre en divise plusieurs autres il divise leur somme.

Quand un nombre est terminé par un chiffre pair, il est également divisible par 2; car tout nombre est un multiple de 10 plus la valeur du chiffre des unités; 2, divisant chacune des parties, divisera la somme (principe précédent). Quand un nombre est terminé par un 5, il est également divisible par 5 (même raisonnement).

Un nombre est divisible par 3 ou par 9 lorsque la somme des chiffres de ce nombre (valeur absolue) égale 3 ou un multiple de 3, 9 ou un multiple de 9.

En effet, on *admet* que l'unité suivie de un ou de plusieurs zéros égale un multiple de 3 et de 9 plus 1.

Donc un nombre quelconque suivi de un ou de plusieurs zéros égale un multiple de 3 ou de 9 plus la valeur absolue de ses chiffres. Si donc 3 ou 9 divisent cette valeur absolue, ils diviseront deux parties d'une somme, et par suite diviseront la somme entière.

263. — On suppose que les bénéfices d'un négociant dans le courant de chaque année représentent le $\frac{1}{4}$ de la somme dont il disposait au commencement de cette année, et qu'il engage ses nouveaux capitaux dans le commerce, comme il le faisait pour les précédents. Au bout de 3 ans, il se retire avec une fortune qui, placée à 6 p. % par an, lui permet de dépenser 171 fr. par mois. Quelle était sa première mise de fonds ?

(Brevet complet.)

Solution.

Revenu annuel : $171^f \times 12 = 2052$ fr.

D'où capital (voir intérêts simples, *Arithmétique*, page 16)

$$= \frac{2052 \times 100}{6} = 34200 \text{ fr.}$$

La somme dont il disposait primitivement est donc devenue les $\frac{5}{4}$ de ce qu'elle était au commencement de la 1re année ; elle sera à la fin de la 2e année les $\frac{5}{4} \times \frac{5}{4} =$ les $\frac{25}{16}$ de ce qu'elle était d'abord, et à la fin de la 3e année elle est devenue les

$$\frac{5^3}{4^3} = \frac{125}{64}.$$

Donc la première mise égale $\dfrac{34200 \times 64}{125} = 17510^f,40.$

264. — Un voyageur fait 1500 pas par kilom. et 100 pas par minute. Il est éloigné de 22 kilom. d'une ville où il doit arriver à minuit. A quelle heure devra-t-il partir, en supposant qu'à partir de la nuit, qui vient à 8 heures du soir, sa vitesse se trouve diminuée de $\frac{1}{10}$?

(Brevet simple.)

Solution.

Dans 22 kilom., il y a par conséquent :
$$1500 \times 22 = 33\,000 \text{ pas.}$$

A partir de 8 heures jusqu'à minuit,

ne fait que . . . . $\left(100 - \dfrac{100}{10}\right) \times 4 =$ 360 pas.

Il avait donc fait déjà. . . . .   32 640 pas.

Et il avait mis $\dfrac{32\,640}{100} = 326^{\text{min.}},4,$

ou $5^{\text{h}},44 = 5^{\text{h}}26^{\text{m}}2^{\text{s}}.$

Il devra donc partir à

$$8^{\text{h}} - (5 + 26^{\text{m}} + 2^{\text{s}}) = 2^{\text{h}},34 \text{ minutes environ.}$$

265. — Deux personnes possèdent chacune une somme :
celle de la 1re est double de celle de la 2e; celle-ci augmente
son avoir des $\frac{2}{3}$: elle possède alors 10 000 fr. La 1re, au contraire, perd les $\frac{2}{5}$ de ce qu'elle a. On demande ce que possède
actuellement la 1re et ce que possédait primitivement la 2e.

(Brevet simple.)

Solution.

Les $\dfrac{5}{3}$ de ce que la 2e possédait primitivement $=$ 10 000 fr.

Donc la 2e avait primitivement $\dfrac{10\,000 \times 3}{5} =$ 6 000 fr.

La 1re avait donc d'abord $\dfrac{6\,000}{2} =$ 3 000 fr.

Elle perd les $\dfrac{2}{5}$, ci... $\dfrac{3\,000 \times 2}{5} =$ 1 200 fr.

Donc il lui reste. . . . .   800 fr.

Réponse. . . .$\begin{cases} \text{La 1}^{\text{re}} \text{ possède actuellement. . .   800 fr.} \\ \text{La 2}^{\text{e}} \text{ avait primitivement. . . . 6 000 fr.} \end{cases}$

266. — On a rempli de vin les $\frac{11}{15}$ d'un tonneau contenant
245 litres, et l'on a fait le plein avec de l'eau. On a ensuite

tiré 40 litres de ce mélange, et le plein a été fait une seconde fois avec de l'eau. Combien de centilitres de vin contient le litre du dernier mélange ? (Brevet simple.)

Solution.

Le tonneau contient donc :

$$245 \times \frac{11}{15} = \frac{539}{3} \text{ litres de vin,}$$

et

$$245 \times \frac{4}{15} = \frac{196}{3} \text{ litres d'eau.}$$

Si on retire 1 litre de ce mélange, on retirera évidemment :

$$\frac{539}{3} : 245 \text{ (vin)} \quad \text{et} \quad \frac{196}{3} : 245 \text{ (eau)};$$

ou

$$\frac{539}{735} \text{ lit. (vin)} \quad \text{et} \quad \frac{196}{735} \text{ lit. (eau).}$$

D'où les 40 litres retirés contiendront :

$$\frac{539 \times 40}{735} \text{ lit. (vin)} \quad \text{et} \quad \frac{196 \times 40}{735} \text{ lit. (eau).}$$

Il restera évidemmment :

$$\frac{539}{3} - \frac{539 \times 40}{735} \text{ litres (vin),}$$

ou

$$\frac{539 \times 245 - 539 \times 40}{735} = \frac{539 \times 205}{735} \text{ litres de vin,}$$

ou :

$$\frac{539 \times 41}{137} \text{ litres.}$$

Donc 1 litre du dernier mélange contient :

$$\frac{539 \times 41}{146 \times 245} = 0^{\text{lit}},086 \text{ de vin.}$$

267. — Une lampe brûle par heure 65 gr. d'huile à 1^f,15 le kilog.; une autre lampe ne brûle que 50 gr. par heure, mais elle exige de l'huile de 1re qualité à 1^f,45 le kilog. Quelle est celle des deux lampes qui présente le plus d'économie au bout de l'année, si chaque lampe éclaire en moyenne pendant 6 heures par jour ? (Brevet du 2e ordre.)

Solution.

1re lampe brûle par jour de 6 heures :

$$65 \times 6 = 390 \text{ grammes.}$$

Valeur de 390 grammes d'huile à 1^f,15 le kilog. :

$$1^f,15 \times 0,390 = 0^f,4485.$$

2e lampe brûle par jour de 6 heures :

$$50 \times 6 = 300 \text{ grammes.}$$

Valeur de 300 grammes d'huile à 1^f,45 le kilog. :

$$1^f,45 \times 0,300 = 0^f,435.$$

Il y a par jour une économie de

$$0^f,4485 - 0,435 = 0^f,0035$$

à se servir de la 2e lampe. L'économie sera de

$$0,0135 \times 365 = 4^f,9275 \text{ par année.}$$

268. — Une ferme qui nourrit 37 vaches laitières produit par jour 265 litres de lait, qui donnent 24 kilog. de beurre, valant 2^f,75 le kilog.; on y consomme 7 quintaux de fourrage valant 3^f,50 le quintal. Évaluer par jour et par vache la consommation en nature et en argent, sa production en lait, en beurre, et enfin le bénéfice net qu'elle rapporte, le lait de beurre étant supposé payer la main-d'œuvre.

(Académie de Clermont. — Aspirants.)

Solution.

Valeur de 24 kilog. beurre à 2^f,75 l'un : 2^f,75$\times$24$=$ 66^f
Valeur de 7 quint. fourrage à 3^f,50 l'un : 3^f,50$\times$ 7 $=$ 24^f,50.

$$\text{Bénéfice net.} \ldots \ldots \ldots \ldots 41^f,50.$$

Consommation par jour et par vache :

En nature : $\dfrac{7}{37} = 189^{kg}\dfrac{7}{37}$ (fourrage).

En argent : $\dfrac{24,50}{37} = 0^f,66\,\dfrac{8}{37}$.

Production par jour et par vache :

$$\text{En lait} : \frac{265}{37} = 7^{\text{lit}}\,\frac{6}{37}.$$

$$\text{En beurre} : \frac{24}{37} = 0^{\text{Kg}},648\,\frac{24}{37}.$$

269. — Un minerai de plomb argentifère, d'après l'analyse chimique, contient 0,865 de son poids de plomb pur et 0,017 d'argent ; la perte produite par le traitement de ce minerai s'élève à 0,167 de plomb et 0,003 de l'argent contenu dans le minerai ; l'usine a produit, dans une année, l'argent nécessaire pour frapper 1 500 000 fr. en pièces de 5 fr. Combien a-t-on dû employer de minerai, combien a-t-on obtenu de plomb et pour quelle somme, sachant que le plomb vaut 0^f,85 le kilog. ?   (Aspirants, brevet du 1er ordre.)

Solution.

Poids de 1 500 000 pièces de 5 fr. :

$$25^g \times 1\,500\,000 = 37\,500 \text{ kilog.}$$

37 500 kilog. argent monnayé contiennent au titre de 0,9 (les pièces de 5 fr. en argent ont conservé l'ancien titre 0,900) :

$$37\,500 \times 0,9 = 33\,750 \text{ kilog. argent pur.}$$

Le minerai donne $0,865 - 0,167 = 0,698$ de son poids (plomb).

Il donne également $0,017 - 0,003 = 0,014$ de son poids (argent).

14 kilog. d'argent sont produits par 1 000 kilog. de minerai.

Et 33 750 kilog. d'argent seront produits par

$$\frac{1\,000 \times 33\,750}{14} = 241\,074^{\text{Kg}},285 \text{ de minerai.}$$

241 074^{Kg},285 de minerai donnent :

$$241\,074,285 \times 0,698 = 168\,268^{\text{Kg}},860 \text{ de plomb.}$$

Valeur du plomb obtenu :

$$0^f,85 \times 168\,268,860 = 143\,028^f,53.$$

Réponses. . . $\Big\{$ 1° On a dû employer 241 074^{Kg},9285 de minerai.
$\phantom{Réponses. . . \Big\{}$ 2° Valeur du plomb obtenu : 143 028^f,55.

270. — Une machine à vapeur dépensait 1545 kilog. de charbon en 70 jours ; une modification apportée à la machine réduit la dépense à 354 kilog. en 37 jours. Quelle est l'économie annuelle due à ce perfectionnement, sachant que la machine fonctionne 330 jours par année et que 100 kilog. de charbon coûtent 3^f,75 ? (Aspirants. — Académie de Caen.)

Solution.

1re dépense par an : $3^f,75 \times \dfrac{1545}{70} \times 330 = 27313^f,39.$

2e dépense par an : $3^f,75 \times \dfrac{354}{37} \times 330 = 11839^f,86.$

D'où économie par an. . . . . $15473^f,53.$

271. — On sait que la betterave donne un poids de sucre qui est les 0,75 du sien propre ; qu'un mètre carré de terrain fournit environ 3^{Kg},125 de betteraves et que le prix de 100 kilog. de betteraves est de 16^f,80. On demande d'après cela : 1º la superficie du terrain nécessaire pour fournir des betteraves à une fabrique qui produit annuellement 80500 kilog. de sucre ; 2º la valeur de la récolte obtenue sur ce terrain.
(Aspirants. — Académie de Caen.)

Solution.

75 kilog. de sucre sont donnés par 100 kilog. de betteraves.; 80500 kilog. de sucre seront donnés par

$$\frac{100 \times 80500}{25} = \frac{4 \times 80500}{3}.$$

Valeur de 100 kilog. de betteraves. . . . . . 16^f,80.

Valeur de $\dfrac{4 \times 80500}{3}$ kilog. :

$$\frac{16^f,80 \times 4 \times 80500}{100 \times 3} = 18032 \text{ fr.}$$

3^{Kg},125 de betteraves sont récoltés sur 1 mètre carré de terrain.

Et $\dfrac{4 \times 80\,500}{3}$ kilog. de betteraves seront récoltés sur

$$\frac{1 \times 4 \times 80\,500}{3 \times 3,125} = 3^{\text{Ha}}43^{\text{a}}46.$$

$$Réponses. . . \begin{cases} 1^{\text{o}}\ \text{Superficie nécessaire : } 3^{\text{Ha}}43^{\text{a}}46. \\ 2^{\text{o}}\ \text{Valeur de la récolte : } 18\,032\ \text{fr.} \end{cases}$$

272. — Un fabricant de bronze veut faire un bénéfice de 5000 fr. sur un certain nombre d'exemplaires d'une statuette. Le modèle lui a coûté 2500 fr., la confection du moule 500 fr.; chaque sujet vaudra 100 fr. et pèsera 1200 gramm. Le prix du bronze employé est de 7^{f},50 par kilog.; la main-d'œuvre et les frais accessoires sont estimés à 463 fr. Combien le fabricant devra-t-il faire de statuettes pour obtenir le bénéfice indiqué? (Brevet du 1er ordre, aspirantes.)

Solution.

Prix du modèle. . . . . 2500 fr.

Confection du moule. . . . . 500 fr.

Main-d'œuvre et frais accessoires . . . . . 463 fr.

Total. . . . . 3463 fr.

Bénéfice qu'on veut réaliser. . . . 5000 fr.

Prix de vente avec bénéfice. . . 8463 fr.

Chaque sujet est vendu. . . . . 100 fr.

Valeur du bronze employé : $7,5 \times 1,2 =$ 9 fr.

Prix de vente net de chaque sujet. . . . 91 fr.

Donc on aura nombre de statuettes : $\dfrac{8463}{91} = 93.$

273. — La rétribution scolaire pendant 1 mois s'est élevée à la somme de 115 fr. Le taux de cette rétribution étant par mois de 2^{f},50 pour les payants et de 1^{f},25 pour les gratuits, on demande le nombre total des élèves qui ont fréquenté l'école pendant le mois, sachant d'ailleurs que le nombre des gratuits surpasse de 11 celui des payants.

(Brevet du 1er ordre. — Aspirantes.)

Solutions.

1re Solution. — Le montant 115 fr. est la somme de deux produits; si nous avions le même nombre d'élèves gratuits et payants, le nombre d'élèves payants serait égal au quotient de 115 fr. par 2,50 + 1,25 ou par 3,75; mais comme il y a 11 élèves gratuits de plus, nous aurons évidemment :

$$\text{nombre d'élèves payants} = \frac{115 - 1,25 \times 11}{3,75}.$$

Effectuant, on a

$$\text{nombre d'élèves payants} = \frac{101,25}{3,75} = 27.$$

D'où nombre d'élèves gratuits . $\quad 27 + 11 = 38.$

$$\text{Total.} \ldots \ldots \ldots \ldots 65.$$

2e Solution. — Soit x le nombre d'élèves payants, $x + 11$ sera celui des gratuits, et l'on peut écrire :

$$2^f,50 \times x + 1^f,25 \times (x + 11) = 115;$$

d'où $\qquad 2,50 \times x + 1,25 \times x = 115 - 1,25 \times 11;$

d'où $\qquad x = \frac{115 - 1,25 \times 11}{3,75} = 27;$

et $\qquad\qquad x + 11 = 38;$

d'où nombre total d'élèves : $38 + 27 = 65.$

274. — Un débiteur paye ses 3 créanciers en 2 fois. La 1re fois, il donne 38 p. % de ce qu'il doit, et verse ainsi 3240 fr. au 1er, 948 fr. au 2e, et 6748 fr. au 3e. La seconde fois, il se libère entièrement. On demande combien il devait à chacun. $\qquad$ (Brevet simple. — Meurthe.)

Solution.

Les $\frac{38}{100}$ ou les $\frac{19}{50}$ de ce qu'il doit égalent donc la somme de tous les paiements qu'il a effectués une première fois; il devait à chacun de ses créanciers, savoir :

$$\text{Au } 1^{er} \ldots \frac{3240 \times 50}{19} = 8526^f \frac{6}{19}.$$

$$\text{Au } 2^e \ldots \quad \frac{948 \times 50}{19} = 2\,494^f\frac{14}{19}.$$

$$\text{Au } 3^e \ldots \quad \frac{6\,748 \times 50}{19} = 17\,757^f\frac{17}{19}.$$

275. — Le receveur d'un omnibus a reçu pour 12 places, tant d'intérieur que d'extérieur, la somme de $2^f,85$. Combien y a-t-il de places de chaque catégorie, sachant que l'on paye $0^f,30$ pour l'intérieur et $0^f,15$ pour l'extérieur?

(Brevet du 1er ordre, aspirantes.)

Solutions.

1re *Solution.* — Si toutes les places étaient d'intérieur, la somme perçue serait égale évidemment à

$$0^f,30 \times 12 = 3,60,$$

c'est-à-dire à $3^f,60 - 2^f,85 = 0^f,75$ en plus. Or, si une place d'intérieur est remplacée par une d'extérieur, la somme perçue sera de $0^f,30 - 0^f,15 = 0^f,15$ en moins; donc il y a $\frac{0,75}{0,15} = 5$ places d'extérieur et 7 d'intérieur.

2e *Solution.* — Appelons x le nombre de places d'intérieur, on aura $12 - x$ places d'extérieur.

Et l'on peut poser :

$$0^f,30 \times x + 0^f,15 \times (12 - x) = 2^f,85;$$

d'où $\quad (0,30 - 0,15) \times x = 2,85 - 1^f,80;$

d'où $\quad x = \dfrac{1,05}{0,15} = 7.$

276. — Une machine à coudre du prix de 248 fr. fait le travail de 3 ouvrières gagnant chacune 1 fr. par jour. Elle est conduite par une ouvrière qui gagne 2 fr. par jour. Après combien de jours aura-t-elle économisé le $\frac{1}{4}$ du prix de la machine sur les journées que l'on paye en moins?

(Aspirantes, 2e ordre.)

Solution.

Prix de la machine. . . 248 fr.
Dont le $\frac{1}{4}$ est. . . . . . . 62 fr.

Chaque jour on économise 1 fr. que l'on paie en moins.
Donc en 62 jours on économisera 62 fr.

277. — On emploie pour l'éclairage d'un magasin 6 lampes qui brûlent chacune, tous les 5 jours, pour 3 fr. d'huile. On les remplace par 4 lampes au pétrole dépensant chacune 15 fr. de liquide par mois de 30 jours. Quelle sera l'économie réalisée au bout d'un an, par suite de ce changement?

(Brevet simple, aspirantes.)

Solution.

Dépense de l'éclairage à l'huile, tous les 5 jours :
$$3^f \times 6 = 18 \text{ fr.}$$

Dépense de l'éclairage à l'huile par mois

de 30 jours : $18 \times \dfrac{30}{5} = $ ci. . . . . 108 fr.

Dépense de l'éclairage au pétrole par mois
de 30 jours : $15^f \times 4 = $ ci. . . . . 60 fr.

Économie par mois . . . . 48 fr.
D'où économie par an. . . $48^f \times 12 = 576$ fr.

278. — On pèse un vase une première fois plein d'eau et une deuxième fois plein d'huile; le 1er poids surpasse le 2e de 204 grammes. Trouver en litres et fractions de litres le volume du vase, sachant qu'un décilitre d'huile pèse 91gr,5. (Aspirantes, brevet élémentaire.)

Solution.

Si le vase contenait 1 décilitre, la différence des deux pesées (plein d'eau et plein d'huile) serait évidemment :
$$100 - 91,5 = 8^{gr},5.$$

Si la différence était 2, 3, 4. . . . . fois plus grande, le volume serait 2, 3, 4. . . . . décilitres; donc on aura :

$$\text{Volume du vase} = \frac{204}{8,5} = 2^{\text{lit}},4.$$

279. — Un père de famille consacre $\frac{1}{5}$ de son revenu à son logement, les $\frac{3}{8}$ du reste à la nourriture de sa famille, les $\frac{5}{2}$ du nouveau reste à ses vêtements, puis les $\frac{2}{3}$ de ce qui lui reste alors à l'instruction de ses enfants, et enfin le $\frac{1}{4}$ du surplus aux dépenses imprévues. Ses économies au bout de l'année sont de 750 fr. Trouver son revenu et former le budget de ses dépenses. (Aspirantes, brevet élémentaire.)

Solution.

1° $\frac{1}{5}$ du revenu pour logement, ci. . . . . $\frac{1}{5} = \frac{2}{10}$

2° $\frac{4}{5} \times \frac{3}{8}$ du revenu pour nourriture, ci. . $= \frac{3}{10}$

$\left. \right\} \frac{5}{10} = \frac{1}{2}.$

Reste la $\frac{1}{2}$ de son revenu ou. . . . . $\frac{5}{10}$.

3° $\frac{1}{2} \times \frac{2}{5}$ du revenu pour vêtements, ci. $\frac{1}{5} = \frac{2}{10}$.

Reste de son revenu . . . . . . $\frac{3}{10}$.

4° $\frac{3}{10} \times \frac{2}{5}$ du revenu pour frais d'instruction. $\frac{2}{10}$.

Reste du revenu . . . . $\frac{1}{10} = \frac{4}{40}$.

5° $\frac{1}{10} \times \frac{1}{4}$ du revenu pour dépenses imprévues. . $\frac{1}{40}$.

Reste du revenu. . . . . $\frac{3}{40}$.

D'où les $\frac{3}{40}$ du revenu $= 750$ fr.

Et revenu total. . . . . $\frac{750 \times 40}{3} = 10\,000$ fr.

TABLEAU DES DÉPENSES.

1° Logement : $10\,000 \times \frac{1}{5} = $ . . . . 2 000 fr.

Reste $10\,000 - 2\,000 = 8\,000$ fr.

2° Nourriture : $8\,000 \times \frac{3}{8} = $ . . . . 3 000 fr.

Reste $10\,000 - (2\,000) + 3\,000^f) = 5\,000^f.$

3° Vêtements : $5\,000 \times \frac{2}{5} = $ . . . . 2 000 fr.

Reste $10\,000 - (2\,000 + 3\,000 + 2\,000) = 3\,000^f.$

4° Instruction : $3\,000 \times \frac{2}{3} = $ . . . . 2 000 fr.

Reste $10\,000^f - (2\,000 + 3\,000 + 2\,000 + 2\,000^f) = 1\,000^f.$

5° Dépenses imprévues : $1\,000^f \times \frac{1}{4} = $ . . . . . 250 fr.

$$\begin{aligned}
&\text{Total des dépenses.} \ldots \ldots \ldots \quad 9\,250 \text{ fr.} \\
&\text{Économies} = \ldots \ldots \ldots \ldots \quad 750 \text{ fr.} \\
\hline
&\text{Revenu total} \ldots \ldots \ldots \ldots \quad 10\,000 \text{ fr.}
\end{aligned}$$

280. — Deux personnes se sont partagé une somme de $5\,225^f,60$. La 1re dépense les $\frac{2}{9}$ de sa part, et la seconde perd le $\frac{1}{5}$ de la sienne. Elles sont alors aussi riches l'une que l'autre. Quelles étaient leurs parts?

(Brevet du 1er ordre, aspirantes. — Amiens.)

Solution.

D'après l'énoncé, les $\frac{7}{9}$ de la 1re égalent les $\frac{4}{5}$ de la 2e.

D'où la 1re égale les $\frac{4 \times 9}{5 \times 7} = $ les $\frac{36}{35}$ de la 2e.

D'où les $\frac{36}{35}$ de la 2e + la 2e = $5\,225^f,60$.

$$\text{Et } 2^e = \frac{5\,225,60 \times 35}{71} = 2\,576 \text{ fr.}$$

$$\text{Et } 1^{re} = \ldots \ldots \ldots \quad 2\,649^f,60.$$

281. — Une personne a 3 propriétés : la 1ʳᵉ plus la 2ᵉ rapportent ensemble 1 220 fr.; la 2ᵉ plus la 3ᵉ rapportent 730 fr. et la 3ᵉ plus la 1ʳᵉ rapportent 800 fr. Trouver le rapport de chacune?   (Brevet complet, aspirants.)

Solution.

On a 1ʳᵉ + 2ᵉ rapportent   1 220 fr.
—   2ᵉ + 3ᵉ   —   730 fr.
—   3ᵉ + 1ʳᵉ   —   800 fr.

Donc 2 fois (1ʳᵉ + 2ᵉ + 3ᵉ)   —   2 750 fr.

D'où 1ʳᵉ + 2ᵉ + 3ᵉ rapportent $\dfrac{2750}{2} = 1375$ fr.

D'où   3ᵉ rapporte $1375 - 1220 = 155$ fr.
       2ᵉ   — $1375 - 800 = 575$ fr.
       1ʳᵉ   — $1375 - 730 = 645$ fr.

282. — On partage une somme entre 4 personnes; la 1ʳᵉ en a les $\frac{3}{10}$, la 2ᵉ le $\frac{1}{4}$, la 3ᵉ le $\frac{1}{5}$ et la 4ᵉ le reste qui est égal à 5 000 fr. Quelle est la somme partagée? On demande de plus quel est son poids, sachant que les $\frac{3}{4}$ sont composés de pièces d'or et le dernier de pièces d'argent.

(Aspirantes.)

Solution.

$$\frac{3}{10} + \frac{1}{4} + \frac{1}{5} = \frac{6+5+4}{20} = \frac{15}{20} = \frac{3}{4}.$$

D'où, le reste ou le $\frac{1}{4}$ égalant 5 000 fr., on aura :

Somme partagée $= 5000 \times 4 = 20\,000$ fr.
On sait que 1 fr. en argent pèse 5 grammes.
D'où 5 000 fr. en argent pèsent $5^{gr} \times 5000 = 25^{Kg}$.

$20\,000^{f} \times \dfrac{3}{4}$ ou 15 000ᶠ en argent pèsent :

$$25^{Kg} \times 3 = 75^{Kg}.$$

D'où même somme en or pèse $75 \times \dfrac{2}{31} =$ $4^{Kg},838\frac{22}{31}$.

Total. . . . . $29^{Kg},838\frac{22}{31}$.

11.

283. — Au moyen d'une machine, on fabrique 1500 briques par heure. Quel est le poids de briques que l'on peut obtenir par jour avec cette machine, sachant que les dimensions de ces briques sont de $0^m,25$, $0^m,14$, $0^m,06$ et que le mètre cube de briques pèse 2170 kilog.?   (Brevet simple.)

Solution.

On a nombre de briques par jour :
$$1500 \times 24 = 36000.$$
Volume d'une brique :
$$0^m,25 \times 0,14 \times 0,06 = 0^{mc},0021.$$
Poids d'une brique :
$$2170 \times 0,0021 = 4^{Kg},557.$$
Poids de 36000 briques :
$$4^{Kg},557 \times 36000 = 164^{Kg},052.$$

284. — Un fonctionnaire, dont le traitement est de 4200 fr., économise les $\frac{2}{7}$ de ce traitement et les place à la fin de chaque année, à intérêt simple, au taux de 4,50 p. %. A la fin de chaque année, il emploie les sommes qu'il a économisées et les intérêts qu'elles lui ont rapportés à acheter de la rente 5 p. %, au prix de $102^f,24$. Quel revenu annuel se fera-t-il ainsi?   (Brevet complet, aspirants.)

Solution.

Partie économisée par an. . . $4200 \times \dfrac{2}{7} = 1200$ fr.

Cette somme placée à intérêts simples à la fin de la 1re année produit donc intérêt pendant 4 ans, et devient :
$$1200^f \times \left(1 + \frac{4,5}{100} \times 4 \right).$$
Une pareille somme, à la fin de la 2e année, devient :
$$1200^f \times \left(1 + \frac{4,5}{100} \times 3 \right).$$
Une pareille somme, à la fin de la 3e année, devient :
$$1200^f \times \left(1 + \frac{4,5}{100} \times 2 \right).$$

. . . .

Une pareille somme, à la fin de la 5ᵉ année, devient :

$$1\,200^{f} \times \left(1 + \frac{4,5}{100} \times 0 \right).$$

Toutes ces sommes réunies seront égales à

$$1\,200^{f} \times \left(5 + \frac{4,5}{100} \times 10 \right),$$

ou à   6 540 fr.

Il se fera donc un revenu égal à

$$\frac{5 \times 6540}{102^{f},24} = 319 \text{ fr. (approximatif).}$$

285. — On emploie dans une manufacture 60 hommes et 35 femmes. Le prix de la journée d'une femme est les $\frac{3}{7}$ de la journée d'un homme. La somme totale destinée à la paye des ouvriers pendant une semaine est de 1 260 fr. On demande combien touchera chaque ouvrier pour sa semaine, et quels sont les prix de la journée d'un homme et d'une femme.

(Brevet simple.)

Solution.

D'après l'énoncé, 35 femmes gagnent donc autant que

$$\frac{35 \times 3}{7} = 15 \text{ hommes.}$$

En supposant que la semaine se compose de 6 jours de travail, chaque jour de travail vaudra donc $\dfrac{1\,260}{6} = 210$ fr.

Donc 60 hommes et 35 femmes, ou mieux (60 + 15) hommes ou 75 hommes gagnent par jour 210 fr.; 1 seul gagne donc $\dfrac{210}{75} = 2^{f},80.$

Et chaque femme $\dfrac{2,80 \times 3}{7} = 1,20.$

Réponses.

Chaque homme gagne par semaine : $2^{f},80 \times 6 = 16^{f},80.$
 — femme — : $1^{f},20 \times 6 = 7^{f},20.$
Chaque homme gagne par jour. . . . . $2^{f},80.$
Chaque femme — . . . . $1^{f},20.$
Prix de la journée d'un homme et d'une femme. . $4^{f},00.$

286. — Un propriétaire veut faire creuser un fossé autour d'une vigne de $3^{Ha},0625$. Le fossé doit avoir $1^m,50$ de large et $1^m,25$ de profondeur, et les talus doivent être taillés à pic. On demande combien coûtera le fossé, sachant que le mètre cube de terrassement est payé $1^f,75$; en outre, quel exhaussement subirait le terrain enclos si l'on répandait uniformément sur la surface la terre provenant du fossé. On admet qu'un déblai de 1 mètre cube donne $1^m,398$ de terre friable.

(Brevet complet, aspirants.)

Solution.

Nous supposerons que ce terrain a la forme d'un carré.

On aura donc côté du carré $= \sqrt{30625} = 175$ mètres.

D'où un des côtés coûtera :

$$1^f,75 \times 175 \times 1,50 \times 1,25.$$

Et enfin tout le travail coûtera :

$$1^f,75 \times 175 \times 1,50 \times 1,25 \times 4 = 2296^f,875.$$

On a cube du terrassement

$$= 175^m \times 1,50 \times 1,25 \times 4 = 1575 \text{ mètres cubes} ;$$

d'où 1575 mètres cubes de déblai donnent :

$$1^{mc},398 \times 1575 = 2201^{mc},850$$

de terre faible ; d'où ce volume divisé par la surface 30625 mètres carrés nous donnera la hauteur d'exhaussement, et l'on aura : $\dfrac{2201,85}{30625} = 0^m,072$ (par excès).

287. — Une lampe Carcel brûle 42 gr. d'huile par heure et produit une clarté qui représente les $\frac{77}{100}$ d'un bec de gaz ; une lampe schiste brûle 50 gr. d'huile de schiste par heure et produit une clarté qui est à celle du bec de gaz comme 115 : 100 ; une lampe à pétrole brûle 18 gr. par heure et produit une clarté qui est les 63 p. % du bec de gaz ; en brûlant de la bougie, on en consomme $11^{gr},76$ par heure et l'on produit une clarté qui est les 48 p. % du bec de gaz ; enfin le bec de gaz dont il s'agit brûle 100 litres par heure.

On demande quelle sera, à clarté égale, la dépense par heure de chacun de ces systèmes, sachant que :

1° le kilog d'huile à brûler vaut . . . . . $1^f,60$;
2°   —   de schiste   — $2^f,30$;
3°   —   de pétrole   — $1^f,20$;
4°   —   de bougie   — $2^f,80$;
5° le mètre cube de gaz   — $0^f,40$.

. (Brevet simple, institutrices.)

Solution.

Pour produire une clarté égale à celle du gaz, chacun des systèmes dépensera par heure :

1° Lampe Carcel : $\dfrac{1^f,60 \times 0,042 \times 100}{77} = 0^f,087$;

2°   —   schiste : $\dfrac{2^f,30 \times 0,050 \times 100}{115} = 0^f,10$;

3°   — à pétrole : $\dfrac{1^f,20 \times 0,018 \times 100}{63} = 0^f,034$;

4°   Bougie : $\dfrac{2^f,80 \times 0,011 \times 100}{48} = 0^f,064$;

5°   Gaz   : $0^f,40 \times 0,100 = 0^f,004$.

288. — Un boulanger, en vendant son pain $0^f,30$ le kilog., fait un bénéfice de 20 p. % sur le prix du blé sans tenir compte de la mouture. Sachant qu'à la mouture le blé perd $\frac{1}{4}$ de son poids et que 100 kilog. de farine fournissent 130 kilog. de pain, on demande le prix de l'hectol. pesant 76 kilog.   (Brevet simple, aspirantes.)

Solution.

Un hectol. de blé donne : $\dfrac{76 \times 3}{4} = 57$ kilog. de farine; 100 kilog. de farine donnant 130 kilog. de pain, 57 kilog. de farine donneront : $\dfrac{130 \times 57}{100} = 74^{Kg},1$ de pain.

Valeur de $74^{kg},1$ de pain :

$$0,30 \times 74,1 = 22^{f},23.$$

Le prix de l'hectol. de blé plus les $\dfrac{20}{100}$ ou le $\dfrac{1}{5}$ de ce prix égalent donc 22,23.

D'où valeur de l'hectol. de blé : $\dfrac{22,23 \times 5}{6}$,

avec bénéfice de 20 p. $\%$ $= 18^{f},525.$

289. — Un champ de forme rectangulaire, qui a $198^{m},50$ de long sur 87 mètres de large, a été payé 6055 fr. On en détache pour l'emplacement d'une maison une portion de $15^{a},8$, que l'on cède au prix d'achat. On désire revendre le restant à un prix tel que le bénéfice réalisé soit de 12 p. $\%$ du prix de revient. On demande : 1° le prix de l'hectare dans cette dernière vente ; 2° la valeur de l'emplacement.

(Brevet complet.)

Solution.

Surface du champ : $198^{m},5 \times 87 = 172^{a},695.$
Partie cédée. . . . . $15^{a},8$.

Reste . . . . . . $156^{a},895.$

Valeur de $172^{a},695.$ . . . . . 6055 fr., ci. . . 6055^{f} »

Valeur de $15^{a},8$ . . . . . . $\dfrac{6055 \times 15,8}{172,692} =$ $553^{f},98$

Reste. . . . . $5501^{f},02.$

Le reste revient donc, sans bénéfice, à $5501^{f},02.$

Avec le bénéfice, il sera égal à $\dfrac{5501^{f},02 \times 112}{100}$.

D'où prix de l'hectare dans cette dernière vente :

$$\dfrac{55,0102 \times 112}{1,56895} = 3926^{f},92.$$

Valeur totale de l'emplacement égale à

$$55^{f},0102 \times 112 + 553^{f},98 = 6715^{f},12.$$

290. — Un ouvrier a travaillé pendant 30 jours chez deux patrons; le 1er lui a donné 5f,50 par jour, et le 2e 6f,30 : il a gagné en tout 174f,50. Combien de jours a-t-il travaillé chez chaque patron ?   (Aspirants, brevet simple.)

Solutions.

1re *Solution.* — Si cet ouvrier n'avait travaillé que chez le 1er patron, il aurait reçu pour ses 30 jours de travail :

$$5^f,50 \times 30 = 165 \text{ fr.,}$$

c'est-à-dire $174^f,50 - 165^f = 9^f,50$ en moins. Mais, pour une journée de travail chez le 2e, il reçoit en plus :

$$6^f,30 - 5^f,50 = 0,80;$$

donc il a travaillé chez le 2e patron pendant

$$\frac{9,5}{0,8} = 11^j \frac{7}{8},$$

et par conséquent chez le 1er patron $18^j \frac{1}{8}$.

2° *Solution.* — Soit x le nombre de jours qu'il a travaillé chez le 1er; $30 - x$ représentera le nombre de jours chez le 2e, et l'on aura :

$$5^f,50 \times x + 6^f,30 \times (30 - x) = 174^f,50;$$

d'où $\quad (6^f,30 - 5^f,50) \times x = 6,30 \times 30 - 174^f,50;$

d'où $\quad x = \dfrac{189 - 174,50}{0,80} = 18^j \dfrac{1}{8}.$

Réponses. . .$\begin{cases} \text{Il a travaillé chez le 1er } 11^j \frac{1}{8}. \\ \qquad\qquad\quad - \qquad\quad 2^e\ 18^j \frac{1}{8}. \end{cases}$

291. — Un parallélipipède de glace plongé dans l'eau de mer y flotte, et la partie émergée au-dessus de la surface de l'eau a 2m,40 de hauteur. Calculer la hauteur totale du parallélipipède, sachant que la densité de la glace est 0,918 et celle de l'eau de mer 1,028. On admet le principe d'Archimède, d'où il résulte que le poids d'un corps flottant est égal au poids du volume de liquide qu'il déplace.

(Brevet complet, aspirants.)

Solution.

Soit x la hauteur totale du parallélipipède, $x - 2^m,40$ sera celui de la partie qui est dans l'eau, ou, si l'on veut, celui d'un parallélipipède égal d'eau déplacée. Les deux volumes V du parallélipipède total et v de celui de l'eau déplacée ayant même base sont entre eux évidemment comme les hauteurs, et l'on peut écrire :

$$\frac{x}{x - 2,40} = \frac{V}{v}. \qquad [1]$$

Mais on sait que les volumes sont en raison inverse des densités respectives des mêmes corps, et l'on a encore :

$$\frac{V}{v} = \frac{1,028}{0,918}. \qquad [2]$$

Les deux proportions [1] et [2] nous donnent donc :

$$\frac{x}{x - 2,40} = \frac{1,028}{0,918};$$

d'où $\qquad x \times 0,918 = (x - 2,40) \times 1,028;$

d'où $\qquad x \times (1,028 - 0,918) = 2^m,40 \times 1,028,$

et $\qquad x = \dfrac{2,40 \times 1,028}{0,110}.$

Effectuant, on a :

x (hauteur totale du parallélipipède) $= 22^m,429.$

292. — Les $\frac{2}{3}$ d'un champ sont plantés en froment, les $\frac{3}{11}$ en vignes, et le reste en pommes de terre. La 2e partie surpasse la 3e de 8^a4^{ca}. On demande l'étendue totale du champ et 'étendue de chaque parcelle.

(Brevet simple, aspirants. — Cahors.)

(Voir a *Solution* déjà donnée, n° 257, page 232.)

292 (*bis*). — Une personne qui a fondé un établissement avec un capital de 10 000 fr. s'associe une autre personne 2 mois après. Au bout de l'année, le partage des bénéfices a lieu dans le rapport de 3 à 5. Quelle somme la seconde personne a-t-elle apportée dans l'association ?

(Aspirantes, brevet du 1er ordre.)

Solutions.

1re *Solution.* — Le bénéfice de la 1re personne, étant représenté par 3 dans 12 mois, sera représenté par $\frac{3}{12}$ ou $\frac{1}{4}$ par mois.

Le bénéfice de la 2e personne étant représenté par 5 dans 10 mois, sera représenté par $\frac{5}{10}$ ou $\frac{2}{4}$ par mois.

Or, les bénéfices étant directement proportionnels aux mises, on en conclut que la mise de la 2e personne ou $\frac{2}{4}$ par mois est double de celle de la 1re, ou égale à

$$10\,000^f \times 2 = 20\,000 \text{ fr.}$$

2e *Solution.* — 10000 fr. dans 12 mois rapportent autant que 10000×12 dans 1 mois; x fr. (mise de la 2e) dans 10 mois rapportent autant que $x \times 10$ dans 1 mois, et l'on a :

$$\frac{120\,000}{10 \times x} = \frac{3}{5},$$

et
$$x = 20\,000 \text{ fr.}$$

293. — On paie $9\,806^f,25$ pour du minerai de cuivre à $18^f,70$ le quintal. Les frais d'extraction sont de $5^f,70$ par quintal de minerai qui contient 15 p. % de son poids de cuivre; il se perd dans l'opération 2 p. % du cuivre que contient le métal. A combien revient le kilog. de cuivre et combien en obtient-on ?

(Brevet complet, aspirants. — Cahors.)

Solution.

Poids du minerai acheté :

$$\frac{9\,806,25}{18,70} = \frac{196\,125}{374} \text{ quintaux} = 52\,440 \text{ kilogrammes (approximatif).}$$

Prix du minerai . . . . $9\,806^f,25$.

Frais d'extraction du cuivre : $5^f,70 \times 524,40 =$ $2\,989^f,08$.

Valeur du cuivre obtenu . . $12\,795^f,33$.

Le minerai contient :

$$52440 \times 0,15 = 7866 \text{ kilog. de cuivre.}$$

Perte dans l'opération :

$$7866 \times 0,02 = 157^{Kg},32 \qquad —$$

Reste. . . . . . . $7708^{Kg},68$ —

D'où valeur de $7708^{Kg},68$ de cuivre. . . . . . $12795^{f},33.$

—   1 kilog. de cuivre $\dfrac{12795,33}{7708,98} = 1^{f},65.$

$Réponses.$ . . $\begin{cases} \text{Le kilog. de cuivre revient à } 1^{f},65. \\ \text{On obtient } 7708^{Kg},68 \text{ de cuivre.} \end{cases}$

294. — Une jeune personne a le choix entre deux étoffes pour se faire une robe ; la première a $0^{m},78$ de largeur et coûte $2^{f},45$ le mètre ; la seconde a $1^{m},12$ de largeur et coûte $3^{f},25$ le mètre. Il faut $12^{m},54$ de la 1re pour une robe ; combien de mètres faudra-t-il de la seconde, et quelle différence y aura-t-il entre le prix des deux robes ?

(Brevet simple, aspirantes.)

Solution.

Si l'étoffe a $0^{m},78$ de large, il faut $12^{m},54$.

Si elle avait 1^{m} de large, il faudrait $12^{m},54 \times 0,78$.

Et si elle a $1^{m},12$ de large, il faudra $\dfrac{12,54 \times 0,78}{1,12} = 9^{m},78$.

Valeur de la 2e robe. . . $3^{f},25 \times 9,78 = 31^{f},785.$

Valeur de la 1re robe. . . $2^{f},45 \times 12,54 = 30^{f},723.$

Différence. . . . . $1^{f},062.$

$Réponses.$ . . . $\begin{cases} 1° \text{ Il faudra } 9^{m},18 \text{ de la 2}^e. \\ 2° \text{ Différence : } 1^{f},062 \text{ en plus.} \end{cases}$

295. — Un cultivateur achète un monceau d'os bruts de 52 mètres cubes à $3^{f},75$ les $\frac{5}{6}$ de mètre cube. Il fait marché, pour les broyer, au prix de $1^{f},50$ l'hectol. mesuré après le broyage. Par cette opération, le volume s'est accru de $15\frac{1}{2}$

p. %. On demande à combien revient la fumure de 1 540 ares, sachant qu'on emploie 36 hectol. de cet engrais par hectare.
(Brevet simple. — Périgueux.)

Solution.

Valeur de 52 mètres cubes d'os :

$$3^f,75 \times \frac{6}{5} \times 52 = \quad 234 \text{ fr.}$$

Volume après le broyage :

$$(1 + 0,155) \times 52 = 60^{mc},060.$$

Frais de broyage : $1^f,50 \times 600,6 = 900^f,90$, ci . . $\underline{900^f,90.}$

Valeur de $60^{mc},06$ d'os broyés . . . . $1\,134^f,90.$

Dépense de la fumure par 100 ares : $\dfrac{1\,134,90 \times 36}{60,06}.$

Dépense de la fumure pour 1 540 ares :

$$\frac{11,349 \times 36 \times 1\,540}{60,06} = 1\,047^f,60.$$

296. — Quel est le plus petit commun multiple des nombres 24, 32, 80 et 144 ?
(Brevet complet. — Périgueux, 1873.)

Solution.

On a :

$$24 = 6 \times 4 = 3 \times 2^3;$$
$$32 = 2 \times 16 = 2^5;$$
$$80 = 8 \times 10 = 5 \times 2^4;$$
$$144 = 12 \times 12 = 3^2 \times 2^4.$$

Et on aura pour le plus petit commun multiple cherché :

$$3^2 \times 2^5 \times 5 = 1\,350.$$

En effet, le nombre 1 350 contient tous les facteurs premiers de chacun des nombres donnés; donc ce nombre est bien un multiple commun des nombres 24, 32, 80 et 144; je dis, en outre, que c'est le plus petit, car chacun de ses facteurs premiers est affecté d'une puissance à peine suffisante.

297. — La houille pèse 80 kilog. par hectol. et produit à la distillation 230 lit. de gaz par kilog. Combien faut-il d'hectol. de houille pour fabriquer 245 000 mètres cubes de gaz?

(Brevet de capacité, 2e ordre.)

Solution.

1 hectol. ou 80 kilog. houille donnent :

$$230^{lit} \times 80 = 18\,400 \text{ litres.}$$

$18^{mc},400$ de gaz sont produits par la distillation de 1 hectol. houille.

Et 245 000 mètres cubes de gaz seront produits par la distillation de $\dfrac{1 \times 245\,000}{18\,400}$.

Calculs faits, on a : 13315 hectolitres.

298. — Un marchand a acheté 284 kilog. de laine et 385 kilog. de soie. On lui a fait une remise de 5 p. % et le tout lui a coûté 3 369^f,65. Une seconde fois, il a acheté 492 kilog. de la même laine et 279 kilog. de la même soie; on lui a fait une remise de 6 p. % et le tout lui a coûté 3 223^f,26. Combien coûte 1 kilog. de chaque espèce?

(École normale de la Seine. — Examen de passage.)

Solution.

Valeur du 1er achat : puisqu'on fait une remise de 5 p. %, la somme payée représente donc les $\frac{95}{100}$ de la valeur brute,

d'où cette dernière $= \dfrac{3\,369,65 \times 100}{95} = 3\,547$ fr.

Pour le 2e achat, nous aurons de même valeur brute (sans remise) : $\dfrac{3\,223^f,26 \times 100}{94} = 3\,429$ fr.

D'où, si nous désignons par x le prix du kilog. de laine et par y le prix du kilog. de soie, on pourra poser :

$$x \times 284 + y \times 385 = 3\,547 \text{ fr.}$$
$$x \times 492 + y \times 279 = 3\,429 \text{ fr.}$$

Si nous multiplions les deux membres de la 1re égalité

par 492, et les deux membres de la 2ᵉ par 284, nous obtiendrons les deux égalités suivantes :

$$x \times 284 \times 492 + y \times 385 \times 492 = 3\,547 \times 492\,;$$
$$x \times 492 \times 284 + y \times 279 \times 284 = 3\,429 \times 284.$$

Si nous retranchons ces deux égalités membre à membre, il vient :

$$y \times 110\,184 = 771\,288\,;$$

d'où
$$y = 7.$$

On trouverait de même que $x = 3$.

$$Réponses. \ . \ . \ \begin{cases} \text{Le kilog. de soie} = 7 \text{ fr.} \\ \text{Le kilog. de laine} = 3 \text{ fr.} \end{cases}$$

299. — Une pièce de terre de 83ᵃ,07 a coûté 4 050 fr. On en a revendu le $\frac{1}{3}$ à 0ᶠ,62 le mètre carré. Les $\frac{2}{5}$ de cette pièce sont convertis en verger et le reste en parterre. On demande : 1° quelle est à moins de 0ᶠ,001 la valeur de 1 250 mèt. carrés de ce terrain ; 2° le prix de vente et le gain pour % sur la partie vendue ; 3° quelle est la superficie du verger ; 4° quelle est celle du parterre.   (Brevet simple.)

Solution.

Valeur de 83ᵃ,07. . . . .   4 050 fr.

Valeur de 12ᵃ,50. . . . $\dfrac{4\,050 \times 12,50}{83,07} = 609^\text{f},425.$

Prix de vente de $\dfrac{83^\text{a},07}{3}$ . . . $0,62 \times \dfrac{8\,307}{3} =$ 1 716ᶠ,78.

Prix d'achat de $\dfrac{83^\text{a},07}{3}$ . . . , ...   1 350.

Bénéfice total sur la vente . . . . $\overline{366^\text{f},78.}$

Bénéfice p. % $\dfrac{366,78 \times 100}{1\,716,78} = 21^\text{f},36 \text{ p. } \%.$

Superficie du verger. . . . . . . $\dfrac{83,07}{3} =$ 27ᵃ,69.

Superficie de la vigne. . . . . $\dfrac{83,07 \times 2}{5} =$ 33ᵃ,228.

Total . . . . $\overline{60^\text{a},918.}$

D'où superficie du parterre :

$$83,07 - 60,918 = 22^a,152.$$

$$\text{Réponses} \dots \begin{cases} 1^o & 609^f,425. \\ 2^o & 1716^f,78 \dots \text{ (Gain p. } \%: 21^f,36.) \\ 3^o & 53^a,228. \\ 4^o & 22^a,152. \end{cases}$$

300. — La femme d'un cultivateur a vendu au marché :

27 douzaines d'œufs à $0^f,55$ la douzaine ;

$9^{Kg},5$ de beurre à $1^f,60$ le kilog. ;

$7^{Kg},250$ de fromage à $0^f,80$ le kilog. ;

36 double-décal. de pommes de terre à $0^f,65$ le double-décalitre ;

6 800 pommes à $0^f,45$ le cent.

Sur l'argent qu'elle a retiré, elle a prélevé $10^f,30$, et avec le reste elle veut acheter de l'étoffe dont on lui demande $3^f,05$ le mètre. Combien en aura-t-on de mètres ?

(Brevet simple.)

Solution.

Valeur de 27 douz. d'œufs à $0^f,55$ l'une : $0^f,55 \times 27 = 14^f,85$.

— de $9^{Kg},5$ beurre à $1^f,60$ l'un. . : $1^f,60 \times 9,5 = 15^f,20$.

— de $7^{Kg},250$ from. à $0^f,80$ l'un : $0,80 \times 7,250 = 5^f,80$.

— de 36 d.-déca. pom. de terre à $0^f,65$: $0^f,65 \times 36 = 23^f,40$.

— de 6 800 pommes à $0^f,45$ le cent : $0^f,45 \times 68 = 30^f,60$.

$$\text{Recette.} \dots \dots \quad 89^f,85.$$
$$\text{Elle a prélevé.} \dots \dots \quad 10^f,30.$$
$$\text{Reste} \dots \dots \quad 79^f,55.$$

Nombre de mètres d'étoffe : $\dfrac{79,55}{3,05} = 26^m,08$.

Solution.

301. — Un marchand a acheté 119 228 kilog. d'huile de colza au prix de 62 fr. l'hectol. Il paie comptant et on lui fait un

escompte de 7 p. %. Il revend les $\frac{5}{6}$ de l'huile au prix de 73 fr. les 100 kilog., et le reste, en bloc, 1 890 fr. Calculer son bénéfice. Un litre d'huile pèse 913 grammes.

(Brevet simple, aspirants.)

Valeur de la vente...
$$\begin{cases} 1^o\ 0^f{,}73 \times 119\,228 \times \dfrac{5}{6} = 72\,530^f{,}37 \\ 2^o \ldots\ldots\ldots\ldots\ 1\,890^f \end{cases}$$

Total de la vente. . . . . . . $74\,420^f{,}37.$

Volume de $0^{kg}{,}913$ huile. . . 1 litre.

Volume de $119\,228$ kilog. huile $\dfrac{119\,228}{0{,}913}$.

Valeur de 100 litres huile. . . 62 fr.

Val^r de $\dfrac{119\,228}{0{,}913}$ huile : $0^f{,}62 \times \dfrac{119\,228}{0{,}913} = 80\,965^f{,}34.$

Remise $0^f{,}07 \times 80\,965{,}34 = \ldots\ 5\,667^f{,}57.$

Prix d'achat net . . . . $75\,297^f{,}77,$ ci $75\,297^f{,}77.$

Ce marchand a perdu . . . . $877^f{,}40.$

302. — On a fait confectionner 4 douzaines de chemises avec une toile de $2^f{,}70$ le mètre. Il faut $2^m\frac{6}{7}$ de toile pour une chemise. L'ouvrier fait 3 chemises en 2 jours et reçoit 12 fr. par semaine de 6 jours. Quel est le prix de revient des 4 douzaines de chemises?   (Aspirants, brevet simple.)

Solution.

Prix d'achat des 4 douzaines de chemises :

$$2^f{,}70 \times \frac{20}{7} \times 48 = \ 370^f{,}28.$$

Confection : Prix pour 1 jour. . . $\dfrac{12}{6} = 2$ fr.

Prix pour 2 jours . . . . . 4 fr.

D'où confection pour 3 chemises . . . 4 fr.

D'où confection pour 48 chemises.. $4 \times \dfrac{48}{3} = \ 64^f$.

Prix de revient cherché. . . . . $434^f{,}28.$

303. — Un vase plein d'eau pure à 4° pèse 9^{Kg},68; plein d'un liquide dont le poids est les 0,91 de celui de l'eau, il pèse 9^{Kg},266. On demande : 1° quelle est sa capacité; 2° quel sera son poids quand il sera vide.

(Brevet du 2e ordre, aspirants.)

Solution.

La différence 9^{Kg},68 — 9^{Kg},266 = 0^{Kg},414 n'est autre chose que l'excès du poids d'un volume d'eau sur le poids d'un même volume de l'autre liquide.

Or 1 litre d'eau pure pèse . . . . 1 kilog.

Et   1 litre de l'autre liquide pèse . . . 0,910.

D'où, si la différence des deux pesées était 0^{Kg},090, le volume du vase serait 1 litre, et si elle est de 0^{Kg},414, le volume sera $\dfrac{414}{90} = 4^{lit}$,6. Donc on a :

1° Volume ou capacité du vase : 4^{lit},6.

2° Poids du vase : 9^{Kg},68 — 4,6 = 5^{Kg},08.

304. — On veut planter le long des bords d'une plate-bande rectangulaire un certain nombre de rosiers également espacés, de manière que la distance d'un rosier au suivant soit au moins de 1 mètre, mais moindre que 2 mètres, et qu'il y ait un rosier à chaque coin de la plate-bande. La longueur de celle-ci est de 14^m,84, et sa largeur de 10^m,6. Combien faut-il avoir de rosiers?

(Brevet du 1er ordre, aspirantes.)

Solution.

Soit le rectangle ABCD (le lecteur est prié de faire la figure), représentant la plate-bande. Ce rectangle développé donnera la ligne droite ED, égale à

AB + BC + CD + DA

égale à

$(14,84 + 10,6) \times 2 = 50^m$,88.

Il suffit donc de trouver une commune mesure ou un diviseur commun entre AB et BC, diviseur commun égal au moins à 1 mètre et plus petit que 2 mètres.

On a $\qquad$ $1\,484^{cm} = 53^{cm} \times 7 \times 2^2$.

Et $\qquad$ $1\,060^{cm} = 53^{cm} \times 5 \times 2^2$.

Le diviseur commun devant être au moins égal à 100 centim. et plus petit que 300 centim. sera donc :

$$53^{cm} \times 2 = 1^{m},06 ;$$

et on aura en tout : $\dfrac{50,88}{1,06} + 1 = 49$ rosiers.

305. — Un tisserand a employé 9 jours pour fabriquer une pièce de toile de $60^{m},75$ de largeur. La quantité de fil nécessaire pour faire $4^{m},50$ est de $1^{Kg},125$. Chaque écheveau pèse $0^{Kg},36$ et l'on a 34 écheveaux pour $36^{f},72$. D'ailleurs le tisserand est payé à raison de $9^{f},90$ par semaine de 6 jours. On demande, d'après cela, combien le fabricant devra vendre le mètre pour gagner 20 p. % sur le prix de revient.

(Brevet simple, aspirants.)

Solution.

Pour $4^{m},50$ de toile, il faut $1^{Kg},125$ de fil.

Pour $60^{m},75$ $\quad$ — $\quad$ il faudra. . . $\dfrac{1,125 \times 60,75}{4,50}$.

Valeur de 34 écheveaux ou de $0^{Kg},36 \times 34$ de fil... $36^{f},72$.

Valeur de $\dfrac{1^{Kg},125 \times 60,75}{4,50}$:

$$\frac{36,72 \times 1,125 \times 60,75}{4,50 \times 0,36 \times 34} = \quad 45^{f},56.$$

Tissage (frais de). . . Pour 6 jours : $9^{f},90$.

$\qquad$ — $\qquad$ . . . Pour 9 jours :

$$\frac{9,90 \times 9}{6} = \frac{29^{f},70}{2} = \ldots = \quad \underline{14^{f},85.}$$

Prix de revient. . . . . . . = $60^{f},41$.

D'où prix de vente: $\dfrac{60,41 \times 120}{100} = 72^{f},492$.

306. — Un cultivateur avait fait assurer ses bâtiments et son matériel d'exploitation, et le tout était estimé 52 000 fr. Il a été victime d'un incendie 3 ans 9 mois après avoir contracté son engagement avec la compagnie. Les dégâts ont été évalués aux $\frac{9}{13}$ des valeurs assurées. La prime d'assurance, fixée à 1^f,50 p. 1000, a été payée à la fin de chaque année. On demande quelle somme le cultivateur devra recevoir de la compagnie.   (Brevet du 2e ordre, aspirantes.)

Solution.

Valeur des dégâts : $\dfrac{52\,000 \times 9}{13} =$ . . . . . . 36 000^f .

Prime annuelle. . . $1,50 \times 52 = 78$ fr.

Prime pour 9 mois : $\dfrac{78 \times 9}{12} = 78^f \times \frac{3}{4}$ . . . . 58^f,50.

Somme reçue. . . . . . . 35 941^f,50.

307. — Une montre avance de 5 minutes par jour; elle diffère de l'heure véritable de 3^h,40. Dans combien de temps marquera-t-elle l'heure exacte?

(Aspirants, brevet du 2e ordre.)

Solution.

Supposons qu'il soit midi sur une montre bien réglée : l'autre marquera : 1° 3^h,40 du soir, ou 2° 8^h,20 du matin.

On peut donc dire que, dans le 1er cas, la montre bien réglée a sur la seconde une avance de 8^h,20 et, dans le 2° cas, une avance de 3^h,40.

Si la montre bien réglée n'avançait que de 5 minutes sur la 2°, celle-ci marquerait l'heure véritable au bout de 1 jour.

Donc, au bout de :

1° $\dfrac{8^h,20}{5^m} = \dfrac{500}{5}$ ou 100 jours;

2° $\dfrac{3^h,40}{5^m} = \dfrac{220}{5}$ ou 44 jours,

cette montre marquera l'heure véritable.

308. — Le demi-kilog. de 8 bougies coûte 1^f,50 ; chaque bougie a 17 centimètres de long. ; on en consomme 32 millim. par heure. Supposons qu'au lieu de bougie on brûle de l'huile à 0^f,65 le $\frac{1}{2}$ kilog. à raison de 1 kilog. pour 6 jours de 5 heures. On demande la différence de dépense par mois de 30 jours.

(Brevet du 2e ordre, aspirantes.)

Solution.

Valeur d'une bougie . . . . . $\dfrac{1^f,50}{8}$.

Dépense en bougie par heure . . . $\dfrac{1^f,50 \times 3,2}{8 \times 17}$.

Dépense en bougie par jour de 5 heures . . .

$$\frac{1,50 \times 3,2 \times 5}{8 \times 17}.$$

Dépense en bougie par mois de 30 jours . . .

$$\frac{1^f,50 \times 3,2 \times 5 \times 30}{8 \times 17} = \quad 5^f,30.$$

Valeur de 1 kilog. huile . . . 0^f,65 $\times$ 2 = 1^f,30.
Dépense en huile pour 6 j. de 5 heures... 1^f,30.

—   pour 30 j. de 5 heures : $1^f,30 \times \dfrac{30}{6} = \quad 6^f,50.$

Différence de dépense...... 6^f,50 — 5^f,30 = ...   1^f,20.

309. — Pour fabriquer dans un haut-fourneau 6 300 kilog. de fonte, on a consommé 4 275 kilog. de coke. Sachant que 175 kilog. de houille carbonisée donnent 100 kilog. de coke, on demande combien il faudrait employer de houille pour la fabrication d'une usine qui produirait 10 800 kilog. de fonte par 24 heures.

(Aspirantes, 2e ordre. — Aix.)

Solution.

Fonte produite par jour . . . . . 10 800 kilog.
—   annuellement . . . 10 800^{Kg} $\times$ 365.
Pour 6 300 kilog. fonte, on a consommé 4 275 **kilog.** coke.

Et pour $10\,800^{Kg} \times 365$, on consommera :

$$\frac{4\,275^{Kg} \times 10\,800 \times 365}{6\,300} \text{ de coke.}$$

100 kilog. de coke proviennent de 175 kilog. de houille carbonisée.

Et $\dfrac{4\,275 \times 10\,800 \times 355}{6\,300}$ kilog. proviendront de

$$\frac{175^{Kg} \times 4\,275 \times 10\,800 \times 365}{6\,300 \times 100} \cdot$$

Effectuant, on a pour réponse : 4 681 125 kilog. de houille.

310. — A défaut de mesures de poids, on fait équilibre à un vase plein d'eau avec 26 pièces de 5 fr. en argent, 3 pièces de 1 fr. et 12 pièces de $0^f,20$, et au même vase vide avec 3 pièces de 5 fr. et 14 pièces de $0^f,50$. Quel est le poids de l'eau ? Quelle est la contenance du vase en litres et centilitres ?

(Brevet simple. — Alger.)

Solution.

Poids du vase plein $\begin{cases} 1^o & 25^{gr} \times 26 = 650^{gr} \\ 2^o & 5^{gr} \times 3 = 75^{gr} \\ 3^o & 1^{gr} \times 12 = 12^{gr} \end{cases}$ Ensemble : 677 gr.

Poids du vase vide $\begin{cases} 1^o & 25^{gr} \times 3 = 75^{gr} \\ 2^o & 2^g,5 \times 14 = 35^{gr} \end{cases}$ Ensemble : 110 gr.

Poids de l'eau (différence). . . . . 567 gr.

D'où volume du vase : 567 centim. cubes,

ou $0^{lit},567$.

311. — Pour réparer un chemin, une commune emploie 6 hommes qui travaillent chacun 7 h. $\frac{2}{3}$ par jour, et font en moyenne 15 mètres par heure. Combien de jours ces ouvriers devront-ils travailler, si la longueur du chemin à réparer est de 2 kilom. 76 décim.   (Brevet simple, aspirants.)

Solution.

Ces ouvriers feront donc par jour $15^m \times \dfrac{23}{3} = 115$ mètres.

D'où nombre de jours de travail $\dfrac{2\,007,6}{115} = 17^j,45$.

312. — Un chemin de fer est parti de Lyon à 6 heures du matin et marche depuis ce moment avec une vitesse de 19 kilom. à l'heure; 3 heures plus tard, un autre train part de la même ville et parcourt la même route avec une vitesse de 800 mètres à la minute. A quelle heure le 2ᵉ train rencontrera-t-il le 1ᵉʳ et à quelle distance de Lyon?

(Aspirantes, brevet du 1ᵉʳ ordre.)

Solution.

1ᵉʳ train parcourt dans 3 heures... $19^{Km} \times 3 = 57$ kilom.

Vitesse du 2ᵉ train $800^m \times 60 = 48$ kilom. à l'heure.

Vitesse du 1ᵉʳ train. . . . . $= 19$

Différence. . . . . . 29 kilom.

Si la distance qui sépare les deux trains n'était que de 29 kilom., le 2ᵉ rencontrerait le 1ᵉʳ au bout de 1 heure.

Et si elle est de 57 kilom., la rencontre aura lieu après $\dfrac{57}{29} = 1^h,57$ minutes.

La rencontre aura lieu à $800^m \times 1^h,57$,

ou $\qquad 800^m \times 117 = 93^{Km},600$ de Lyon.

313. — On sait qu'un gramme de charbon donne en brûlant $1^l,835$ d'acide carbonique et que l'air qui contient $\frac{1}{20}$ de son volume de ce gaz est irrespirable. Trouver quel poids de charbon il faut brûler dans une salle de $7^m,35$ de long, 5 mètres de large et $3^m,35$ de hauteur pour en rendre le séjour dangereux.

(Brevet simple, aspirants.)

Solution.

Cube de cette salle : $7^m,35 \times 5 \times 3,75 = 137^{mc},8125.$

Dont le $\dfrac{1}{20}$ est de. . . . . $6^{mc},890625.$

D'où poids de charbon qu'on devrait brûler :

$$\frac{6890,625}{1,835} = 3^{Kg},755.$$

314. — Un entrepreneur se charge d'un travail sur le montant du devis estimatif duquel il consent un rabais de $\frac{1}{15}$. Pour intéresser ses ouvriers, il leur abandonne en dehors de leur paye journalière $\frac{1}{20}$ de ce qui lui est dû après le rabais, et enfin sur le reste il prélève $\frac{1}{50}$ qu'il verse à une caisse d'assurances. Tous ces décomptes faits, il lui revient la somme de 39102 fr. Dire à combien s'élevait le devis estimatif, la somme distribuée aux ouvriers et celle qui a été versée à la caisse d'assurances. (Brevet simple, aspirants.)

Solution.

Après le rabais, le devis s'est trouvé réduit à ses $\dfrac{14}{15} = \dfrac{140}{150}$.

Il abandonne aux ouvriers $\dfrac{14 \times 1}{15 \times 20} = \dfrac{7}{150}$, ci. . . . $\dfrac{7}{150}$.

Reste. . . . . $\dfrac{133}{150}$.

Il prélèvera encore $\dfrac{133 \times 1}{150 \times 50}$; donc il restera :

$$\frac{133}{150} - \frac{133}{150 \times 50} = \frac{133 \times 50 - 133}{150 \times 50} = \frac{(50 - 1) \times 133}{150 \times 50}$$

$$= \frac{49 \times 133}{150 \times 50}.$$

Donc les $\dfrac{49 \times 133}{150 \times 50}$ du devis estimatif $= 39102$ fr.

Et le montant total du devis sera égal à

$$\frac{39102^f \times 150 \times 50}{49 \times 133} = 45000 \text{ fr.}$$

315. — Un particulier veut vendre une certaine quantité de bois qui doit fournir 300 stères de quartiers et 200 de rondins. Pour faire débiter lui-même tout ce bois, il aura à payer $0^f,50$ de façon par stère de quartiers et $0^f,375$ par stère de rondins. De plus, il devra donner 100 fr. à la personne chargée de surveiller le travail. Le bois débité sera vendu : 1° celui de quartiers 12 fr. le stère; 2° celui de rondins 8 fr. On lui offre 4000 fr. du tout, s'il veut le vendre sur pied; il refuse et le vend après l'avoir fait débiter. Combien p. % a-t-il gagné ou perdu, en refusant de conclure le marché qu'on lui offrait? (Brevet simple. — Pau, 1872.)

Solution.

1° Vente de 300 stères quartiers $12^f \times 300 =$	3 600 fr.
2° Vente de 200 stères rondins... $8^f \times 200 =$	1 600 fr.
Total.	5 200 fr.

A déduire.
- 1° Façon quartiers $0^f,50 \times 300 = 150^f.$
- 2° — rondins $0^f,375 \times 200 = 75^f.$
- 3° Surveillance. . . . . $100^f.$

Total . . . . . . 325^f, ci 325 fr.

Reste : produit net de la vente. . . . . 4875 fr.

Offre. . . . . 4 000 fr.

Bénéfice réalisé par le refus de cette offre.. . . . 875 fr.

Bénéfice p. %. . . . . $\dfrac{875^f \times 100}{4875} = 17^f,90.$

316. — On emploie 145 mètres d'une étoffe ayant $\frac{3}{4}$ de mètre de largeur pour faire des robes d'uniforme aux 25 élèves d'un pensionnat. Deux ans après, l'uniforme étant changé, et le pensionnat augmenté de 7 élèves, on demande combien il faut de mètres de la nouvelle étoffe, qui n'a de largeur que $\frac{5}{6}$ de mètre, et ce qu'il faudra payer pour cet achat, si le mètre coûte $5^f,25$.

(Aspirantes, brevet simple. — 1872.)

Solution.

Pour 25 élèves, il faut 145 mètres de cette étoffe.

Pour 1 élève, il faudra $\dfrac{145}{25}$ de cette étoffe.

Si la largeur était de 1 mètre, il faudrait $\dfrac{145 \times 4}{25 \times 5}$ mètres.

Et si elle est de $\dfrac{5}{6}$ mètre, il faudra $\dfrac{145 \times 5 \times 6}{25 \times 4 \times 5}$.

Et pour $25 + 7$ ou 32 élèves il faudra :

$$\dfrac{145 \times 5 \times 6 \times 32}{25 \times 4 \times 5}\ \text{mètres} = 278^{m},4.$$

Valeur de 1 mètre d'étoffe. . . $5^{f},25$.

Valeur de $278^{m},4$ d'étoffe. . . $5^{f},25 \times 278,4 = 1461^{f},60$.

317. — Une personne de la campagne porte au marché un certain nombre d'œufs. Elle en vend les $\frac{2}{3}$ des $\frac{6}{9}$ à raison de $0^{f},08$ l'un et reçoit $2^{f},32$. On demande : 1° combien elle a porté d'œufs ; 2° quelle est la recette totale, en supposant qu'elle les ait vendus tous au même prix.

(Brevet simple. — Pau, 1872.)

Solution.

Les $\dfrac{2}{3}$ des $\dfrac{6}{9} = \dfrac{2}{3} \times \dfrac{6}{9} = \dfrac{2 \times 6}{3 \times 9} = \dfrac{4}{9}$.

Chaque œuf étant vendu $0^{f},08$, on a les $\dfrac{4}{9}$ du nombre

d'œufs total $= \dfrac{232}{8} = \ldots\ldots\ldots\ldots\ldots\ldots$ 29.

Et les $\dfrac{5}{9}$ du nombre d'œufs égale $\dfrac{29 \times 5}{4} = \ldots$ 36.

Nombre total . . . . 65.

Recette totale : $0^{f},08 \times 65 = 5^{f},20$.

318. — La superficie d'un terrain est égale à celle d'un

carré dont chaque côté a $1^{Mm}, 4^{Km}, 5$ mètres de longueur; il a été vendu à raison de 6475 fr. l'hectare; les frais de vente ont été de 7 p. % du prix d'acquisition. On demande quelle est la somme payée par l'acquéreur.

(Brevet simple, aspirants.)

Solution.

Surface du terrain = 14005 × 14005 = 19674 hectares.

Valeur de 1 hectare de ce terrain : 6475 fr.

Valeur de 19614 hectares de ce terrain :

$$6475 \times 19614 = \quad 127\,000\,650^{f}\;.$$

Frais de vente : $\dfrac{127\,000\,650 \times 7}{100} = \quad 8\,890\,045^{f},50.$

Somme totale payée par l'acquéreur : 135 890 695^{f},50.

319. — Un négociant vend pour 5775 fr. de marchandises avec perte de 3^{f},75 p. % sur le prix d'achat. Combien ces marchandises lui avaient-elles coûté et quelle perte fait-il?

(Brevet simple, aspirantes.)

Solution.

Une vente de 100^{f} — 3^{f},75 ou 96^{f},25 lui avait coûté 100 fr.

Et une vente de 5775 fr. lui a coûté $\dfrac{100^{f} \times 5\,775^{f}}{96^{f},25} = 6\,000$ fr.

Vente d'après l'énoncé. . . . . 5775 fr.

Perte totale. . . . . . . 225 fr.

320. — La mesure itinéraire appelée *mille* anglais est telle qu'il y a 4000 milles anglais dans le rayon de la terre. Calculer d'après cela la longueur du mille anglais en déduisant le rayon de la terre de la définition du mètre. Comparer cette mesure au mille marin qui est la longueur de l'arc d'une minute sur l'équateur terrestre.

(Brevet complet, aspirants.)

12.

Solution.

On sait que le mètre égale la dix-millioniéme partie du quart du méridien terrestre ; d'où il suit que le quart du méridien égale 10000000 de mètres, et le méridien total égale 40000000 de mètres.

On sait aussi que la circonférence = diamètre $\times \pi$. Si donc on admet que la terre soit parfaitement sphérique, on aura diamètre $= \dfrac{40\,000\,000^{m}}{\pi} = \dfrac{40\,000\,000 \times 7}{22}$.

D'où rayon égale : $\dfrac{140\,000\,000}{22}$.

Et on tire mille anglais égale : $\dfrac{140\,000\,000}{22 \times 4000} = 1591$ mètres.

On aura longueur de la circonférence, ou d'un arc de 360°, ou de 60′ $\times$ 360 ou de 21600′ = 40000000 mètres.

Et longueur d'un arc de 1 minute $\dfrac{40\,000\,000}{21\,600} = 1851^{m},85$.

$$\text{Réponses.} \dots \begin{cases} 1^{\text{o}} \ \text{Mille anglais} = 1591^{m}. \\ 2^{\text{o}} \ \text{—} \quad \text{marin} = 1851^{m},85. \end{cases}$$

Différence. . . . . . $\quad$ 260^{m},85.

321. — Un voyageur doit faire 189 kilom. en 2 jours 3 heures 25 minutes (on suppose le jour de 12 heures) ; il marche 8 heures 15 minutes le 1er jour, 11 heures 45 minutes le 2e jour et l'on sait qu'il part le 1er jour à 6 heures 10 minutes du matin. Combien aura-t-il fait de chemin à midi 40 minutes le 1er jour, et à la fin du 2e ?

(Aspirants au brevet simple.)

Solution.

Dans 2 jours 3 heures 25 minutes ou dans 1645 minutes, il doit faire 189 kilom., ou $\dfrac{189\,000^{m}}{1\,645}$ par minute, ou 114^{m},8.

Le 1er jour, il marche pendant 8 heures 15 minutes ou pendant 495 minutes.

Le 2ᵉ jour, il marche 11 heures 45 minutes ou 705 minutes.

Donc il fait pendant ces deux jours :

$$114^{m},8 \times (495 + 705) = 137760 \text{ mètres.}$$

A midi 40 minutes, le 1ᵉʳ jour, il avait marché 6 heures 50 minutes ou 390 minutes ; il avait donc fait à cette heure :

$$114^{m},8 \times 390 = 44772 \text{ mètres.}$$

$$\textit{Réponses} \dots \begin{cases} 1^{o}\ \textbf{A midi 40 minutes, le 1}^{er}\textbf{ jour, il avait} \\ \qquad \textbf{fait } 44^{Km},772. \\ 2^{o}\ \textbf{A la fin du 2}^{o}\textbf{ jour, il avait fait :} \\ \qquad 137^{Km},760 \textbf{ mètres.} \end{cases}$$

322. — On traite du minerai d'argent qui contient 20 p. % de son poids d'argent et qui perd 2 p. % de son poids d'argent par l'opération. Combien de kilog. de minerai doit-on employer pour obtenir l'argent nécessaire à la fabrication d'une somme de 20000 fr. en pièces de 5 fr. ?

(Aspirantes, brevet du 2ᵒ ordre.)

Solution.

Poids de 20000 fr. argent. . . $5^{gr} \times 20000 = 100$ kilog.

Poids argent pur : $\dfrac{100^{Kg} \times 9}{10} = \dots$ 90 kilog.

On retirera donc du minerai $20 - 2 = 18$ p. % ; ou, pour avoir 18 kilog. d'argent, il faut traiter 100 kilog. de minerai.

Et pour avoir 90 kilog. d'argent il faudra traiter :

$$\frac{100^{Kg} \times 90}{18} = 500 \text{ kilog.}$$

Réponse. . . Il faudra traiter 500 kilog. de ce minerai.

323. — Combien emploiera-t-on de stères de bois du poids de 390 kilog. pour fournir pendant 1 an le charbon nécessaire à une usine marchant 290 jours par an et produisant 2000 kilog. de fonte par jour ? 100 kilog. de bois produisent 20 kilog. de charbon, et il faut 120 kilog. de charbon pour obtenir 100 kilog. de fonte.

(Aspirantes, brevet du 2ᵒ ordre.)

Solution.

L'usine produit par jour 2 000 kilog. de fonte.
Elle produira dans 290 jours :

$$2\,000^{Kg} \times 290 = 58\,000 \text{ kilog. de fonte.}$$

Pour obtenir 100 kilog. de fonte, il faut 120 kilog. de charbon.

Pour obtenir 580 000 kilog. de fonte, il faudra :

$$\frac{120^{Kg} \times 580\,000}{100} = 696\,000 \text{ kilog. de charbon.}$$

Pour produire 20 kilog. de charbon, il faut 100 kilog. de bois.

Pour produire 696 000 kilog. de charbon, il faudra :

$$\frac{100^{Kg} \times 696\,000}{20} = 348\,000 \text{ kilog. de bois.}$$

Nombre de stères de bois : $\dfrac{3\,480\,000}{390} = 8\,923^{st}\,\dfrac{1}{13}.$

324. — A partir de 7 heures, on demande la première heure à laquelle les aiguilles d'une montre seront à égale distance de 6 heures ou de midi. Cette heure sera exprimée en heures, minutes, secondes et fractions de seconde, puis en heures et fractions décimales d'heure.

(Aspirants, brevet complet.)

Solution.

L'aiguille des minutes est donc à une distance de 30 divisions de la 6ᵉ heure, et celle des heures se trouve à une distance de 25 divisions de la 12ᵉ heure. Or l'aiguille des minutes parcourt 60 divisions pendant que celle des heures n'en parcourt que 5 ; donc la 1ʳᵉ marche 12 fois plus vite que la 2ᵉ. Soit a le nombre de divisions parcourues par la 1ʳᵉ, la distance qui la séparera alors de la 6ᵉ heure sera égale à $30 - x$; 'aiguille des heures parcourra pendant le même temps $\dfrac{x}{12}$ divisions, et se trouvera alors à une distance de la

12e heure égale à $25 - \dfrac{x}{12}$, et l'on pourra écrire :

$$25 - \frac{x}{12} = 30 - x ;$$

d'où $\qquad 30 \times 12 - 25 \times 12 = 13 \times x ;$

d'où $\qquad x = \dfrac{(30 - 25) \times 12}{13} = \dfrac{60}{13} = 4^{\text{min.}}, 36^{\text{sec.}} \dfrac{12}{13}.$

$$\textit{Réponse.} \ . \ . \ \begin{cases} 1^o \ A \ 7^h \ 4^{\text{min.}} \ 36^s \ \frac{12}{13}. \\ 2^o \ Ou \ 7^h \ 4^{\text{min.}} \ 6^s 15. \end{cases}$$

325. — Un terrain qui a 84 ares de superficie est recouvert d'une couche de terreau épaisse de 25 centimètres; quelle épaisseur aurait cette couche de terreau, si l'on voulait en couvrir un terrain de 3 hectares et demi?

(Brevet simple, aspirants.)

Solution.

Si le terrain n'avait qu'un are, l'épaisseur serait :

$$25^{\text{cm}} \times 84.$$

Et si le terrain a 3500 ares, l'épaisseur sera :

$$\frac{25 \times 84}{3500} = 0^{\text{cm}}, 6.$$

326. — Deux fontaines, donnant l'une $5^l \frac{3}{4}$ d'eau par minute, et l'autre $2^{\text{Hl}}, 8^l \frac{5}{6}$ par heure, coulent ensemble dans un bassin qui peut contenir 508 lit. Quel temps mettront-elles pour le remplir?   (Brevet simple, aspirants.)

Solution.

1re fontaine donne dans 1 minute $5^l, 75$.

Et dans 60 minutes ou 1 heures $5^l, 75 \times 60 = 345^l$.

2e fontaine donne dans 1 heure. . . . . . $208^l \frac{5}{6}.$

Donc les deux fontaines dans 1 heure donnent $553^l \frac{5}{6}.$

Si $553^l\dfrac{5}{6} = \dfrac{3323^l}{5}$ sont donnés dans 1 heure, 5o8 lit. seront

donnés dans 5o8 : $\dfrac{3323}{6} = \dfrac{5o8 \times 6}{3323}$ heures.

Effectuant, on a 55$^{\text{min.}}$,2^{s}.

327. — Un cultivateur, voulant creuser un fossé de 1.820 mètres de long, a à sa disposition : 1° 3 ouvriers qui pourraient à eux trois le creuser en 30 jours; 2° 4 ouvriers qui pourraient le creuser en 25 jours; 3° 10 ouvriers qui pourraient le creuser en 15 jours. Pour aller plus vite, il les emploie tous; combien de temps durera le travail, et combien chaque ouvrier creusera-t-il de mètres?   (Brevet simple.)

Solution.

1° Les   3 ouvriers dans 1 jour creusent $\dfrac{1}{30}$ du fossé $= \dfrac{1}{3 \times 2 \times 5}$;

2° Les   4   —   — $\dfrac{1}{25}$ — $= \dfrac{1}{5^2}$;

3° Les 10   —   — $\dfrac{1}{15}$ — $= \dfrac{1}{3 \times 5}$;

Donc 17   —   —   creuseront $\dfrac{1}{3 \times 2 \times 5} + \dfrac{1}{3^2} + \dfrac{1}{3 \times 5}$.

Réduisant au même dénominateur et remarquant que le plus petit commun multiple des dénominateurs est égal au produit des facteurs premiers différents affectés de leur plus haut exposant (voir n° 243, *Solutions*), on a :
$$3 \times 2 \times 5^2 = 150;$$
on aura : 17 ouvriers dans un jour creuseront :
$$\dfrac{5 + 6 + 10}{150} = \dfrac{7}{50},$$

D'où les $\dfrac{7}{50}$ du fossé sont creusés dans 1 jour.

Et les $\dfrac{50}{50}$ du fossé ou le fossé entier sera creusé en
$$\dfrac{50}{7} = 7^j\dfrac{1}{7}.$$

Chaque ouvrier creusera donc, dans 7 jours $\frac{1}{7}$:
$$\dfrac{1820^m}{17} = 17^m\dfrac{1}{17}.$$

328. — Un commerçant a dépensé pour son loyer personnel les $\frac{3}{11}$ du bénéfice qu'il a fait dans son année; il a, en outre, affecté les $\frac{5}{13}$ de ce même bénéfice à ses autres dépenses personnelles. On demande quelle fraction de bénéfice il a mis de côté.

(Aspirants au brevet simple. — Périgueux.)

Solution.

1° Dépense pour loyer : les $\dfrac{3}{11}$ du bénéfice

$$= \frac{3 \times 13}{11 \times 13} = \frac{39}{143}.$$

2° Dépense personnelle : $\dfrac{3}{11} \times \dfrac{5}{13} = \dfrac{15}{143}$, ci . . . . $\dfrac{15}{143}.$

Total de la dépense : $\dfrac{39 + 15}{143} = $ . . . $\dfrac{54}{143}.$

Fraction de bénéfice mise de côté : $\dfrac{143 - 54}{143} = \dfrac{89}{143}.$

329. — Un marchand a acheté pour 140^f,75 un tonneau d'huile; il vend cette huile par bouteilles de 75 centilitres, à raison de 2^f,50 la bouteille, fût et bouchon compris; le cent de bouteilles vides lui coûte 16^f,25, et le cent de bouchons 1^f,55; il fait de la sorte un bénéfice total de 26^f,43. Quelle est en litres la contenance du tonneau?

(Brevet élémentaire, aspirantes.)

Solution.

Produit net de la vente... 14o^f,75 + 26^f,43 = 167^f,18.
Vente d'une bouteille ou de 75 centil.,
    avec fût et bouchon. . . . . 2^f,5o .
Valeur d'une bouteille vide et d'un bouchon :

$$\text{o}^f,1625 \times \text{o}^f,0155 = \ldots \ldots \text{o}^f,178.$$

D'où 75 centil. d'huile sont vendus (différence) : 2^f,322.

Donc, si la vente avait été 2^f,322, la contenance du tonneau serait de o^{lit},75.

Et si elle est 167^f,18, la contenance sera :

$$\frac{\text{o}^{lit},75 \times 167,18}{2,322} = 53^{lit},99.$$

330. — Un tonneau a été pesé successivement plein d'eau et vide. La 1re pesée a donné 216 kilog. de plus que la 2e. On remplit ce tonneau d'une huile dont chaque litre pèse 915 grammes et qui coûte 1^f,75 le kilog. On demande le prix de l'huile qui remplit ce tonneau.

(Académie de Bordeaux. — Brevet simple.)

Solution.

On a poids de l'eau. . . 216 kilog.

Et volume d'eau. . . . . 216 décim. cubes.

D'où poids de l'huile qui remplit ce tonneau :

$$0^{Kg},915 \times 216.$$

Et prix cherché... $1^f,75 \times 0,915 \times 216 = 345^f,87.$

331. — Une barre de fer a une longueur de 2^m,50 à la température de 100°; calculer sa longueur à 60°, sachant que le fer se dilate, pour chaque degré dont sa température s'élève à partir de 0°, de $\frac{1}{82000}$ de sa longueur à 0°.

(Brevet complet.)

Solution.

L'unité de longueur passant de 0° à 1° augmente d'une quantité K (K désigne le coefficient de dilatation); passant de 0° à t°, elle augmente de Kt et devient $1+$Kt : donc, connaissant la longueur à 0°, le produit de cette longueur par $1+$Kt donnera la longueur à t°. Réciproquement, connaissant la longueur à t°, le quotient de cette longueur par $1+$Kt exprimera la longueur à 0°.

Cela posé, on aura par application : longueur de la barre de fer à

$$0° = \frac{2^m,50}{1 + Kt} = \frac{2^m,50}{1 + \dfrac{100}{82\,000}},$$

et longueur de la barre de fer à 60°

$$= \frac{2^m,50\,(1 + Kt')}{1 + Kt} = \frac{2^m,50 \times \left(1 + \dfrac{60}{82\,000}\right)}{1 + \dfrac{100}{82\,000}}$$

$$= 2^m,50 \times \frac{82\,060}{82\,000} : \frac{82\,100}{82\,000}$$

$$= 2^m,50 \times \frac{82\,060}{82\,100} = 2^m,4987 \text{ (approximatif).}$$

332. — Annuellement, une famille consomme en moyenne 39 paquets de bougie à ½ kilog. le paquet; la loi du 4 septembre 1873 impose de 0ᶠ,30 le kilog. de bougie. Dire : 1° de combien l'impôt s'est augmenté pour l'année 1874; 2° quelle économie il serait possible de réaliser par la substitution de l'huile de pétrole à la bougie, sachant que 1ᴷᵍ,250 de cette huile donnent autant de lumière que 1ᴷᵍ,850 de bougie. L'huile de pétrole coûte 0ᶠ,95 le kilog. et la bougie coûte 2ᶠ,60 le kilog.   (Brevet simple.)

Solution.

Poids de 39 paquets bougie à ½ kilog. l'un. . .

$$\tfrac{1}{2}{}^{Kg} \times 39 = 19^{Kg},500.$$

Impôt à raison de 0ᶠ,30 le kilog. . . 0ᶠ,30 × 19,5 = 5ᶠ,85. 1ᴷᵍ,850 bougie peuvent être remplacés par 1ᴷᵍ,250 huile de pétrole. Et 19,5 de bougie pourront être remplacés par

$$\frac{1^{Kg},250 \times 19,5}{1,850}.$$

Valeur de 19ᴷᵍ,5 bougie. . . 2ᶠ,60 × 19,5 = . . 50ᶠ,70.

Valeur de $\dfrac{1^{Kg},250 \times 19,5}{1,850}$ huile pétrole :

$$0^f,95 \times \frac{1,25 \times 19,5}{1,85} = \quad 12^f,52.$$

Économie par an. . . . . . . 38ᶠ,18.

333. — Un cultivateur a vendu 327ᶠ,50 sa récolte de paille d'avoine à raison de 31ᶠ,25 les 1 000 kilog. On demande combien il a récolté d'hectol. d'avoine, sachant que pour 47 kilog. de paille il y a un hectol. d'avoine.   (Brevet simple.)

Solution.

Nombre de kilog. de paille d'avoine : $\dfrac{1\,000^{Kg} \times 327,5}{31,25}$.

D'où nombre d'hectol. avoine : $\dfrac{1\,000 \times 327,5}{31,25 \times 47} = 222^{Hl},97.$

334. — Deux machines à coudre marchant d'une manière

continue et régulière consomment l'une 7 bobines de fil d'égale longueur en $2^h\frac{1}{2}$, l'autre 5 bobines du même fil en 1^h47^{min}. Quelle est celle des deux qui est la plus expéditive, et au bout de combien de temps aura-t-elle employé une bobine de plus que l'autre ?

(Brevet du 1er ordre, aspirantes.)

Solution.

2e bobine consomme en 107 minutes 5 bobines de fil.

— consommera en 1 minute $\dfrac{5}{107}$ —

1re bobine consomme en 150 minutes 7 bobines de fil.

— consommera en 1 minute $\dfrac{7}{150}$ —

D'où :

2e en 1 minute consomme . $\dfrac{5 \times 150}{107 \times 150} = \dfrac{750}{16050}$.

1re — — — $\dfrac{7 \times 107}{150 \times 107} = \dfrac{749}{16050}$.

Donc la 2e est plus expéditive que la 1re.

Différence . . . . . $\dfrac{1}{16050}$ bobine.

D'où la 2e consomme par minutes $\dfrac{1}{16050}$ bobine de plus que la 1re.

Donc, dans 16050 minutes ou $267^h\frac{1}{2}$, la 2e aura employé 1 bobine de plus que la 1re.

335. — Un poteau vertical est partagé en 3 parties : l'une blanche a $0^m,47$ de long ; l'autre bleue vaut les $\frac{5}{12}$ de la longueur totale, et la longueur de la 3e qui est noire s'obtient en ajoutant $0^m,70$ aux $\frac{2}{9}$ de la longueur du poteau. Quelles sont les dimensions de la partie bleue et de la partie noire ?

(Aspirantes, 2^e ordre.)

Solution.

On a :

1° Partie blanche . . . . $= \quad 0^{m},47.$

2°   —   bleue $=$ les $\frac{5}{12}$ de la hauteur totale, ci... $\frac{5}{12}.$

3°   —   noire $= 0^{m},70 + \frac{2}{9}$ — $0,70 + \frac{2}{9}.$

D'où hauteur totale $=$ . . . . $1^{m},17 + \frac{5}{12} + \frac{2}{9}.$

D'où $1^{m},17 =$ la hauteur totale $-$ les $\left(\dfrac{5}{12} + \dfrac{2}{9}\right)$ de cette même hauteur.

D'où $1^{m},17 =$ la hauteur totale $-$ les $\left(\dfrac{15 + 8}{36}\right)$ de cette même hauteur $=$ les $\dfrac{36 - 23}{36}$ de la hauteur totale.

D'où les $\dfrac{13}{36}$ de la hauteur du poteau $= 1^{m},17.$

Et hauteur totale $= \dfrac{1^{m},17 \times 36}{13} = 3^{m},24.$

$Réponses$. . . $\begin{cases} 1° \text{ Partie bleue} = 3^{m},24 \times \frac{5}{12} = 1^{m},35. \\ 2° \text{ Partie noire} = 3,24 \times \frac{2}{9} \times 0,70 = 1^{m},42. \end{cases}$

336. — Un négociant achète pour 9 146 fr. de marchandises. Il veut gagner 15 p. %. Combien doit-il les revendre et quel sera son bénéfice? On résoudra le problème en supposant que le bénéfice de 15 p. % doit être réalisé : 1° sur le prix d'achat; 2° sur le prix de vente.   (Brevet simple.)

Solution.

1° 100 fr. d'achat sont vendus 115 fr.

Et 9 146 fr. d'achat seront vendus :

$$115 \times 91,46 = \quad 10537^{f},90.$$
$$\text{Achat étant de } . . . . . \quad 9146^{f}$$
$$\text{On a bénéfice réalisé } . . . . . \quad 1391^{f},90.$$

2° 85 fr. d'achat sont vendus 100 fr.

Et 9146 fr. d'achat seront vendus $\dfrac{100 \times 9146}{85} = 10760$ fr.

$$\text{Achat étant de } \dots\dots\dots 9146\,\text{fr.}$$

$$\text{On a bénéfice réalisé} \dots\dots\dots 1614\,\text{fr.}$$

Réponses. . . $\begin{cases} \text{Bénéfices} : 1° \quad 1391^f,90\,; \quad 2° \quad 1614 \text{ fr.} \\ \text{Ventes} \quad : 1° \quad 10537^f,90\,; \quad 2° \quad 10760 \text{ fr.} \end{cases}$

337. — Il y a en France 312607 hectares cultivés en betteraves ; ils produisent annuellement 97977000 quintaux métriques de racines. La betterave rend 5 p. % de son poids en sucre. On demande : 1° le rendement d'un hectare en racines ; 2° quel est, en quintaux, tonnes et kilog., le poids du sucre produit annuellement ; 3° la quantité de sucre que pourrait consommer annuellement chaque habitant, abstraction faite de toute importation ou exportation, la population de la France étant de 36 millions d'habitants.

(Brevet simple, aspirants.)

Solution.

312607 hectares produisent annuellement 97977000 quintaux betteraves.

1° 1 hectare produira $\dfrac{97977000}{312607} = 31342$ kilog.

100 quintaux de betteraves donnent 5 quintaux de sucre.

2° 97977000 — donneront :

$$5^{\text{quint.}} \times 979770 = 4898850^{\text{quint.}}$$

ou 489885 tonnes, ou 489885000 kilog. de sucre.

3° Chaque habitant pourra donc consommer annuellement $\dfrac{489885000}{36000000} = 13^{\text{kg}},607$.

338. — Un vase contient un mélange d'eau et de vin. On enlève les $\frac{3}{8}$ de ce mélange, et l'on remplace le liquide enlevé par un volume égal d'eau pure. Après avoir fait ces mêmes opérations une deuxième et puis une troisième fois, il reste 3 lit. 42 de vin dans le vase. On demande quelle était primitivement la quantité de vin contenu dans le mélange.

(Aspirantes au brevet du 2° ordre.)

Solution.

1re Opération : Puisqu'on enlève les $\frac{3}{8}$ du mélange, on enlève évidemment les $\frac{3}{8}$ du vin et les $\frac{3}{8}$ de l'eau que contient le mélange.

$$\text{Reste} = \text{les } \tfrac{5}{8} \text{ du vin que contenait le vase;}$$

2e Opération : On enlève également les $\frac{2}{8}$ des $\frac{5}{8} = $ les $\frac{15}{64}$ du vin qui restait.

$$\text{Nouveau reste} = \tfrac{5}{8} - \tfrac{15}{64} = \tfrac{40-15}{64} = \text{les } \tfrac{25}{64} \text{ de vin primitif;}$$

3e Opération : On enlève encore les $\frac{3}{8}$ des $\frac{25}{64} = $ les $\frac{75}{512}$ du vin qui restait.

$$\text{Dernier reste} = \tfrac{25}{64} - \tfrac{75}{512} = \tfrac{200-75}{512} = \text{les } \tfrac{125}{512} \text{ du vin primitif.}$$

D'où les $\frac{125}{512}$ du vin primitif $= 3^{\text{lit}},42$.

$$\text{D'où quantité primitive de vin} = \frac{3^{\text{lit}},42 \times 512}{125} = 14^{\text{lit}},00832.$$

339. — Un marchand achète 7 barriques de vin au prix de 400 fr. la barrique. A tout ce vin, il ajoute 114 litres d'eau et vend ce mélange à raison de $1^{f},10$ les 75 centilitres; il fait ainsi un bénéfice de $447^{f},20$. Quelle est la contenance de chaque barrique?   (Amiens, aspirantes 2e ordre.)

Solution.

$$
\begin{aligned}
&\text{Achat du vin.} \dots \dots \dots \dots & 400^{f} \times 7 = 2\,800^{f} \\
&\text{Bénéfice effectué} \dots \dots \dots \dots & 447^{f},20 \\
\hline
&\text{Produit de la vente.} \dots \dots & 3\,247^{f},20
\end{aligned}
$$

Vente au détail :

Pour $1^{f},10$ . . . . $0^{\text{lit}},75$

et pour $3\,247,20$ . . . . $\dfrac{0^{\text{lit}},75 \times 3\,247,2}{1,1} = 2\,214 \text{ lit.}$

D'où contenance de chaque barrique . . . $\dfrac{2\,214}{1} = 316^{\text{lit}}\frac{2}{7}$.

340. — Une marchande d'œufs se rendant au marché vend à un passant les $\frac{3}{8}$ de ses œufs; à la barrière, elle vend les $\frac{2}{5}$ de

ce qui lui reste ; elle arrive au marché avec 360 œufs. Combien en avait-elle, et combien en a-t-elle vendu chaque fois ?

(Brevet simple, aspirants.)

Solution.

1re vente. . . . . les $\frac{3}{8}$ du nombre total, ci. . . . . $\frac{3}{8}$.

Reste. . . . . . les $\frac{5}{8}$ —

2e vente. . . . . $\frac{5}{8} \times \frac{2}{5} = \frac{2}{8}$ —   ci. . . . $\frac{2}{8}$.

Total des deux premières ventes. . . . . $\frac{5}{8}$.

Donc ce qui reste $\dfrac{8-5}{8} = \dfrac{3}{8} = 960$.

D'où nombre d'œufs total . . . . $= \dfrac{360 \times 8}{3} = 960$.

Elle a donc vendu. . . . . $\begin{cases} 1° \ 960 \times \frac{3}{8} = 360 \\ 2° \ 960 \times \frac{2}{8} = 240 \end{cases}$

Et arrive au marché avec. 360

Total égal. 960

341. — Les durées des oscillations de deux pendules de longueurs différentes en un même lieu sont proportionnelles aux racines carrées de ces longueurs. Sachant qu'un pendule qui a 0^{m},9939 de longueur bat la seconde à Paris, on demande de calculer, à une oscillation près, le nombre d'oscillations que ferait en un jour à Paris un pendule dont la longueur serait 0^{m},5674.

(Brevet complet, aspirants. — Périgueux.)

Solution.

Si les durées des oscillations sont proportionnelles, *en un même lieu*, aux racines carrées des longueurs des pendules, et comme il est évident que le nombre des oscillations est en raison inverse de la durée de chaque oscillation, on peut en conclure que les nombres des oscillations *sont inversement proportionnels* aux racines carrées des longueurs des pendules.

L'un des nombres $= 24 \times 60 \times 60 = 86\,400$; l'autre étant inconnu, on peut poser $\dfrac{86\,400}{x} = \dfrac{\sqrt{5\,674}}{\sqrt{9\,939}}$.

D'où
$$x = 86\,400 \times \frac{\sqrt{9\,939}}{\sqrt{5\,674}}.$$

Effectuant, et faisant usage des logarithmes, pour plus de simplicité, on a :

$$\log x = \log 86\,400 + \frac{\log 9\,939 - \log 5\,674}{2}.$$

On a : $\log 86\,400 = \ldots\ldots\ldots\ldots\ldots\ 4,93651$

$\qquad \log\ \ 9\,939 = 3,99734$

$\qquad \log\ \ 5\,674 = 3,75389$

Différence. . . . . $0,24345$

Dont la $\frac{1}{2} = 0,12173$, ci . . . . $0,12173$

$\qquad\qquad\qquad$ Total . . . . $5,05824$

D'où nombre correspondant cherché $= 114350$.

342. — On place dans l'un des plateaux d'une balance un vase plein d'eau distillée. Pour faire équilibre, il faut mettre dans l'autre, en argent, 75 pièces de 5 fr., 280 de 2 fr., et 378 de 20 fr. (or). On demande en litres la capacité du vase, sachant qu'il pèse 275 grammes.

$$\text{(Brevet du 2$^\text{e}$ ordre, aspirantes.)}$$

Solution.

Poids de l'argent. . . $25^{gr} \times 75 + 10^{gr} \times 280 = 4675^{gr}$.

Poids de l'or . . . . . $5^{gr} \times 20 \times \frac{2}{31} \times 378 = \quad 2439^{gr}$.

$\qquad$ Poids du vase plein. . . . . 7114^{gr}.

$\qquad$ Poids du vase vide. . . . . 275^{gr}.

Reste, poids de l'eau distillée. . . . . 6839^{gr}.

D'où capacité du vase : 6839 centimètres cubes ou 6 litres 839 millilitres.

343. — Quatre joueurs se sont associés : le 1er a gagné

35 fr. ; le 2ᵉ, le $\frac{1}{9}$ du gain total ; le 3ᵉ, les $\frac{3}{8}$ de ce gain, et le 4ᵉ les $\frac{5}{12}$ de ce même gain. Combien chaque joueur a-t-il gagné?   (Aspirantes au brevet du 2ᵉ ordre.)

Solution.

$$\text{On a } \frac{1}{9} + \frac{3}{8} + \frac{5}{12} = \frac{8 + 27 + 30}{72} = \frac{65}{72}.$$

$$\text{Or gain total} = 35^f + \frac{65}{72}.$$

$$\text{Donc les } \frac{72 - 65}{72} \text{ ou les } \frac{7}{72} \text{ du gain total} = 35^f.$$

$$\text{Et gain total} \ldots \ldots \ldots = \frac{35^f \times 72}{7} = 360^f; \text{ d'où}$$

$$Réponses \ldots \ldots \begin{cases} 1^{er} \text{ a gagné} \ldots \ldots \ldots \ldots 35^f \\ 2^c \quad — \quad \frac{360 \times 1}{9} \ldots \ldots \ldots 40^f \\ 3^e \quad — \quad \frac{360 \times 3}{8} \ldots \ldots \ldots 135^f \\ 4^e \quad — \quad \frac{360 \times 5}{12} \ldots \ldots \ldots 150^f. \end{cases}$$

$$\text{Total égal.} \ldots \ldots \ldots \ldots \ldots 360^f.$$

344. — Un vase de fonte plein de mercure pèse $35^{kg},318$; vide, il ne pèse que $5^{kg},324$; la densité du mercure est 13,598. Trouver la capacité de ce vase.

(Aspirantes, brevet simple.)

Solution.

$$\text{On a poids du mercure} = 35^{kg},318 — 5^{kg},324 = 29^{kg},994.$$

$$\text{D'où capacité du vase} = \frac{29,994}{13,598} = 2^{lit},205.$$

345. — Le dollar est une monnaie d'argent qui pèse $20^g,729$ et dont le titre est 0,900 ; le thaler est une autre monnaie d'argent qui pèse $22^g,273$ et dont le titre est 0,750. On demande combien il faudra de dollars pour faire une somme d'argent équivalente à 5 400 thalers.

(Aspirantes au brevet du 1ᵉʳ ordre. — Paris.)

Solution.

1 thaler contient :

$$22^{gr},273 \times 0,750 = 16^{gr},70475 \text{ d'argent pur.}$$

5400 thalers contiennent :

$$1670^{gr},475 \times 54 = 90^{kg},20565 \text{ d'argent pur.}$$

1 dollar contient $26^{gr},729 \times 0,9 = 24^{gr},0561$ d'argent pur.

Donc il faudra un nombre de dollars égal à

$$\frac{90205,65}{24,0561} = 3749.$$

346. — Une tige cylindrique a $0^m,52$ de longueur et $0^m,18$ de diamètre; on fait argenter cette tige, et la couche d'argent qui la recouvre alors a une épaisseur uniforme d'un dixième de millimètre. On demande de combien le volume de cette tige a augmenté, et quel est le poids de l'argent déposé à la surface de cette tige, sachant que le centimètre cube d'argent pèse $10^g,47$.   (Brevet du 1er ordre, aspirants.)

Solution.

On sait que le volume d'un cylindre a pour formule $\pi R^2 H$. Or le rayon de la tige non argentée $= 0^m,09$, et, une fois la tige argentée, ce rayon est devenu $0^m,0901$. La différence des deux volumes sera donc égale à $\pi \times (0^m,0901)^2 \times 0^m,52$ $- \pi \times (0,09)^2 \times 0^m,52 = [(0,0901)^2 - (0,09)^2] \pi \times 0^m,52$ $= 0^m,00001801 \times 3,1416 \times 0,52 = 29^{cmc},422.$

On a donc poids de $29^{cmc},422$ d'argent :

$$10^{gr},47 \times 29,422 = 308^{gr},048.$$

347. — Un hectare de terrain a produit 19 hectol. de froment et 32 quintaux de paille; le froment se vend 24 fr. l'hectol., la paille $2^f,75$ le quintal ; les frais de culture se sont élevés à la somme de $186^f,25$; le cultivateur, pour éteindre une dette, paye en outre une retenue à raison de 7 p. $^o/_o$ du produit de la terre. A-t-il un bénéfice? Quel est-il?
          (Aspirantes, brevet 2e ordre.)

Solution.

Valeur de 19 hectolitres froment :

$$24^f \times 19 = 456^f.$$

Valeur de 32 quintaux paille :

$$2,75 \times 32 = \underline{88^f.}$$

Produit de la terre. . . .   544^f.
Retenue : $\frac{7}{100}$ . . . . $\underline{37^f,08}$

Reste . . . .   506^f,92, ci. . .   506^f,92
Frais de culture . . . . $\underline{186^f,25}$

Reste, bénéfice net . . . .   320^f,67

348. — Un champ de 9^{Ha},3740 a produit une certaine quantité de graine de lin avec laquelle on fait pour 2 530^f,98 d'huile au prix de 0^r,90 le kilog. Le décalitre de cette graine fournit 24 hectog. d'huile. On demande combien un are de ce champ a produit de litres de graines de lin.

(Académie de Toulouse.)

Solution.

Quantité d'huile produite : $\dfrac{2\,530^f,98}{0,9} = 2\,812^{Kg},2.$

24 hectogrammes de cette huile sont fournis par 1 décalitre de graines.

Et 28 122 hectogrammes de cette huile seront fournis par

$$\frac{28\,122}{24} = 117^{Hl},175.$$

937^a,40 de terrain ont produit :

$$117^{Hl},175 \text{ de graines de lin.}$$

1^a,40 de terrain produira :

$$\frac{117,175}{937,40} = 12 \text{ litres environ.}$$

349. — Un tisserand a employé 9 jours pour fabriquer

une pièce de toile de 60ᵐ,70 de longueur. La quantité de fil nécessaire pour faire 4ᵐ,50 est de 1ᵍʳ,125. Chaque écheveau pèse 30 décagr. et l'on a 32 écheveaux pour 36ᶠ,72. D'ailleurs le tisserand est payé à raison de 9ᶠ,60 par semaine de 6 jours. On demande d'après cela combien le fabricant devra vendre le mètre, pour gagner 20 p. % sur le prix de revient.

(Académie de Paris. — Aspirantes, brevet simple.)

(Voir *Solution* donnée, nº 305.)

349 (*bis*). — Une personne a fait de son capital trois parts. La 1ʳᵉ a été placée au taux de $4\frac{1}{2}$ p. % pendant 3 ans 8 mois; la 2ᵉ qui est double de la 1ʳᵉ a été placée à 5 p. % pendant 3 ans 6 mois. Enfin la 3ᵉ qui est le triple de la 2ᵉ a été placée à 4 p. % pendant 3 ans 9 mois. Les intérêts de ces divers capitaux se sont élevés à une somme totale de 14 150 fr. Calculer les trois parts et le capital entier.

(Paris. — Aspirantes, 1ᵉʳ ordre.)

Solutions.

1ʳᵉ *Solution*. — Soit la 1ʳᵉ partie 100 fr.; la 2ᵉ sera 200 fr. et la 3ᵉ 600 fr.

On aura :

1º Intérêt de 100 fr. à $4\frac{1}{2}$ p. % pendant 44 mois :

$$\frac{4,5 \times 44}{12} \quad \ldots\ldots\ldots\ldots = 16^ᶠ,50$$

2º Intérêt de 200 fr. à 5 p. % pendant 42 mois :

$$\frac{200 \times 5 \times 42}{100 \times 12} \quad \ldots\ldots\ldots\ldots = 35^ᶠ \text{ »}$$

3º Intérêt de 600 fr. à 4 p. % pendant 45 mois :

$$\frac{600 \times 4 \times 45}{100 \times 12} \quad \ldots\ldots\ldots\ldots = 90^ᶠ \text{ »}$$

Intérêt total de 900 fr. 141ᶠ,50

Si la somme des intérêts était égale à 141ᶠ,50, le capital serait 900 fr.

Et si elle est de 14 150, le capital sera $900 \times 100 = 90\,000$ fr.

2e *Solution.* — Soit x la 1re partie ; $2 \times x$ sera la 2e, et $3 \times 2 \times x$ la 3e.

On aura :

$$x \times \frac{4,5 \times 44}{100 \times 12} + 2 \times x \times \frac{5 \times 42}{100 \times 12} + 6 \times x \times \frac{4 \times 45}{100 \times 12} = 14150^f,$$

$$\text{ou} \quad x \times \frac{198 + 420 + 1080}{100 \times 12} = 14150.$$

D'où

$$x = \frac{100 \times 12 \times 14150}{1698} = 10000 \text{ fr.}$$

$$\text{Réponses} \ldots \ldots \begin{cases} 1^o \ \text{Capital total} \ldots \ldots \ldots 90000 \text{ fr.} \\ 2^o \ 1^{re} \ \text{part.} \ldots \ldots 10000 \text{ fr.} \\ 3^o \ 2^e \ \text{ part.} \ldots \ldots 20000 \text{ fr.} \\ 4^o \ 3^e \ \text{ part.} \ldots \ldots 60000 \text{ fr.} \end{cases}$$

$$\text{Total égal.} \ldots \ldots 90000 \text{ fr.}$$

350. — En passant à l'état de foin sec, le fourrage vert perd les $\frac{7}{9}$ de son poids, et une botte de foin sec pèse 5 kilog. Une prairie artificielle de $2^{Ha},53$ a produit en deux coupes égales une quantité de fourrage qui, réduite à l'état de foin sec, a été vendue à raison de $51^f,50$ les 100 bottes, au prix total de $1522^f,64$. On demande le poids du foin vert produit par hectare et par coupe.

(Aspirantes, brevet du 2e ordre.)

Solution.

Quantité de foin sec produit par $2^{Ha},53$:

$$\frac{1522,64}{0^f,515} \text{ bottes ou } \frac{1522,64 \times 5}{0,515} = \frac{1522,64}{0,103} \text{ kilog.}$$

D'où

$2^{Ha},53$ produisent $\dfrac{1522,64 \times 9}{0,103 \times 7}$ kilog. de foin vert.

1 hectare produira $\dfrac{1522,64 \times 9}{0,103 \times 7 \times 2,53}$ kilog. de foin vert.

$$= 7512 \text{ Kg.}$$

D'où

1 hectare produira par coupe $\dfrac{7512}{2} = 3756$ kilog.

351. — Un puits a 12^m,60 de profondeur et 0^m,82 de diamètre. Combien de temps mettra pour remplir ce puits une source qui fournit 12^l,50 par minute ? Quel sera le poids de l'eau contenue dans le puits entier, en la supposant pure et à son maximum de condensation ?

Solution.

En supposant que le puits soit parfaitement cylindrique, on aura :

$$\text{Contenance du puits} = \left(\frac{0,82}{2}\right)^2 \times 3,1416 \times 12^m,60,$$

ou $\qquad 12^m,60 \times (0,41)^2 \times 3,1416 = 6^{mc},654\,097.$

D'où cette source mettra pour remplir ce puits :

$$\frac{6\,654,097}{12,5} = 8^h\,52^{min.}\,19^{sec}.$$

Poids de l'eau contenue dans le puits : 6 654^{kg},097.

352. — Un bassin rectangulaire dont les dimensions sont 1^m,15, 6^m,29 et 4^m,35 est alimenté par 2 sources ; l'une coulant seule le remplirait en 56 heures. Combien l'autre doit-elle donner de litres d'eau par minute pour que, coulant en même temps que la 1re, le bassin puisse se remplir en 24 heures ? $\qquad$ (Brevet simple, aspirants.)

Solution.

On a volume du bassin : 1^m,15 $\times$ 6,29 $\times$ 4,35 = 31^{mc},466.
L'une des sources dans 24 heures remplira les $\frac{24}{56}$ ou les $\frac{3}{7}$;
$$\text{c'est-à-dire } \frac{31,466 \times 3}{7} \ldots\ldots\ldots = 31,485$$
$$\text{Reste} \ldots\ldots\ldots\ldots\ldots\ldots 17,981$$

Donc l'autre source, devant remplir en 24 heures ou 60^m $\times$ 24 = 1440 minutes 17^{mc},981 ou 17 981 litres, devra donner par minute $\dfrac{17\,981}{1\,440} = 12^{lit}\frac{1}{2}$ environ.

353. — Un négociant achète 1 750 kilog. de sucre à 135 fr. les 100 kilog., 975 kilog. de riz à 47 fr. les 100 kilog. et

2 460 kilog. de café à 395 fr. les 100 kilog. Il revend le sucre 1^f,45 le kilog. le riz 0^f,55 le kilog. Combien doit-il revendre le kilog. de café pour faire sur le tout un bénéfice de 11^f,50 p. % ?

(Brevet élémentaire, aspirantes.)

Solution.

1° Achat de

$$1\,750 \text{ kilog. sucre à } 1^f,35 \ldots\ldots 1^f,35 \times 1\,750 = 2\,362^f,50$$
$$975 \text{ kilog. riz à } 0^f,47 \ldots\ldots 0^f,47 \times 975 = 458^f,25$$
$$2\,460 \text{ kilog. café à } 3^f,95 \ldots\ldots 3^f,95 \times 2\,460 = 9\,717^f \;\text{»}$$

Total de l'achat. . . . . . 12 537^f,75

$$\text{A ajouter bénéfice} \ldots\ldots \frac{12\,537,75 \times 11,5}{100} = 1\,441^f,84$$

Valeur que doit produire la vente. . . . . 13 979^f,59

2° Vente de

$$1\,750\text{ kilog. sucre à }1^f,45 \ldots 1^f,45 \times 1\,750 = 2\,537^f,5 \;\Big\}$$
$$975\text{ kilog. riz à }0^f,55 \ldots 0^f,55 \times 975 = 536^f,25 \Big\}\text{ci } 3\,073^f,75$$

Reste. . . . . 10 905^f,84

D'où

Prix de vente de 2 460 kilog. café. . . . . 10 905^f,84

$$\text{de } 1 \text{ kilog. } - \ldots\ldots \frac{10\,905,84}{2\,460} = 4^f,43$$

354. — On a acheté 700 mètres de drap de deux qualités et l'on en a autant de l'une que de l'autre. La seconde qualité coûte 30 fr. le mètre et 5 mètres de la première coûtent autant que 7 mètres de la seconde. Trouver le montant du prix d'acquisition. (Brevet simple.)

Solution.

Quantité de chaque espèce . . . . . 350 mètres.

Valeur de 350^m (2° qualité) à 30 fr. . . . . . $30^f \times 350 = 10\,500^f$.

La 1re qualité vaut donc les $\frac{7}{5}$ de la 2e ou $\dfrac{10\,500 \times 7}{5} = 14\,700^f$.

Montant du prix d'acquisition . . . . 25 200^f.

355. — Un marchand de vin vend la moitié du vin qu'il a acheté avec un un bénéfice de $0^f,20$ par litre ; le $\frac{1}{4}$ avec un bénéfice de $0^f,12$ par litre ; le $\frac{1}{8}$ avec un bénéfice de $0^f,06$ par litre et le reste avec une perte de $0^f,10$ par litre. Il gagne ainsi 450 fr. sur la totalité. Combien avait-il en tout de litres de vin ?   (Brevet simple.)

Solutions.

1re *Solution.* — S'il avait acheté en tout 8 litres de vin,

nous aurions $\quad 1^{er}$ gain. . . . . $\quad 0^f,20 \times 4 = 0,80$
$\qquad$ — $\qquad 2^e$ gain. . . . . $\quad 0^f,12 \times 2 = 0,24 \quad \bigg\} \ $ ci. . . . $1^f,10$
$\qquad$ — $\qquad 3^e$ gain. . . . . $\quad 0^f,06 \times 1 = 0,06$

Perte sur le reste ou sur $8^{lit} - 7 = 1$ litre.. . . . $0^f,10 \times 1 = \underline{\ \ 0^f,10}$

On aura : $\qquad\qquad\qquad$ Gain définitif. . . . . . . 1^f »

Donc si le marchand n'avait gagné que 1 fr., il aurait vendu 8 litres.

Et s'il a gagné 450 fr., il aura vendu $8^{lit} \times 450 = 3.600$.

2° *Solution.* — Soit x le nombre total de litres, on aura :

$$0^f,20 \times \frac{x}{2} + 0^f,12 \times \frac{x}{4} + 0^f,06 \times \frac{x}{8} - 0^f,10 \times \frac{x}{8} = \quad 450 \text{ fr.}$$

ou $\quad 0^f,10 \times x + 0^f,03 \times x - (0^f,10 - 0^f,06) \times \frac{x}{8} = 450 \text{ fr.};$

ou $\qquad 0^f,10 \times x + 0^f,03 \times x - 0,005 \times x = 450 \text{ fr.}$

D'où $\qquad x \times (0^f,10 + 0^f,03 - 0,005) = 450 \text{ fr.}$

D'où $\qquad\qquad x = \dfrac{450}{0,125} = 3600 \text{ litres.}$

356. — Le blé rend 0,73 de farine et 0,27 de son et recoupe. Comme 1 kilog. de farine produit $1^{kg},33$ de pain, on demande combien il faut d'hectol. de 78 kilog. pour nourrir pendant les 6 premiers mois d'une année bissextile une personne qui mange $0^{kg},750$ de pain par jour.
$\hfill$ (Brevet simple.)

Solution.

Les 6 premiers mois se composent de
$31 + 29 + 31 + 30 + 31 + 30 = 182$ jours.
Pain consommé pendant 182 jours :

$$0^{Kg},750 \times 182 = 136^{Kg},5.$$

$1^{Kg},33$ pain sont fournis par 1 kilog. farine,

et $136^{Kg},5$ pain seront fournis par $\dfrac{136,5}{1,33}$ kilog. farine.

73 kilog. farine sont donnés par 100 kilog. blé,

et $\dfrac{136,5}{1,33}$ farine seront donnés par $\dfrac{100 \times 136,5}{73 \times 1,33}$.

D'où nombre d'hectolitres de blé :

$$\frac{100 \times 136,5}{73 \times 1,33 \times 78} = 1^{Hl},80.$$

357. — Une personne achète des oranges à raison de 12^f le cent; elle en revend la moitié à $0^f,15$ la pièce et livre le restant à raison de 3 oranges pour $0^f,35$. De cette manière, elle gagne $18^f,55$. Combien avait-elle acheté d'oranges?

(Brevet simple.)

Solutions.

1re *Solution.* — Si cette personne n'avait acheté que 30 oranges, on aurait :

$$\text{En } 1^{re} \text{ vente } 0^f,15 \times 15 = 2^f,25 ;$$

$$\text{En } 2^e \text{ vente } \frac{0^f,35}{3} \times 15 = 1^f,75$$

Total. . . . . 4^f » ci. . . 4^f »

L'achat aurait été de . . . . . . $0^f,12 \times 30 =$ $3^f,60$

Et cette personne aurait gagné. . . . . . $0^f,40$

D'où, si le bénéfice était. . . $0^f,40$, on aurait 30 oranges.

Et si le bénéfice est . . $10^f,55$, on aura $\dfrac{30 \times 10,55}{0,4} = 791$.

2e *Solution*. — Soit x le nombre total d'oranges.

On aura :

$$0^f,15 \times \frac{x}{2} + \frac{0^f,35}{3} \times \frac{x}{2} = \frac{0,80}{3} \times \frac{x}{2} \text{ (vente)}.$$

Et achat . . . . $0^f,12 \times x.$

D'où l'on peut poser : $\dfrac{0,80}{3} \times \dfrac{x}{2} - 0^f,12 \times x = 10^f,55,$

ou $\qquad x \times \left(\dfrac{0^f,40}{3} - 0^f,12 \right) = 10^f,55.$

D'où $\quad x \times \left(\dfrac{0,40 - 0,36}{3} \right) = 10^f,55,$

ou $\qquad\qquad x \times \dfrac{0^f,04}{3} = 10^f,55,$

et $\qquad\qquad x = \dfrac{10,55 \times 3}{0,04} = 791 \text{ (approximatif)}.$

358. — Un entrepreneur a déboursé une somme de 270 fr. pour payer 56 journées d'ouvriers divisés en deux catégories : aux premiers, il a donné $4^f,50$ par jour; aux autres, $5^f,25$. On demande combien il y avait de journées de chaque catégorie.

(Brevet complet.)

Solutions.

1re *Solution*. — Supposons, pour un moment, que les 56 journées soient toutes à $4^f,50$, on aurait valeur de 56 journées à $4^f,50$. . . o. . . . . $4^f,50 \times 56 = 252$ fr., c'est-à-dire:

$$270 - 252 = 18 \text{ fr. en moins.}$$

Or, chaque fois qu'on substitue une journée de la 2e catégorie à une de la 1re, la somme à débourser en plus

$$= 5^f,25 - 4^f,50 = 0^f,75.$$

Donc nombre de journées de la 2e catégorie $= \dfrac{18}{0,75} = 24.$

Et $\qquad\quad$ — $\qquad\quad$ de la 1re . . . . $= 32.$

2e *Solution*. — Soit x le nombre de journées de la 1re ca-

13.

tégorie, on aura $56 - x$ nombre de journées de la 2°, et l'on peut poser :

$$4^f,50 \times x + 5^f,25 \times (56 - x) = 270.$$

D'où $\quad (5,25 - 4,50) \times x = 5,25 \times 56 - 270.$

D'où $\quad\quad 0,75 \times x = 294,56 - 270.$

D'où $\quad\quad x = \dfrac{24}{0,75} = 32.$

Et nombre de journées 2e catégorie . . . . 24.

359. — Un éditeur dépense 23542 fr. pour la 1re édition d'un livre avec gravures; chacune des éditions suivantes ne lui coûte que 12650 fr., parce que les planches gravées peuvent encore servir. Chaque édition est tirée à 3500 exemplaires, dont l'éditeur distribue gratuitement 156. Il donne à l'auteur $1^f,20$ par exemplaire vendu de la 1re édition, et $2^f,55$ par exemplaire vendu de chacune des autres éditions; le prix de l'exemplaire est de $7^f,35$. On demande combien il faudra vendre d'exemplaires :

    1° Pour que l'éditeur rentre dans ses déboursés;

    2° Pour qu'il gagne 8000 fr.;

    3° Pour que l'auteur gagne la même somme.

(Brevet du 2e ordre.)

Solution.

Dépenses. — 1re édition :

1° . . . . 23542^f »

2° Droits accordés à l'auteur : $1^f,20 \times (3500 - 156) = 4012^f,80$

               Total. . . . . $27554^f,80$

Recette : $7^f,35 \times (3500 - 156) = $ . . . . $24578^f,40$

               Reste . . . . $2976^f,40$

L'éditeur devra donc vendre un certain nombre de volumes des autres éditions, d'abord pour couvrir les frais de la 1re qui lui coûte $2976^f,40$ de plus qu'elle ne lui a rapporté, et ensuite pour effectuer le bénéfice de 8000 fr. qu'il se propose de réaliser.

Or 1 volume vendu de la 2ᵉ édition lui coûte :

1⁰ $\dfrac{12\,650}{3\,500} = $ . . . . 3ᶠ,614 ;

2⁰   Droits de l'auteur . . . . 2ᶠ,55.

Total. . . . . 6ᶠ,164.

Il gagne donc sur ce volume 7ᶠ,35 — 6ᶠ,164 = 1ᶠ,186.

Donc l'éditeur sera rentré dans ses déboursés après avoir vendu un nombre de volumes égal à $\dfrac{2\,976,40}{1,186}$ ou 2510.

Si, pour gagner 1ᶠ,186, l'éditeur doit vendre 1 volume ;

Pour gagner 8000 fr., il vendra $\dfrac{8\,000}{1,186} = 6\,746$ volumes.

Donc il devra vendre en tout, pour gagner 8000 fr. :

1⁰ 3344

2⁰ 2510

3⁰ 6746

12600.

Après l'épuisement de la 1ʳᵉ édition, l'auteur a gagné :

4012ᶠ,80.

Et comme il veut gagner 8000 fr., c'est-à-dire :

8000 — 4012ᶠ,80 = 3987ᶠ,20 de plus,

il aura réalisé ce bénéfice après la vente de

$$\dfrac{3\,987,20}{2,55} = 1\,564.$$

L'auteur aura donc gagné 8000 fr. après la vente de :

1⁰   3344 volumes (1ʳᵉ édition) ;

2⁰   1564   —   (2ᵉ —).

Total. . . 4908.

360. — Une institutrice qui confectionne elle-même ses cahiers met 13 demi-feuillets dans chaque cahier. Le papier qu'elle emploie coûte 5ᶠ,50 la rame et les couvertures 2ᶠ,10

le cent. Sachant qu'une rame contient 20 mains, de 25 feuillets chacune, combien gagne-t-elle p. % en revendant chaque cahier $0^f,10$? (Brevet simple, aspirantes.)

Solution.

Valeur (achat) de 25 feuillets $\times$ 20. . . $5^f,50$

Valeur de . . . . $\dfrac{13}{2}$ . . . . $\dfrac{5^f,50 \times 13}{25 \times 20 \times 2} = 0^f,07\,15$

Valeur d'une couverture. . . . . $0^f,021$

Chaque cahier revient donc à. . . . . . . $0,0925$

D'où bénéfice sur $0^f,0925$ . . . $0^f,10 - 0,0925 = 0^f,0075.$

Et sur 100 fr. . . . . $\dfrac{0,0075 \times 100}{0,0925} = 8^f,10.$

361. — Un homme part à $5^h,30$ du matin et parcourt 5 800 mètres à l'heure. Il est suivi par un cavalier qui ne part que $2^h,50$ après; celui-ci fait 10 020 mètres à l'heure. A quelle distance du point de départ et à quelle heure se rencontreront-ils ? (Brevet simple.)

Solutions.

1re *Solution.* — Le piéton a déjà fait :

$$5\,800^m \times 2\frac{5}{6} = \frac{5\,800 \times 17}{6} = \frac{49\,300}{3} \text{ mètres}$$

au moment où le cavalier se met en route.

Mais pendant que celui-ci fait 10 020, le voyageur à pied n'en fait que 5 800, et gagne donc sur ce dernier :

$$10\,020 - 5\,800 = 2\,420 \text{ mètres par heure.}$$

Donc, si la distance qui les sépare était de 4 220 mètres, le cavalier aurait rejoint le 1er après avoir marché pendant 1 heure, et si elle est de $\dfrac{49\,300}{3}$, la rencontre aura lieu après

$$\frac{1 \times 49\,300}{4\,220 \times 3} \text{ heures de marche du cavalier.}$$

Effectuant, on trouve 3 heures 53 minutes.

Distance parcourue par le cavalier :

$$10\,020^m \times 3\frac{53}{60} = 38^{km},911.$$

2e *Solution.* — Soit x le nombre d'heures cherché.

Après ce temps, le 1er voyageur aura parcouru :

$$\frac{49\,300}{3} + 5\,800 \times x\,;$$

le voyageur, de son côté, aura parcouru $10\,020 \times x$, et puisque la rencontre a lieu, ces deux distances sont égales et on peut poser :

$$\frac{49\,300}{3} + 5\,800 \times x = 10\,020 \times x.$$

D'où
$$(10\,020 - 5\,800) \times x = \frac{49\,300}{3}\,;$$

$$x = \frac{49\,300}{3 \times 4\,220} = 3^h,53.$$

Réponses. . . $\begin{cases} 1^o \text{ A une distance de. . . . } 38^{Km},911. \\ 2^o \text{ A } 5^h,30 + 2^h,50 + 3^h,53 = 12^h,13, \text{ ou midi} \\ \quad 13 \text{ minutes.} \end{cases}$

362. — On demande quelle est la distance qui sépare l'observateur du point de l'atmosphère d'où a jailli une étincelle électrique, sachant qu'il s'est écoulé 8 secondes entre l'apparition de l'éclair et l'audition du 1er éclat de tonnerre, la température étant de 29°. On admet que la vitesse du son dans l'air, à la température de 10°, est de $327^m,2$ par seconde, et qu'elle s'accroît de $\frac{5}{6}$ de mètre par chaque augmentation de 1° de la température.

(Aspirants au brevet simple. — Périgueux.)

Solution.

La vitesse du son augmentera donc de

$$\frac{5^m}{6} \times 19 = \frac{95}{6} = 15^m,8$$

et sera à cette température $327,2 + 15,8 = 343$ mètres.

Donc la distance cherchée sera égale à

$$343^m \times 8 = 2\,744 \text{ mètres.}$$

363. — On veut drainer une pièce de terre de $7^{Ha},0403$ avec des tuyaux ayant chacun une longueur de $0^m,25$. On

demande quelle dépense exigera cette opération, sachant qu'il faut 2800 mètres de tuyaux pour drainer $3^{Ha}\frac{1}{2}$, que le mètre de tuyau coûte $0^f,35$ et que la pose coûte 5 fr. par centaine de tuyaux.

(Brevet simple. — Académie de Poitiers.)

Solution.

$$\text{Valeur de 2 800 mètres de tuyaux : } 0^f,35 \times 2\,800 = \quad 950^f \text{ »}$$
$$\text{Pose des tuyaux. . . . . , } 3^f \times 28 = \quad 140^f \text{ »}$$
$$\text{Dépense pour } 3^{Ha},500. \ldots \ldots \ldots 1\,090^f \text{ »}$$

D'où

$$\text{Dépense pour } 7^{Ha}\,4^a\,3^{ca} \ldots \ldots \frac{1\,090 \times 7,0403}{3,5} = 2\,192^f,55.$$

364. — L'air pèse 773 fois moins que l'eau et contient 23 p. % de son poids d'oxygène. Calculer d'après cela le poids de l'oxygène contenu dans une salle de 528 mètres cubes. (Niort, aspirants 2ᵉ ordre.)

Solution.

$$\text{Poids de 528 mètres cubes d'eau. . . } 528\,000 \text{ kilog.}$$
$$- \quad \text{de} \quad - \quad \text{d'air . . . } \frac{528\,000}{773} \text{ kilog.}$$

D'où

$$\text{Poids de l'oxygène : } \frac{528\,000}{773} \times 0,23 = 157^{Kg},102.$$

365. — Quelle est la valeur du plomb produit dans une usine où l'on traite annnellement 184 000 kilog. de minerai ? On sait que : 1° ce minerai renferme 66 % de plomb; 2° on perd 21 % de tout le plomb que renferme le minerai; 3° le plomb se vend $0^f,70$ le kilog.

(Brevet du 2ᵉ ordre, aspirantes.)

Solution.

On ne retirera donc du minerai que $66 - 21 = 45$ p. %. 100 kilogrammes de minerai contiennent donc 45 kilogrammes de plomb que l'on pourra retirer.

Et 184 000 kilogrammes de minerai contiendront :
$$45^{\text{kg}} \times 1840.$$
Valeur de . . . . . $45^{\text{kg}} \times 1840$ plomb à $0^{\text{f}},70$ l'un :
$$0^{\text{f}},70 \times 45 \times 1840 = 57\,960 \text{ fr.}$$

366. — Au moyen d'une machine, on fabrique 1 500 briques par heure. Quel est le poids de briques que l'on peut obtenir par jour avec cette machine, sachant que les dimensions de ces briques sont $0^{\text{m}},25$, $0^{\text{m}},14$, $0^{\text{m}},06$ et que le mètre cube de briques pèse 2170 kilog. ? (On suppose le jour composé de 12 heures.)

(Voir *Solution*, n° 283.)

366 *bis*. — Deux courriers vont au-devant l'un de l'autre ; l'un part de Paris, l'autre de Melun. La distance qui les sépare est de 44 kilom. Le 1er fait 3 kilom. en 10 minutes, et le 2e 5 kilom. en 27 minutes. Le premier est parti à 8 heures, le 2e à $8^{\text{h}}\frac{1}{2}$. A quelle heure et à quel point précis de la route se rencontreront-ils ?   (Brevet simple.)

Solution.

Le courrier de Paris a déjà fait $0^{\text{Km}},3 \times 30 = 9$ kilom. quand celui de Melun se met en route. Donc à $8^{\text{h}}\frac{1}{2}$ la distance qui les sépare n'est plus que de $44 - 9 = 35$ kilom.

Vitesses des courriers :

Courrier de Paris : $0^{\text{Km}},3$ par minute.

—   de Melun : $\dfrac{5}{27}$ kilom.

Ou courrier de Paris : $0^{\text{Km}},3 \times 27 = 8^{\text{Km}},1$ dans 27 minutes.

Et —   de Melun 5 ^{Km} . . . $= 5^{\text{Km}}$ —.

Donc, si la distance qui les sépare était $13^{\text{Km}},1$, ils se rencontreraient dans 27 minutes, et si elle est de 35 kilom. la rencontre aura lieu dans $\dfrac{27 \times 35}{13,1} = 72^{\text{min}}. 8 = 1^{\text{h}} 12' 8''$.

Donc la rencontre aura lieu à $8^{\text{h}},30' + 1^{\text{h}} 12' 8''$,

ou $9^{\text{h}} 42' 8''$.

Le courrier de Paris faisant $0^{\text{km}},3$ par minute ou dans

6o secondes fera donc dans $72^{\min}$. 8^s ou 4328 secondes :

$$\frac{0{,}3 \times 4328}{60} = 21^{\mathrm{Km}}{,}64 ;$$

et comme il en avait déjà parcouru 9, la rencontre a lieu à $30^{\mathrm{Km}}{,}64$ de Paris ou à $44 - 30{,}64 = 13^{\mathrm{Km}}{,}36$ de Melun.

367. — A volume égal, le poids du blé est les $\frac{4}{5}$ du poids de l'eau. En réduisant le blé en farine, on lui fait perdre les $\frac{4}{25}$ de son poids, et en convertissant la farine en pain on lui fait absorber les $\frac{2}{5}$ de son poids d'eau ; enfin on suppose que 6 gerbes de blé produisent un double-décalitre. Cela posé, on demande combien il faut de gerbes pour faire 100 kilog. de pain.   (Aspirants, brevet simple.)

Solution.

Poids d'un double-décal. de blé : $20^{\mathrm{Kg}} \times \frac{4}{5} = 16$ kilog.

16 kilog. de blé donnent donc $\dfrac{16^{\mathrm{Kg}} \times 21}{25} = \dfrac{336}{25}$ kilog. de farine.

Et $\dfrac{336}{25}$ kilog. de farine donnent $\dfrac{336 \times 7}{25 \times 5}$ kilog. de pain.

D'où $\dfrac{336 \times 7}{25 \times 5}$ kilog. de pain sont fournis par 6 gerbes.

Et 100 kilog. de pain seront fournis par

$$\frac{6 \times 100 \times 25 \times 5}{336 \times 7} \text{ gerbes.}$$

Effectuant : 32 gerbes (par excès).

368. — Voir *Solutions*, n° 338.

368 (*bis*). — Un épicier fait venir 10 pains de sucre du poids de $7^{\mathrm{Kg}}{,}35$ qu'il paie à raison de $1^{\mathrm{r}}{,}75$ le kilog. Le commissionnaire demande $0^{\mathrm{f}}{,}25$ pour chaque pain de sucre qu'il transporte ; si l'épicier garde 2 pains de sucre et les $\frac{2}{3}$ d'un autre pour sa consommation, combien doit-il vendre le kilog. de ce qui lui reste pour retirer son argent et quel est son bénéfice sur 100 francs ?

                              (Brevet simple.)

Solution.

Prix d'achat : $1^f,75 \times 7,35 \times 10$. . . . . $128^f,625.$

Frais de transport. . . . . . . $0^f,25 \times 10 =$ $2^f,50.$

Total . . . . $131^f,125.$

Consommation personnelle : $7^{Kg},35 \times \frac{8}{3} = 19^{Kg},60,$ qui valent $1^f,75 \times 19,60 + 0^f,25 \times \frac{8}{3} = 34^f,966.$

Il reste à vendre $7^{Kg},35 \times 10 - 19,60 = 53^{Kg},90.$

Valeur de $53^{Kg},9$. . . . . $131^f,125.$

Valeur de 1 kilog . . . . $\dfrac{131,125}{53,9} = 2^f,43.$

Sur $131^f,125$, il a donc gagné $34^f,969$ (quantité consommée).

Et sur 100 fr. il gagnera $\dfrac{34,966 \times 100}{131,125} = 26^f,66.$

369. — L'aiguille des heures et celle des minutes d'une montre sont au même point du cadran entre 5 et 6 heures : dire l'heure exacte.   (Brevet du second ordre, aspirants.)

Solution.

A cinq heures précises, l'aiguille des minutes se trouve sur midi, et celle des heures sur 5 heures; le problème consiste donc à déterminer l'heure exacte au moment de la première rencontre.

Or l'aiguille des minutes parcourt le cadran en entier, ou 60 divisions, pendant que celle des heures n'en parcourt que 5; donc, si celle-ci avait une avance, sur la 1re, de 55 divisions, elle en ferait 5 avant que la rencontre eût lieu, et si (cas actuel) l'avance n'est que de 25 divisions, elle parcourra :

$$\frac{5 \times 25}{55} = \frac{25}{11} = 2\frac{3}{11};$$

donc la rencontre aura lieu à $5^h\,27^{min.}\frac{3}{11}$ ou $5^h\,27'\,16''\frac{4}{11}.$

370. — De Paris à Nantes, il y a 431 kilom.; de Paris à Nancy, 353 kilom.; le transport des céréales coûte $0^f,15$ par 1 000 kilog. et par kilom. L'hectol. de froment pèse 75 kilog. et coûte 30 fr. à Nantes. Combien doit-il coûter à Nancy pour que l'on gagne en expédiant du blé de Nancy à Nantes? Le transport s'effectue en passant par Paris.

(Aspirantes, brevet simple.)

Solution.

Distance de Nancy à Nantes (par Paris) :

$$353 + 431 = 784 \text{ kilom.}$$

Frais de transport par kilom. et pour 784^{Km} :

$$0,00015 \times 784 = 0^f,1176.$$

Frais de transport pour 75 kilog. : $0^f,1176 \times 75 = 8^f,82.$

Donc l'hectol. de blé devra valoir à Nancy moins de $30^f - 8^f,82$ ou moins de $21^f,18$ pour qu'il y ait avantage à expédier du blé de Nancy à Nantes.

371. — Pour la nourriture des animaux, 3 kilog. de pommes de terre équivalent à 1 kilog. de foin sec; 1 hectare de bon terrain, cultivé en pommes de terre, en donne à peu près 235 hectolitres pesant 81 kilog. l'hectol. et un hectare de bon pré donne environ 5 000 kilog de foin sec. Calculer, d'après cela, l'étendue qu'on devra cultiver en pommes de terre pour obtenir une quantité d'aliments équivalente à celle fournie par $1^{Ha},25$ de pré.

(Aspirantes, brevet simple.)

Solution.

$1^{Ha},25$ ou $1^{Ha}\frac{1}{4}$ de pré donne $5\,000^{Kg} \times \frac{5}{4} = 6\,250$ kilog. foin.

6 250 kilog. de foin équivalent à $6\,250 \times 3 = 18\,750$ kilog. de pommes de terre.

$81^{Kg} \times 235$ ou 19 035 kilog. de pommes de terre sont donnés par 1 hectare.

Et 18 750 kilog. de pommes de terre seront donnés par

$$\frac{18\,750}{19\,035} = 0^{Ha},98^a,50.$$

372. — Une pelote du poids de 11 grammes contient 150^m de fil et coûte 0^f,15. On demande quelle serait la longueur du même fil qu'on pourrait acquérir pour une somme de 2^f,35, et quel serait le poids de ce fil.

(Brevet simple, aspirantes.)

Solution.

Pour 0^f,15, on a une pelote de fil de 150 mètres (longueur du fil).

Et pour 2^f,35 on aura . . . $\dfrac{150^m \times 2,35}{0,15} = 2350$ mètres.

150 mètres de fil pèsent 11 grammes.

Et 2350 mètres de fil pèsent $\dfrac{11^{gr} \times 2350}{150} = 172^{gr}\frac{1}{3}$.

Réponses. . . $\begin{cases} 1^o \text{ Longueur du même fil : } 2350 \text{ mètres.} \\ 2^o \text{ Poids. . . . . } 172^{gr}\frac{1}{3}. \end{cases}$

373. — Sachant que l'eau de mer pèse 1 027 grammes par litre et contient 2$\frac{1}{2}$ p. % de son poids de sel, que ce sel se vend 18^f,50 les 100 kilog. ; calculer : 1° le nombre de mètres cubes d'eau de mer qu'il faut faire évaporer pour en retirer 664 fr. de sel ; 2° ce qu'il faudrait ajouter d'eau douce au volume précédent pour amener l'eau à ne renfermer que 1 % de sel.

(Aspirantes, brevet du 1er ordre.)

Solution.

100 grammes d'eau de mer contiennent 2^{gr},5 de sel, d'où 1 027 grammes en contiendront 0^{gr},025 $\times$ 1 027 $= 25^{gr}$,675.

Valeur de 1 kilog. sel. . . . . . 0^f,185.

Valeur de 0^{kg},025675. . . . 0^f,185 $\times$ 0,025675 $=$ 0^f,0047.

Pour avoir 0^f,0047 de sel, il faut faire évaporer 1 litre d'eau de mer.

Et pour avoir 664 fr. de sel il faut faire évaporer :

$$\frac{664}{0,0047} = 141^{mc},276.$$

141^{mc},276 pèsent 1 027^{gr} × 141 276 = 145 090^{Kg},276.

Poids du sel contenu : $\dfrac{145\,090^{Kg},276 \times 2,5}{100} = 3\,627^{Kg},25.$

Donc 3 627^{Kg},25 (sel) représentent le $\frac{1}{100}$ du nouveau poids après qu'on a ajouté de l'eau douce.

On aura donc poids total : 3 627,25 × 100 = 362 725 kilog.

Et on a ajouté 362 725^{Kg} — 145 090 = 217 635 kilog.

374. — Un marchand a acheté 31 mètres de drap à 18^f,75 le mètre; il en a vendu 14 en gagnant 11 p. % sur le prix d'achat. En vendant le reste, il gagne 29 fr. sur ce prix d'achat. Combien ce marchand a-t-il gagné p. % sur la totalité? (Brevet du 2e ordre, aspirants.)

Solution.

Achat de 14 mètres de drap à 18^f,75 ... 18^f,75 × 14 = 226^f,50.
— de 17 — à 18^f,75 ... 18^f,75 × 17 = 318^f,75.

Total prix d'achat. . . . . 581^f,25.

Sur la 1re vente, il a gagné 262^f,80 × 0,11 = 2^f,8875.
262^f,50.

Argent retiré de la 1re vente. . . . . 265^f,3875.
Argent retiré de la 2e vente : 318^f,75 + 29^f = 347^f,75.

Total prix de vente . . . . 613^f,1375.

Gain sur 581^f,25. . . 613,1375 — 581,25 = 31^f,88.

Gain sur 100 fr. . . . . $\dfrac{3\,188}{581,25} = 5^f,48$ p. %.

375. — Un marchand vend du bois de chauffage soit à raison de 23^f,50 le stère, soit à raison de 2^f,75 le quintal métrique. De quel côté est l'avantage pour l'acheteur, le bois pesant les $\frac{82}{100}$ de ce que pèse l'eau sous le même volume? (Aspirantes, brevet du 1er ordre.)

Solution.

Poids d'un mètre cube d'eau : 1 000 kilog.

Poids d'un stère de bois. . $\dfrac{1\,000 \times 82}{100} = 820$ kilog.

Prix du quintal métrique (100 kilog.) de bois ..... $2^f,75$.
Prix de 8quint.,20. . . (820 kilog.) ... $2^f,75 \times 8,20 = 22^f,55$.

Réponse. . . L'acheteur a donc de l'avantage à acheter au poids : différence $= 0^f,95$.

376. — Le blé perd 4 p. % de son poids par suite de l'évaporation dans l'année qui suit la récolte. En admettant que du blé, pesant 76 kilog. l'hectolitre au moment de la récolte, soit vendu à la même époque 26 fr. l'hectol., on demande ce qu'il vaudra 8 mois plus tard par 100 kilog.; on tiendra compte de l'évaporation, de l'intérêt de l'argent à 6 p. % et des frais d'entretien évalués à $0^f,25$ l'hectol. par an. (Brevet complet, aspirants.)

Solution.

Dans l'année qui suit la récolte le blé ne pèse plus que
$$76^{Kg} \times \tfrac{96}{100} = 72^{Kg},96.$$
Donc, 8 mois après, $72^{Kg},96$ de blé valent :

1° . . . . 26^f.

2° Intérêt : $\dfrac{26 \times 6 \times 8}{100 \times 12}$ . . . . $1^f,04$.

Frais d'entretien . . . . $0^f,25$.

Valeur de 1 hectol. pesant $72^{Kg},96$. . . . . $27^f,29$.

Valeur de 100 kilog. . . . . . $\dfrac{27^f,29 \times 100}{72,96.} = 37^f,40$.

377. — Il faut 130 journées de travail pour retourner la terre à la bêche jusqu'à une profondeur de $0^m,50$ pour une

étendue de 100 ares ; combien faut-il de journées si le défoncement se fait à $0^m,40$ de profondeur et sur une étendue de 4800 mèt. carrés ? Si l'on trouve un portion de jour, on l'exprimera en heures, sachant que la journée de travail est de 11 heures.

(Brevet simple, aspirants.)

Solution.

Si le défoncement devait se faire à 1 centimètre seulement de profondeur, il faudrait 50 fois moins de jours ou $\dfrac{130}{50}$, et s'il doit être de 40 centimètres il faudra évidemment $\dfrac{130 \times 40}{50}$; pour 1 are, il faudrait $\dfrac{130 \times 40}{50 \times 100}$ et pour 48 il faudra 48 fois plus de temps ou :

$$\frac{130 \times 40 \times 48}{50 \times 100} = 49 \text{ jours } 10 \text{ heures.}$$

378. — Pour faire une chemise d'enfant, il faut $1^m,90$ de toile ; la façon revient à $1^f,85$. Un marchand doit faire confectionner 2 douzaines et demie de chemises en toile à $1^f,55$ le mètre. Il espère les revendre $8^f,20$ la pièce. Combien gagnera-t-il ? (Voir *Solutions*, n° 250.)

378 (*bis*). — Un cultivateur achète 651 moutons à 21 fr. la pièce ; il en a reçu 4 au cent. Il revend ces moutons le même prix au détail, mais il subit un escompte de 4 p. %. A-t-il perdu ou gagné dans son marché ?

(Brevet simple.)

Solution.

Puisqu'il en a reçu 4 au cent, il en a reçu $4 \times 6 = 24$ et n'en a payé que $651 - 24 = 627$.

Argent déboursé : $21^f \times 627$ . . . . , 13127^f.

Vente au détail . . . $21^f \times 651 = 13671^f$.

Escompte 4 p. % . . . $536^f,84$.

Reste . . . . . . $13124^f,16$, ci. $13124^f,16$.

Il a perdu . . . . $2^f,84$.

379. — Avec 492 gr. d'acide sulfurique et 345 gr. de zinc, on obtient 10 grammes d'hydrogène. Calculer combien on emploiera d'acide sulfurique et de zinc pour remplir d'hydrogène un ballon d'une capacité de 100 mètres cubes. On admet que le décimètre cube d'air pèse $1^{gr},3$ et que la densité de l'hydrogène par rapport à l'air est 0,069.

(Brevet simple.)

Solution.

Poids de 1 décim. cube d'hydrogène :

$$1^{gr},3 \times 0,069 = 0^{gr},0897.$$

Poids de 100 000 décim. cubes d'hydrogène $= 8970$ gram.

Pour obtenir 10 grammes d'hydrogène, il faut 492 gram. d'acide sulfurique et 345 grammes de zinc.

Pour obtenir 8970 grammes d'hydrogène, il faudra 492×897 grammes d'acide sulfurique et 345×897 grammes de zinc.

Calculs faits : . . $41^{Kg},324$ d'acide sulfurique et $309^{Kg},465$ de zinc.

380. — Un libraire fait imprimer un ouvrage de 35 feuilles, il donne 45 fr. par feuille pour la composition et la correction des épreuves; le papier coûte 12 fr. la rame de 500 feuilles; le cartonnage, $0^f,46$ l'exemplaire; les annonces, 125^f. Chaque exemplaire se vendra $3^f,50$. Le libraire veut gagner 500 fr. Combien doit-il tirer d'exemplaires?

(Brevet simple.)

Solution.

500 feuilles coûtent 12 fr.

35 feuilles coûteront. . . $\dfrac{12^f \times 35}{500} = \ldots \ 0^f,84.$

Frais pour cartonnage . . . . $0^f,46.$

Total . . . . $1^f,30.$

Il **a déboursé** une fois pour toutes :

$$\text{Composition et correction} : 45^f \times 35 = \quad 1575 \text{ fr.}$$
$$\text{Frais d'annonces} \ldots \ldots \ldots \quad 125 \text{ fr.}$$

$$\text{Total.} \ldots \ldots \ldots \ldots \ldots \quad 1700 \text{ fr.}$$
$$\text{Il veut réaliser un bénéfice de} \ldots \quad 500 \text{ fr.}$$

Donc le produit net de la vente sera égal à. . . 2200 fr.

Gain sur la vente de 1 exemplaire : $3^f,50 - 1^f,30 = 2^f,20$.

Donc ce libraire devra tirer $\dfrac{2\,200}{220} = 1\,000$ exemplaires.

381. — On admet que le café éprouve, quand on le brûle, un déchet égal au $\frac{23}{100}$ de son poids. Combien faut-il, d'après cela, qu'un marchand vende le kilog. de café brûlé, si le café vert lui a coûté $269^f,50$ la caisse de 100 kilog. et s'il veut gagner $0^f,90$ par kilog. ?   (Brevet simple.)

Solution.

Achat de 1 kilog. café vert. . . . . $2^f,695$.
Bénéfice que le marchand veut réaliser. . . . . . $0^f,90$.

Prix de vente de 1 kilog. de café vert.   Total . . $3^f,595$.

1 kilog. de café vert est réduit par la torréfaction à ses

$$\frac{100 - 23}{100} = \frac{77}{100} = 0^{Kg},77.$$

D'où $0^{Kg},77$ café brûlé valent $3^f,595$.

Et 1 kilog. café brûlé vaudra $\dfrac{359,5}{77} = 4^f,67$.

382. — Voir *Solution*, n° 348.

382 (*bis*). — Dans le courant d'une année, le propriétaire d'une usine a payé $2314^f,50$ pour le transport à une distance de $2^{Mm},37$ de la houille dont il a besoin. On demande de calculer le nombre d'hectol. consommés dans l'usine, sachant

qu'on paie 0f,12 par kilom. pour le transport de 1 000 kilog., plus un droit de 3f,24 par 3 240 hectol., et qu'un hectol. de houille pèse en moyenne 75 kilog.

(Brevet simple.)

Solution.

1 000 hectol. houille pèsent $75^{Kg} \times 1\,000 = 75\,000$ kilog.

Frais de transport par kilom. : $0^f,12 \times 75 = 9$ fr.

Et pour $23^{Km},7$ . . . . . $9^f \times 23,7 =$ . . . . . . $213^f,30$.

Droit pour 1 000 hectol. $\dfrac{3,24 \times 1\,000}{3\,240} =$ . . . $1^f,$ »

Frais divers pour 1 000 hectolitres . . . . $214^f,30$.

D'où nombre de mille d'hectol. transportés :

$$\frac{2\,314,5}{214,3} = 10,800.$$

Réponse. . . 10 800 hectol.

383. — D'un vase qui est rempli d'alcool aux $\frac{3}{4}$, on retire 75 centilitres de ce liquide. On le met alors dans l'un des plateaux d'une balance et on lui fait équilibre en mettant dans l'autre plateau une somme de $430^f,50$ en monnaie d'argent. On demande quelle est la contenance de ce vase. Le poids du vase vide est 25 décag. et le poids de l'alcool est les 0,82 du poids de l'eau sous le même volume.

(Brevet simple.)

Solution.

Poids du vase avec le reste de l'alcool :

$$5^{gr} \times 430\tfrac{1}{2} = \quad 2\,151^{gr},5.$$

Poids de 75 centil. alcool... $10^{gr} \times 75 \times 0,82 = \quad 615^{gr}$.

$$2\,766^{gr},5.$$

Poids du vase vide.. . . . . 250^{gr} .

Poids de l'alcool remplissant les $\frac{3}{4}$ du vase . $2\,516^{gr},5$.

Volume de $2\,516^{gr},5$ d'alcool. . . $\dfrac{2\,516,5 \times 100}{82}$.

Volume du vase. . . $\dfrac{2\,516,5 \times 100 \times 4}{82 \times 3} = 4^{lit},0918.$

14

384. — On a acheté une certaine quantité de bois à raison de 89^f,25 les 5 stères ; on vend tout ce bois à raison de 2^f,40 les 100 kilog. Le bénéfice provenant de cette vente a été pendant 9 mois 18 jours à 4 p. %/$_0$ et est devenu avec les intérêts 172^f,25. On demande combien de stères avaient été achetés. On sait que le bois pèse les 0,79 de ce que pèse l'eau sous le même volume.   (Brevet complet.)

Solution.

Intérêt de 100 fr. à 4 p. %/$_0$ pendant 9 mois 18 jours ou 9 mois $\frac{3}{5}$:

$$\frac{4^f \times \frac{48}{5}}{12} = \frac{48}{15} = \frac{16}{3} \text{ fr.}$$

Donc, si le bénéfice avec les intérêts formaient une somme égale à 100^f + $\frac{16}{3}$ fr. ou $\frac{316}{3}$ fr., le bénéfice serait 100 fr.

Et si le tout égalait 172^f,25, le bénéfice sera :

$$\frac{100^f \times 172^f,25}{\frac{316}{3}},$$

ou $\qquad 100^f \times 172^f,25 \times \dfrac{3}{316} = 17\,225 \times \dfrac{3}{316}.$

Effectuant, on a bénéfice = 163^f,53.

1 stère de bois pèse 790 kilog.

Vente de 1 kilog. de bois. . . 0^f,024.

Vente de 790 kilog. ou 1 stère...0^f,024 $\times$ 790 =   18^f,90.

Achat de 1 stère. . . . . $\dfrac{89,25}{5}$ = ... 17^f,85.

Bénéfice pour 1 stère . . . . . . 1^f,05.

Or, le bénéfice étant de 163^f,53, il en résulte qu'on avait acheté un nombre de stères égal à $\dfrac{163,53}{1,05}$ = 146 stères environ.

Réponse. . . . 146 stères environ.

385. — Un marchand achète, à la campagne, des œufs à 0ᶠ,05 la pièce et les revend en ville à 0ᶠ,90 la douzaine. Il a gagné 15 fr. sur son marché. On demande combien il a vendu d'œufs, sachant que les frais de transport sont la moitié des droits d'entrée en ville, et ces droits sont $\frac{1}{15}$ du prix d'achat.   (Aspirants au brevet simple. — Cahors.)

Solution.

Vente d'une douzaine d'œufs . . . . 0ᶠ,90.
Achat d'une douzaine : 0ᶠ,05 $\times$ 12 = 0ᶠ,60.

Frais de transport : $\frac{1}{15}$ . . . . . . 0ᶠ,04.

Droits d'entrée $\dfrac{0ᶠ,04}{2}$ . . . 0ᶠ,02.

Argent déboursé pour 1 douzaine... 0ᶠ,66, ci . . . 0ᶠ,66.

          Bénéfice sur une douzaine d'œufs 0ᶠ,24.
ou 0ᶠ,02 par œuf.

Le bénéfice étant de 15 fr., il en résulte qu'il a vendu un nombre d'œufs égal à . . . $\dfrac{15}{0,02} = 750.$

386. — Les batteurs d'or font des feuilles dont l'épaisseur est de $\frac{1}{14000}$ de millimètre. On demande quelle surface on pourra recouvrir avec toutes les feuilles que l'on pourra retirer d'un mètre cube d'or. Trouver aussi la valeur intrinsèque d'une de ces feuilles, sachant que l'or a une densité de 19,528, et que la valeur d'un kilog. d'or est de 3437 fr.
          (Brevet complet, aspirants.)

Solution.

Il faut donc 14000 feuilles pour faire l'épaisseur d'un millimètre ; donc on retirera d'un mètre cube 14000 $\times$ 1000 = 14000000 de feuilles qui auront chacune 1 mètre carré de surface.

Donc on pourra recouvrir une surface égale à

14000000 mètres carrés = 1400 hectares.

Un mètre cube d'or pèse donc $1\,000^{Kg} \times 19,528 = 19528\ kilog.$

D'où poids d'une feuille d'or $\dfrac{19528}{14\,000\,000}$ kilog.

Le kilog. d'or valant 3437 fr., on a valeur intrinsèque d'une feuille $\dfrac{3437^f \times 19528}{14\,000\,000} = 4^f,79.$

387. — 1° 2 courriers partent ensemble à 5 heures du matin du point A pour aller au point B, et pour revenir immédiatement au point de départ; sachant que le 1er courrier parcourt 12 kilom. à l'heure et que le 2e n'en parcourt que 10, dire à quelle heure et à quelle distance du point A le 1er courrier croisera le second : on a distance entre A et B $= 84$ kilom.

Solution.

Le 1er courrier faisant 12 kilom. à l'heure sera au point A en 7 heures, alors que le 2e n'aura parcouru que $10^{Km} \times 7$ ou 70 kilom. Ils sont donc à une distance de :

$$84 - 70^{Km} = 14^{Km},$$

et comme ils marchent maintenant à la rencontre l'un de l'autre avec les vitesses primitives, on peut dire :

Si la distance qui les sépare était de $12 + 10 = 22$ kilom. la rencontre aurait lieu au bout d'une heure après que le 1er est reparti, et si elle est de 14 kilom. la rencontre aura lieu dans $\dfrac{14}{22} = \dfrac{7}{11}$ heure ou 42 minutes.

Donc le 1er croisera le second à $5^h + 7^h + 38^{min.}\frac{2}{11}$, ou à midi 38 minutes environ.

Le 2e courrier a donc parcouru $10^{Km} \times \left(7 + \dfrac{7}{11}\right) = 76^{Km}\frac{4}{11}.$

Donc la rencontre a lieu le même jour à $76^{Km}\frac{4}{11}$ du point A.

388. — 2° Si on suppose qu'à 5 heures du soir les deux courriers s'arrêteront (problème précédent) pour repartir à la même heure le lendemain matin, tous les deux vers A, quelle devra être la vitesse du 2° courrier pour arriver au point A en même temps que le 1er?

Solution.

Chacun des courriers va donc marcher pendant 12 heures : le 1er a donc fait 144 kilom., c'est-à-dire qu'il se trouve à 5 heures du soir, le même jour, à une distance du point A égale à $84 \times 2 - 144 = 24$ kilom.

Le second a également marché pendant 12 heures, et se trouve à 5 heures du soir, le même jour, à une distance du point A égale à $84 \times 2 - 10 \times 12 = 48$ kilom.

Donc, pour que les deux courriers arrivent en même temps au point A, leurs vitesses respectives devront être proportionnelles aux distances à parcourir.

On aura donc :

$$\text{Vitesse du } 2^e = \frac{48}{24} = 1.$$

$$\text{Vitesse du } 1^{er} = \frac{24}{48} = \frac{1}{2}.$$

Réponse. . . . La vitesse du 2e courrier devra être 2 fois plus grande que celle du 1er.

FIN.

TABLE DES MATIÈRES.

FIN DE LA TABLE.

Sceaux. — Typ. et stér. M. et P.-E. Charaire.